"十三五"江苏省高等学校重点教材
普通高等教育"十四五"系列教材

地下水动力学

周志芳　王锦国　编著

中国水利水电出版社
www.waterpub.com.cn
·北京·

内 容 提 要

本书共分7章，系统阐述了地下水运动基础、河渠附近的地下水运动、井附近的地下水运动、裂隙介质中的地下水运动、非饱和带水的运动理论、地下水中的溶质与热量运移、水工建筑物的地下水运动等基本理论和方法。

本书可作为地下水动力学或地下水水文学等课程的教材，主要适合于地质工程、水文学及水资源、地下水科学与工程、岩土工程、环境工程、水利水电工程、矿山工程、农业工程等专业的本科生或研究生。为了更好地理解、掌握本书内容，学生宜先完成水文地质学、高等数学、物理学和水力学等基础课程的学习。除此以外，本书可作为从事与地下水有关工作的专家、技术人员的参考书。

图书在版编目（CIP）数据

地下水动力学 / 周志芳，王锦国编著. -- 北京：中国水利水电出版社，2021.5
"十三五"江苏省高等学校重点教材　普通高等教育"十四五"系列教材
ISBN 978-7-5170-9574-3

Ⅰ.①地… Ⅱ.①周… ②王… Ⅲ.①地下水动力学－高等学校－教材 Ⅳ.①P641.2

中国版本图书馆CIP数据核字(2021)第086741号

书　名	"十三五"江苏省高等学校重点教材 普通高等教育"十四五"系列教材 **地下水动力学** DIXIASHUI DONGLIXUE
作　者	周志芳　王锦国　编著
出版发行	中国水利水电出版社 （北京市海淀区玉渊潭南路1号D座　100038） 网址：www.waterpub.com.cn E-mail：sales@waterpub.com.cn 电话：（010）68367658（营销中心）
经　售	北京科水图书销售中心（零售） 电话：（010）88383994、63202643、68545874 全国各地新华书店和相关出版物销售网点
排　版	中国水利水电出版社微机排版中心
印　刷	清淞永业（天津）印刷有限公司
规　格	184mm×260mm　16开本　11.75印张　286千字
版　次	2021年5月第1版　2021年5月第1次印刷
印　数	0001—2000册
定　价	**36.00元**

凡购买我社图书，如有缺页、倒页、脱页的，本社营销中心负责调换
版权所有·侵权必究

前言

地下水动力学是研究地下水在多孔介质中运动规律的科学，也是地质工程、地下水科学与工程等专业的一门重要的专业基础理论课。它是计算分析天然情况和人类活动影响下地下水流基本状态、地下水中可溶或非可溶物质以及热量运移过程的理论基础。

我们长期从事地下水动力学教学工作，起初为水文地质与工程地质专业本科生授课，1998年全国本科专业调整后，主要为地质工程专业本科生授课。三十多年来，随着社会、经济的快速发展，毕业学生服务的领域也不断扩大，从最初的水利、水电工程领域，扩展到岩土工程、环境工程、矿山工程、农业工程等领域，地下水动力学的授课内容我们也不断地在更新、拓宽。本书以我们讲授的地下水动力学讲义为基础编写，在知识点上力求新和全面，在内容点上注重基础和前沿。本书引入了流体力学中的一些知识点，完善了承压含水层弹性释水的概念和释水率的定义；完整地引入了裂隙介质渗流的基本概念和基本理论；引入了单向流试验确定水文地质参数方法。本书内容力图简明、由浅入深，除第1章介绍基本理论外，其余章节均以问题为对象介绍相关内容，涉及河渠附近地下水运动、井附近地下水运动、裂隙介质中地下水运动、地下水中溶质与热量运移、非饱和带地下水运动、水工建筑物地下水运动等。

本书第一版于2013年6月由中国科学出版社出版，共印刷4次。本书共分为7章，其中第1章~第4章由周志芳编写，第5章~第7章由王锦国编写。全书由周志芳统稿。

本书可作为地下水动力学或地下水水文学等课程的教材，主要适合于地质工程、水文学及水资源、地下水科学与工程、岩土工程、环境工程、水利水电工程、矿山工程、农业工程等专业的本科生或研究生。为了更好地理解、掌握本书内容，学生宜先完成水文地质学、高等数学、物理学和水力学等基础课程的学习。除此以外，本书可作为从事与地下水有关工作的专家、技术人员的参考书。

由于水平有限，难免存在不当之处，恳请读者给予指正。

作者

2021 年 1 月于南京

目 录

前言

第1章 地下水运动基础 ··· 1
1.1 地下水运动的基本概念 ··· 1
1.2 渗流基本定律 ··· 11
1.3 流体运动的描述方法 ··· 18
1.4 流网 ··· 21
1.5 地下水运动的控制方程 ··· 27
1.6 地下水运动的数学模型及其求解方法 ··· 36

第2章 河渠附近的地下水运动 ··· 42
2.1 河渠间地下水的稳定运动 ··· 42
2.2 河渠间地下水的非稳定运动 ··· 46
2.3 面灌入渗区潜水的非稳定运动 ··· 52

第3章 井附近的地下水运动 ··· 56
3.1 地下水向完整井的稳定运动 ··· 56
3.2 地下水向完整井的非稳定运动 ··· 70
3.3 地下水向边界附近完整井的运动 ··· 96
3.4 地下水向不完整井的运动 ··· 105

第4章 裂隙介质中的地下水运动 ··· 112
4.1 裂隙介质渗流基本理论 ··· 112
4.2 裂隙地下水井流运动 ··· 121
4.3 渗透系数张量的确定 ··· 125

第5章 非饱和带水的运动理论 ··· 128
5.1 基本概念 ··· 128
5.2 非饱和带水流基本方程 ··· 131
5.3 入渗问题 ··· 134
5.4 潜水蒸发问题 ··· 139

第 6 章 地下水中的溶质与热量运移 ……………………………………………… 141
6.1 地下水溶质运移 ………………………………………………………… 141
6.2 海岸带含水层中的咸淡水界面 ………………………………………… 158
6.3 地下水热量运移 ………………………………………………………… 163

第 7 章 水工建筑物的地下水运动 ………………………………………………… 169
7.1 坝基及绕坝渗流 ………………………………………………………… 169
7.2 隧洞排水量计算 ………………………………………………………… 175
7.3 基坑和地下厂房涌水量计算 …………………………………………… 179

参考文献 ……………………………………………………………………………… 181

第1章 地下水运动基础

1.1 地下水运动的基本概念

1.1.1 多孔介质中的地下水

在地下水动力学中,把具有空隙的岩(土)体称为多孔介质。在多孔介质中,固、液、气三相都可能存在。固相称为骨架。气相多为空气,主要存在于非饱和带中。液相可能是地下水,也可能是其他流体。

根据岩(土)体中空隙的类型和研究问题的尺度大小,多孔介质又可分为孔隙介质和裂隙介质(图1.1.1)。介质中空隙与骨架颗粒呈随机散体状镶嵌分布,地下水以孔隙水形式存在的岩层,如砂层或疏松砂岩等称为孔隙介质。介质中空隙以线状或面状形态随机镶嵌于固体骨架内,地下水以裂隙水形式存在的岩体,如裂隙发育的石英岩、花岗岩等称为裂隙介质。可溶岩层(如石灰岩或白云岩等)由于大多发育有溶洞、溶隙,是一种特殊的裂隙介质,又可称为溶穴介质(图1.1.1)。另外,多孔介质的类型与研究问题的尺度大小有关,大尺度的裂隙介质在局部小尺度上则可能是孔隙介质。

多孔介质中的地下水可能以吸着水、薄膜水、毛管水和重力水等多种形式存在。本书主要研究重力水的运动。地下水在多孔介质中的运动非常复杂,大致可归纳为两类:一类为地下水沿多孔介质的孔隙或遍布于介质中的裂隙、溶穴运动,这种运动的特点是水流相对分散,水流连通性较好;另一类为地下水沿大裂隙(断层带)和管道的流动,如岩溶区的地下暗河或地下水沿张开断层的流动,这种运动的特点是水流集中,且在相当大的范围内只有一个或几个大裂隙或管道,水流孤立,沿裂隙或管道流量大。

1.1.2 地下水和多孔介质的性质

1.1.2.1 地下水的部分性质

1. 密度与黏性

单位体积内水所具有的质量称为密度,以 ρ 表示。某点水的密度,可以在该点周围取一微小体积 ΔV,若它的质量为 Δm,则该点的密度为

$$\rho = \lim_{\Delta V \to 0} \frac{\Delta m}{\Delta V} = \frac{dm}{dV} \tag{1.1.1}$$

水的密度随着温度和压强的变化而变化。在一个标准大气压(1atm$=1.01325\times10^5$ Pa)下,不同温度下水的密度值见表1.1.1。实验表明,水的密度随温度和压强的变化甚微,计算时一般取水的密度值为 1000kg/m^3。

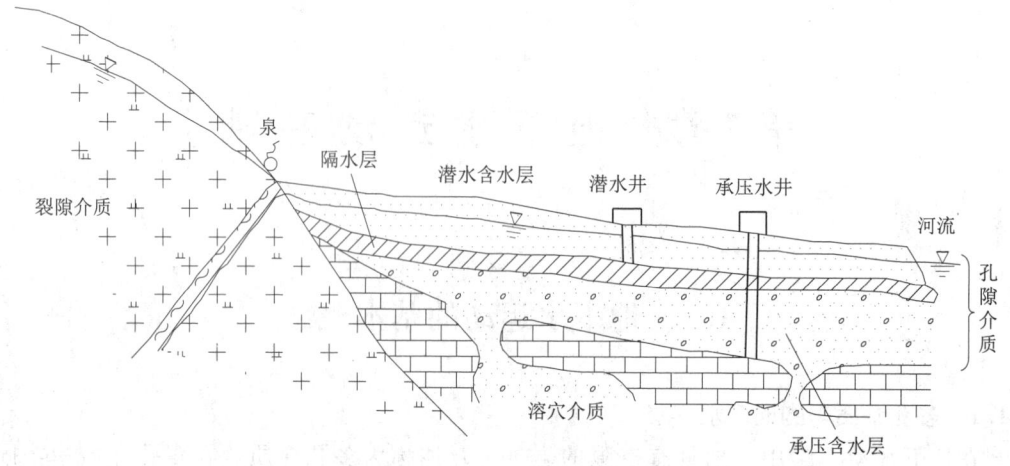

图 1.1.1　多孔介质及地下水

表 1.1.1　　　　　　在标准大气压时不同温度下水的密度

温度/℃	0	5	10	20	40	60	80	100
密度/(kg/m³)	999.9	1000.0	999.7	998.2	992.2	983.2	971.8	958.4

水在运动状态下，内部质点间或流层间因相对运动而产生内摩擦力以抵抗剪切变形，这种性质叫作黏性。水的黏性通常用动力黏度 μ 来表示，其单位为 Pa·s；也可用运动黏度 ν 表示，并有

$$\nu = \frac{\mu}{\rho} \tag{1.1.2}$$

在国际单位制中 ν 的单位为 m²/s。

水的黏性一般是随温度和压强而变化的，但在低压情况下（通常指低于100atm），压强的变化对水的黏性影响很小，一般可以忽略。温度是影响水黏性的主要因素，水的黏性随温度的升高而减小。常压下，不同温度下水的黏度见表1.1.2。

表 1.1.2　　　　　　　不同温度下水的黏度

T/℃	0	5	10	20	40	60	80	100
$\mu/(10^{-3}\text{Pa·s})$	1.792	1.519	1.308	1.005	0.656	0.469	0.357	0.284
$\nu/(10^{-6}\text{m}^2/\text{s})$	1.792	1.519	1.308	1.007	0.661	0.477	0.367	0.296

2. 压缩性与状态方程

设水的原有体积为 V，如压力增加 $\mathrm{d}p$ 后，体积减小了 $\mathrm{d}V$，则压缩系数定义为

$$\beta = -\frac{1}{V}\frac{\mathrm{d}V}{\mathrm{d}p} \tag{1.1.3}$$

β 的单位是压强单位的倒数，即 Pa^{-1}。

由于水体积随压强增大，体积缩小，但质量没有变化，即 $\mathrm{d}m=0$，故密度增大，由

$$\mathrm{d}m = \mathrm{d}(\rho V) = \rho \mathrm{d}V + V \mathrm{d}\rho = 0$$

可得

$$\beta = \frac{1}{\rho}\frac{\mathrm{d}\rho}{\mathrm{d}p} \tag{1.1.4}$$

表 1.1.3 列举了水在 0℃时不同压强下的体积压缩率。

表 1.1.3　　　　　　　　在 0℃时不同压强下水的体积压缩率

p/at	5	10	20	40	80
β/Pa^{-1}	0.538×10^{-9}	0.536×10^{-9}	0.531×10^{-9}	0.528×10^{-9}	0.515×10^{-9}

注　at 为工程大气压的单位符号，1at=9.80665Pa。

设初始压强为 p_0 时，水的体积为 V_0，当压强变到 p 时，体积变为 V，由式 (1.1.3) 得

$$\int_{V_0}^{V}\frac{\mathrm{d}V}{V}=-\beta\int_{p_0}^{p}\mathrm{d}p$$

积分得状态方程：

$$V=V_0\mathrm{e}^{-\beta(p-p_0)} \tag{1.1.5}$$

同理，由式 (1.1.4) 可得

$$\rho=\rho_0\mathrm{e}^{\beta(p-p_0)} \tag{1.1.6}$$

将式 (1.1.5) 和式 (1.1.6) 中的指数项用泰勒 (Taylor) 级数展开，当压强变化不大时，因 $\beta(p-p_0)$ 的数值小，可以忽略级数的高次项，得到状态方程的近似表达式：

$$V=V_0[1-\beta(p-p_0)] \tag{1.1.7}$$

和

$$\rho=\rho_0[1+\beta(p-p_0)] \tag{1.1.8}$$

此外，还可导出密度变化和压强变化之间的关系式。因为密度 ρ 和液体体积 V 的乘积为常数，故有

$$\mathrm{d}(\rho V)=\rho\mathrm{d}V+V\mathrm{d}\rho=0$$

由此得

$$\mathrm{d}\rho=-\rho\frac{\mathrm{d}V}{V}=\rho\beta\mathrm{d}p \tag{1.1.9}$$

3. 表面张力

在水的自由表面上，由于分子间引力作用产生的极其微小的拉力，称为表面张力，它是液体的特有性质。表面张力只发生在水和气体、固体或者和另一种不相混溶的液体的界面上。

表面张力的大小，用水表面上单位长度所受的张力来度量，用 σ 表示，单位为 N/m。表面张力的方向总是垂直于长度方向。σ 的数值随液体的种类、温度和表面接触情况的不同有所变化。在 1atm 下，水和空气接触的表面张力随温度的变化值见表 1.1.4。

表 1.1.4　　　　　　　　在 1atm 时不同温度下水的表面张力

T/℃	0	10	20	30	40	60	80	100
σ/(10^{-3}N/m)	75.6	74.2	72.8	71.2	69.2	66.2	62.6	58.9

从表 1.1.4 中可以看出，水的表面张力是很小的，一般可以忽略不计。但由于地下水是赋存在多孔介质之中，当骨架间的空隙较小时，地下水位线附近，地下水与骨架、空气的接触表面呈曲面，而且曲率半径很小，这时在表面张力的合力作用下，形成毛细上

升水。

实验表明,直径很小两端开口的细管竖直插入水中,由于表面张力的作用,管中的水面会发生上升的现象,称为毛细上升现象。毛细管中水面上升的高度可以根据表面张力的大小来确定。设液面与管壁的接触角为 θ,管的半径为 r,水的密度为 ρ,表面张力为 σ,由水的重力与表面张力的垂直分量相平衡,可得

$$2\pi r\sigma\cos\theta = \pi r^2 h\rho g \tag{1.1.10}$$

即

$$h = \frac{2\sigma\cos\theta}{\rho g r} \tag{1.1.11}$$

式中:θ 为接触角,与液、气的种类和管壁的材料等因素有关;r 为玻璃管半径;h 为毛细上升高度;σ 为表面张力。

例如,玻璃管的半径 $r=1\text{mm}$,水与玻璃的接触角 $\theta=0°$。温度为 20℃ 时水的表面张力 $\sigma=0.0728\text{N/m}$,密度 $\rho=998.2\text{kg/m}^3$,代入式 (1.1.11) 得水在玻璃管中的上升高度为 $h=14.9\text{mm}$。

1.1.2.2 多孔介质的部分性质

1. 空隙性

孔隙介质的孔隙度是指孔隙体积和孔隙介质总体积之比。这里的孔隙体积 V_v 是指孔隙的总体积,不管这些孔隙对地下水运动是否有意义,从地下水运动的角度来看,只有那些相互连通的、重力水能在其中运动的孔隙才是有意义的。对于细粒土,如一些黏性土,因为颗粒表面的结合水占据了相当一部分孔隙空间,所以对重力水运动有效的孔隙要比总的孔隙少。若把互相连通的、不为结合水所占据的那一部分孔隙称为有效孔隙,那么有效孔隙体积与孔隙介质总体积之比则称为有效孔隙度 n_e,即

$$n_e = \frac{(V_v)_e}{V_b} \tag{1.1.12}$$

式中:$(V_v)_e$ 为有效孔隙体积;V_b 为孔隙介质的总体积。

另有一种死端孔隙,它的一端与其他孔隙连通,另一端是封闭的(图 1.1.2),其中的地下水是相对停滞的。从地下水运动的角度来说,这种孔隙是无效的。但其中的水在疏干时能排出,对于排水来说是有效的。因此,严格地说,研究不同情况下的地下水运动时,有效孔隙度是不完全相同的。

裂隙介质也存在类似的情况。

2. 压缩性

自然条件下,地表以下某一深度的多孔介质,承受上覆岩层荷重的压力。设作用在该处介质单元体表面的压强为 δ;若压强 δ 增加,要引起多孔介质单元体的压缩。类似于水的压缩系数 β,多孔介质的压缩系数 α 定义为

$$\left.\begin{array}{l}\alpha = -\dfrac{1}{V_b}\dfrac{dV_b}{d\delta} \\ V_b = V_s + V_v\end{array}\right\} \tag{1.1.13}$$

式中:V_b 为多孔介质中所取单元体的总体积;V_s 为单元体中固体骨架体积;V_v 为其中

1.1 地下水运动的基本概念

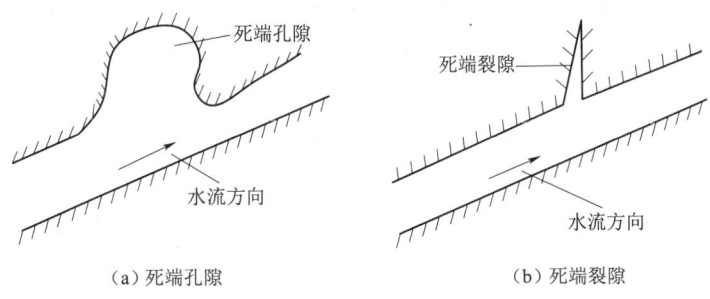

（a）死端孔隙　　　　　　　　（b）死端裂隙

图 1.1.2　死端孔（裂）隙示意图

的孔隙体积。

故

$$\frac{dV_b}{d\delta} = \frac{dV_s}{d\delta} + \frac{dV_v}{d\delta}$$

而

$$V_s = (1-n)V_b, \quad V_v = nV_b$$

式中：n 为孔隙度。

将其代入式（1.1.13）中，得

$$\alpha = -\frac{1}{V_b}\frac{dV_s}{d\delta} - \frac{1}{V_b}\frac{dV_v}{d\delta} = -\frac{1-n}{V_s}\frac{dV_s}{d\delta} - \frac{n}{V_v}\frac{dV_v}{d\delta}$$

令 $\alpha_s = -\frac{1}{V_b}\frac{dV_s}{d\delta}$，称为多孔介质固体颗粒压缩系数，表示固体颗粒本身的压缩性；$\alpha_p = -\frac{1}{V_v}\frac{dV_v}{d\delta}$，称为空隙压缩系数，表示空隙的压缩性，则

$$\alpha = (1-n)\alpha_s + n\alpha_p \tag{1.1.14}$$

一般来说，固体骨架本身的压缩性要比空隙的压缩性小得多，即 $(1-n)\alpha_s \ll \alpha$，故有

$$\alpha \approx n\alpha_p$$

3. 连续性

在多孔介质中某一点的物理量，如某一点的孔隙度、压力、水头等，都是不连续的。例如孔隙度 n，如果"点"落在固体骨架上，显然 $n=0$；而在孔隙中，则 $n=1$。为了对多孔介质中地下水运动作连续性近似，引出"典型单元体"（rapresentative elementary volume，REV）的概念。仍以孔隙度为例，设 p 是孔隙介质中的一个数学点，它可能落在孔隙中，也可能落在固体骨架上。以 p 为中心，任取一体积 V_i，求出其孔隙度 n_i，当所取体积 V_i 大小不同时，孔隙度 n_i 的值可能有变化；以 p 点为中心取一系列不同大小的体积 V_i（$i=1,2,\cdots,N$），相应地得到一系列的孔隙度 n_i（$i=1,2,\cdots,N$）。作 n_i 和 V_i 的关系曲线，如图 1.1.3 所示。从图 1.1.3 中可以看出，当 V_i 小

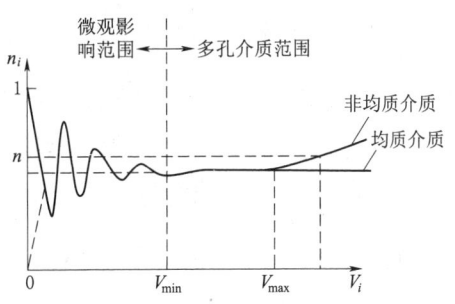

图 1.1.3　孔隙度随体积变化曲线

于某一数值 V_{min}（该值大致接近于单个孔隙的大小）时，孔隙度 n_i 值突然出现大的波动，而且波动越来越大；当 V_i 趋近于零时，孔隙度的数值或为 1，或为零。当体积 V_i 增大到超过某一个值 V_{max} 时，若多孔介质为非均质的，则孔隙度 n_i 值会发生明显的变化。但当体积 V_i 大小在 V_{min} 和 V_{max} 之间时，孔隙度 n_i 值的波动消失，只有由 p 点周围孔隙大小的随机分布所引起的小振幅波动。把该范围内的体积称为"REV"，记为 V_0（$V_{min}<V_0<V_{max}$）。将以 p 为中心的 REV 的孔隙度，定义为 p 点的孔隙度。同理，p 点的其他物理量，无论是标量还是矢量，也用以 p 点为中心的 REV 内该物理量的平均值来定义。

4. 渗透、渗流和渗漏

地下水沿着形状不一、大小各异、弯弯曲曲的多孔介质中的空隙通道流动的现象称为渗透 [图 1.1.4(a)]，渗透描述的是真实地下水的运动特征。由于多孔介质孔隙或裂隙大小、分布本身的复杂性，因此研究各个孔隙或裂隙中地下水渗透运动规律就显得非常困难。所以，人们往往不去直接研究空隙中实际地下水的运动特征，而是研究多孔介质中具有平均性质的渗透规律。

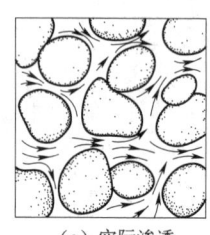
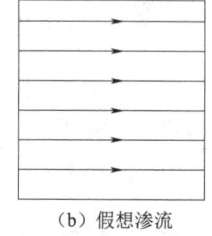

(a) 实际渗透　　　(b) 假想渗流

图 1.1.4　孔隙介质中的地下水流

实际的地下水流仅存在于多孔介质的空隙空间。为了便于研究，我们用一种假想水流来代替多孔介质中真实的地下水渗透。这种假想水流的性质（如密度、黏滞性等）和真实地下水相同；但它充满了既包括含水层空隙的空间，也包括岩石颗粒所占据的空间。同时，假设这种假想水流运动时，在任意多孔介质体积内所受的阻力等于真实水流所受的阻力；通过任一断面的流量及任一点的压力或水头均和实际水流相同。这种假想水流称为渗流。假想水流所占据的空间区域称为渗流区域或渗流场。显然，渗流区域包括空隙和岩石颗粒所占据的全部空间 [图 1.1.4(b)]。

渗漏是指某个地表或地下水域通过周边介质失去水量的过程和现象。如坝基渗漏指的是库水通过大坝地基向下游渗透而产生水量损失的过程和现象。

1.1.3　与渗流相关的物理量及参数
1.1.3.1　地下水的水头和水力坡度

水头有总水头、位置水头、测压管水头和流速水头之分。其中测压管水头定义为

$$H_n = z + \frac{p}{\gamma_w} \tag{1.1.15}$$

式中：z 为位置水头；p 为水的压强；γ_w 为水的容重。

总水头为测压管水头和流速水头之和，即

$$H = z + \frac{p}{\gamma_w} + \frac{u^2}{2g} \tag{1.1.16}$$

因自然界中地下水的运动很缓慢，流速水头很小，可以忽略不计。例如，当地下水流速 $u=1\text{cm/s}=864\text{m/d}$ 时，流速水头仅仅为 0.0005cm，在实际工程中可以忽略不计。因此，在地下水运动计算中，可以认为总水头 H 等于测压管水头 H_n，即

$$H \approx H_n = z + \frac{p}{\gamma_w} = z + \frac{p}{\rho g} \tag{1.1.17}$$

在本书的以后的叙述中，不再对二者加以区别，统称水头，用 H 表示。

水头 H 绝对值的大小，随所选取的基准面的不同而不同。显然，当选取的基准面不同时，有不同的位置水头 z 值，因而测压管水头也就不同。

由于地下水具有黏性，在运动过程中能量不断消耗，反映为水头沿流程不断减小。因而在渗流场中各点的水头并不都是相同的。我们把渗流场内水头值相同的各点连成一个面，称等水头面。它可以是平面或曲面。等水头面上任意一条线上的水头都是相等的。通常将等水头面与某一平面的交线，称为等水头线。等水头面（线）在渗流场中是连续的，并且不同数值的等水头面（线）不会相交。

渗流场中各点水头一般是不等的，可表示为 $H=H(x,y,z,t)$，它构成一个标量场。由场论可知，标量场可构成一个梯度场。梯度的大小为 $\left|\dfrac{\mathrm{d}H}{\mathrm{d}n}\right|$，方向为沿着等水头面的法线，即水头变化率最大的方向，正向为指向水头增高的方向。在地下水动力学中，把大小等于梯度值，方向沿着等水头面的法线指向水头降低方向的矢量称为水力坡度，用 $\vec{J}$ 表示，即

$$\vec{J} = -\frac{\mathrm{d}H}{\mathrm{d}n}\vec{n} \tag{1.1.18}$$

式中：$\vec{n}$ 为沿着等水头面的法线指向水头降低方向的单位矢量。

矢量 $\vec{J}$ 在空间直角坐标系中的3个分量大小为

$$J_x = -\frac{\partial H}{\partial x}, \quad J_y = -\frac{\partial H}{\partial y}, \quad J_z = -\frac{\partial H}{\partial z} \tag{1.1.19}$$

1.1.3.2 渗透系数、渗透率和导水系数

渗透系数是反映多孔介质透水性的一个重要的水文地质参数，常用 K 表示。渗透系数的量纲和渗流速度相同，单位常用 cm/s 或 m/d 表示。渗透系数的大小不仅取决于多孔介质的性质（如粒度、成分、颗粒排列、充填状况、裂隙性质及其发育程度等），而且与渗透液体的物理性质（密度、黏性等）有关。对于同一土样分别用水和油来做渗透试验，得到的渗透系数大小是不一样的。这说明，同一岩层中的不同液体具有不同的渗透系数。一般情况下，对于不同岩层，空隙大小对渗透系数值起主要作用，颗粒越粗，透水性越好，渗透系数越大。

渗透率 k 是表征多孔介质渗透性能的参数，它仅仅取决于多孔介质的性质，而与液体的性质无关。渗透系数和渗透率之间的关系为

$$K = \frac{\rho g}{\mu}k = \frac{g}{\nu}k \tag{1.1.20}$$

式中：ρ 为液体的密度；g 为重力加速度；μ 为动力黏度；ν 为运动黏度。

渗透率 k 通常采用的单位是 cm^2 或 D(Darcy)。D 是这样定义的：在液体的动力黏度为 0.001Pa·s，压强差为 101325Pa 的情况下，通过面积为 1cm^2、长度为 1cm 岩样的流量为 $1\text{cm}^3/\text{s}$ 时，岩样的渗透率为 1D。D 和 cm^2 这两个单位之间的关系为

$$1D = 9.8697 \times 10^{-9} \text{cm}^2$$

在一般情况下，地下水的密度和黏性改变不大，可以把渗透系数近似当作仅与多孔介质性质有关的参数。但当水温和水的矿化度急剧改变时，如热水、卤水的运动，密度和黏性变化对渗透系数的影响就不能忽略了。

另外，试验研究表明，渗透系数是尺度的函数，即渗透系数值与试验范围（如抽水试验的影响范围）有关，这种现象称为尺度效应。

渗透系数的大小虽然能说明岩层的透水性，但它不能独立反映含水层的出水能力。一个渗透系数较大的含水层，如果厚度非常小，它的出水能力也是有限的，因而地下水的开采价值不一定大。为了能反映含水层整体的出水能力，引出了导水系数的概念。若承压含水层的厚度为 M，定义

$$T = KM \tag{1.1.21}$$

为导水系数，它同样是重要的水文地质参数。其量纲是 $[L^2 T^{-1}]$，单位常用 m^2/d，它的物理含义是水力坡度等于1时，通过整个含水层厚度上的单宽流量。值得注意的是，导水系数的概念仅适用于二维的地下水流动，对于三维流动是没有意义的。

1.1.3.3 贮水率和贮水系数

为了从物理意义上认识、定义贮水率和贮水系数，考察承压含水层中某一水平横截面的受力情况（图1.1.5）。假设含水砂层的颗粒之间没有黏聚力。横截面 $a-a'$ 的面积为 $A=1$ [图1.1.5(a)]，按太沙基(Terzaghi)的观点，作用在该横截面上的上覆荷重分别由颗粒（固体骨架）和水承担 [图1.1.5(b)]，即

$$\sigma = \sigma' + p \tag{1.1.22}$$

式中：σ 为上覆荷重引起的总应力；σ' 为作用在固体颗粒上的骨架应力，称为有效应力；p 为水的压强。

根据牛顿(Newton)第三定律，作用力和反作用力相等。在天然状态下，上覆荷重与颗粒的反作用力及水压力相平衡。如在承压含水层中抽水，水头下降 ΔH，即水的反作用力减少了 $\gamma \Delta H = \rho g \Delta H$，但上覆荷重不变，于是有

$$\sigma = (\sigma' + \gamma \Delta H) + (p - \gamma \Delta H)$$

即作用于固体骨架上的力增加了 $\gamma \Delta H$。作用于骨架上力的增加会引起含水层的压缩，而水压力的减小将导致水的膨胀。含水层本来就充满了水，骨架压缩引起的孔隙体积减小和水压力减小引起的水体积膨胀都会导致水从含水层中释出。

在含水层压缩过程中，固体颗粒体积的压缩可以忽略不计，即 $(1-n)V_b = $ 常数。故有

$$d[(1-n)V_b] = dV_b - n dV_b - V_b dn = 0$$

$$\frac{dV_b}{V_b} = \frac{dn}{1-n} \tag{1.1.23}$$

将式（1.1.13）代入，并考虑到有效应力的变化 $d\sigma'$ 和水的压强变化 dp 大小相等，方向相反，有

$$\frac{dn}{1-n} = -\alpha d\sigma' = \alpha dp$$

得

$$dn = (1-n)\alpha dp \tag{1.1.24}$$

式（1.1.24）揭示了水的压强变化和孔隙度变化之间的关系。

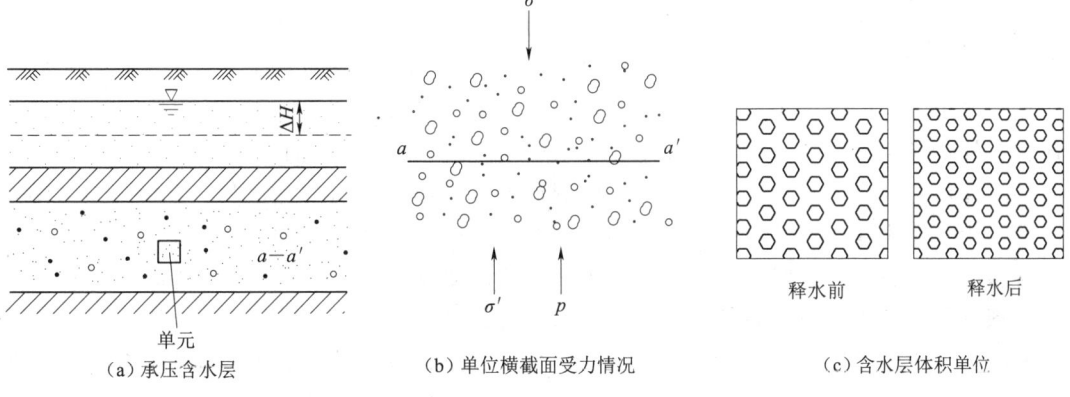

图 1.1.5　弹性承压含水层

为了讨论水头降低时含水层释出水的特征，如图 1.1.5(c) 所示，取面积为 $1m^2$、厚度为 $1m$ 的含水层体积单元（即体积为 $1m^3$），考察当水头下降 $1m$ 时释放出的水量。此时，有效应力增加了 $\gamma\Delta H = \rho g \times 1 = \rho g$。由式（1.1.24）知，体积单元内孔隙体积的变化为

$$V_b dn = 1(1-n)\alpha dp = (1-n)\alpha\rho g \tag{1.1.24a}$$

同时水压强变化了 $-\gamma\Delta H = -\rho g$，由水的体积压缩系数的定义可知，相应的水体积的变化为

$$dV = -\beta V dp = -\beta n(-\rho g) = n\beta\rho g \tag{1.1.24b}$$

式（1.1.24a）与式（1.1.24b）之和表示，当水头降低1个单位时，由于孔隙体积和水压力减小，含水层体积单元所能释出的水量，用符号 μ_s 表示，即

$$\mu_s = (1-n)\alpha\rho g + n\beta\rho g$$

或

$$\mu_s = \rho g[(1-n)\alpha + n\beta] \tag{1.1.25}$$

式中：μ_s 为贮水率或释水率。

上述由于水头降低引起的含水层释水现象称为弹性释水。相反，当水头升高时，会发生弹性贮存过程。

由于多孔介质的体积压缩系数 α 远大于水的体积压缩系数 β，即 $\alpha \gg \beta$，因此有

$$\mu_s \approx (1-n)\alpha\rho g \tag{1.1.26}$$

把贮水率乘上含水层厚度 M，称为贮水系数或释水系数，即 $\mu^* = \mu_s M$，它表示在面积为1个单位、厚度为含水层全厚度 M 的含水层柱体中，当水头改变一个单位时弹性释放或贮存的水量（无量纲）。贮水系数 μ^* 和贮水率 μ_s 都是表示含水层弹性释水能力的参数，在地下水动力学计算中具有重要的意义。对于承压含水层 [图 1.1.6(a)]，只要水头不降低到隔水顶板以下，水头降低只引起含水层的弹性释水，可用贮水系数 μ^* 表示这种释水的能力。对于潜水含水层 [图 1.1.6(b)]，当水头下降时，可引起两部分水的排出。

在上部潜水面下降部位引起重力排水,用给水度 μ 表示重力排水的能力;在下部饱水部分则引起弹性释水,用贮水率 μ_s 表示这一部分的释水能力。

大部分承压含水层的贮水系数为 $10^{-5} \sim 10^{-3}$。潜水含水层的给水度值一般为 $0.05 \sim 0.25$。由此可知,潜水含水层的重力释水量要比弹性释水量大几个数量级。因此,在某些潜水计算中,可忽略弹性释水量,只考虑重力释水量。

必须区别弹性释水和重力排水的不同特点。潜水含水层被疏干时,大部分水是在重力作用下排出的。因疏干不仅限于水位变动带,故给水度值不仅与这个带的岩性有关,而且还与包气带排水部分的岩性有关。承压含水层则是减压造成的弹性释放,故贮水系数值应与整个含水层和水的弹性性质有关。一般假设弹性释放是在瞬时完成的,并假设 μ^* 不随时间变化。潜水含水层的重力疏干则不同,地下水位下降所引起的水量释放有一个过程。当含水层水位下降较快时,由于饱水带中水分的运动滞后于地下水位的降落速度,因而被疏干部分所含的水不是随着地下水位的下降同时排出的。在较短的时间内,从土层中释放出的水量远小于土层被疏干后全部释放的水量,存在着滞后疏干现象,即随着排水时间的长短不同,测出的给水度值也不同。当水位急剧下降时,上述现象更为明显。给水度为时间的函数,排水时间越长,给水度越大,并逐渐趋近于一个固定值[图 1.1.6(c)]。

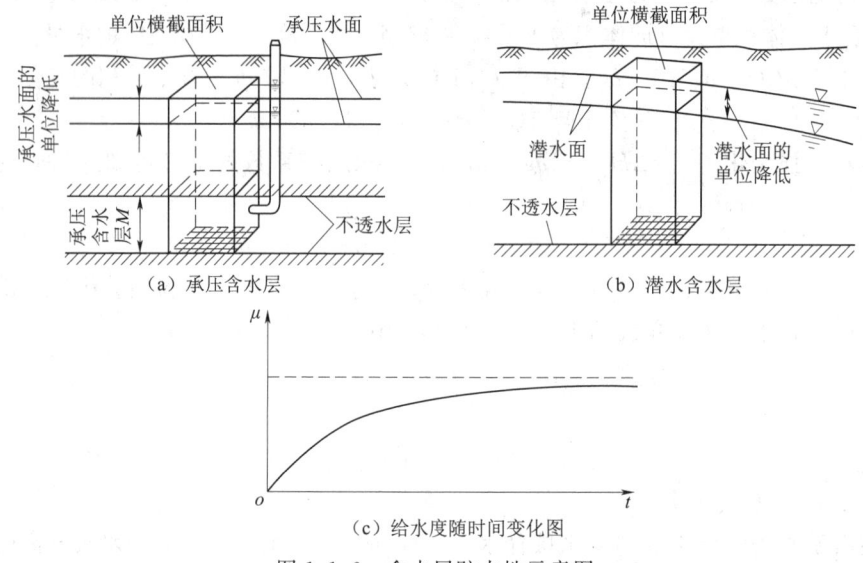

图 1.1.6 含水层贮水性示意图

1.1.4 多孔介质中多相流动的类型

当多孔介质中存在两种或两种以上流体时,就可能存在以下两种流动类型。

(1) 混溶流体的运动。若两种流体彼此是完全可混合的,这两种流体之间的界面张力等于零,即二者间不存在明显界面,这种流动类型通常称为混溶流体的运动。

(2) 不混溶流体的运动。若两种或两种以上流体,各不相互混合,分别占据孔隙的不同部分,在孔隙中有明显的界面将两种流体分隔开,界面上存在界面张力,越过界面各点均存在毛管压力差,在界面两侧,流动都是单相的。

海水入侵到淡水含水层中,海水和淡水是可混溶的,属于混溶流体运动,在二者之间形成一个过渡带,水的性质通过过渡带由淡水逐渐变成为海水。

多孔介质中的油、水运动,非饱和带中的水和空气的同时流动属不同不混溶流体运动,油和水或水和空气分别占据孔隙的不同部分,二者不相混合。

无论是哪种运动,各流体之间不可能存在宏观意义下的突变界面。

1.2 渗流基本定律

1.2.1 多孔介质透水特征分类

根据岩层透水性随空间坐标的变化情况,可把岩层分为均质的和非均质的两类。如果渗流场中所有点都具有相同的渗透系数,则称该岩层是均质的;否则为非均质的。自然界中绝对均质的岩层是不存在的,均质与非均质只是相对而言。

非均质岩层有两种类型。一类透水性是渐变的,如山前洪积扇,由山口至平原,K 逐渐变小。另一类透水性是突变的,如在砂层中夹有一些小的黏土透镜体。

根据岩层透水性和渗流方向的关系,可把岩层分为各向同性和各向异性两类。如果渗流场中某一点的渗透系数与渗流方向无关,则称该岩层是各向同性的;否则是各向异性的。当然,各向同性和各向异性也是相对而言。某些扁平形状的细粒沉积物,水平方向的渗透系数常较垂直方向大。在基岩区,裂隙发育常有方向性,沿裂隙方向渗透系数较大(图 1.2.1)。

均质与非均质和各向同性与各向异性是两个不同的概念。前者是指岩层透水性和空间坐标的关系,后者是指岩层透水性和水流方向的关系。均质岩层也可以是各向异性的。如某些黄土,垂直方向的渗透系数大于水平方向的渗透系数,因而是各向异性的;而不同点上相同方向的渗透系数又是相等的,因而是均质的。图 1.2.2 用椭圆表示渗流场中 A 点和 B 点的渗透系数,两椭圆形状完全相同,表示同一方向有相同的渗透系数。类似地,也有非均质各向同性介质。

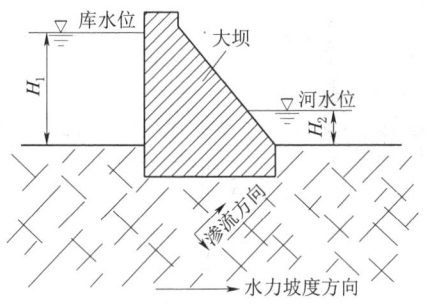

图 1.2.1 水力坡度方向和渗流方向不一致示意图

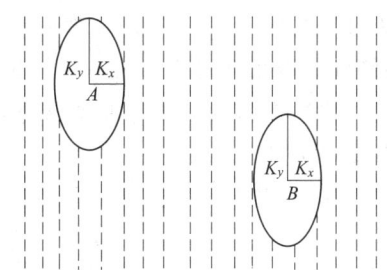

图 1.2.2 均质各向异性介质渗透系数图

1.2.2 地下水流态的判别

地下水的运动有层流和紊流两种状态(图 1.2.3)。判别地下水流态的方法有多种,但常用的还是用雷诺(Reynolds)数来判别,不同研究者导出的 Reynolds 数表达式不同。

最常用的为

$$Re = \frac{vd}{\nu} \quad (1.2.1)$$

式中：v 为地下水的渗流速度；d 为含水层颗粒的平均粒径；ν 为地下水的运动黏度。

如果求得的 Reynolds 数小于临界 Reynolds 数，则地下水处于层流状态；若大于临界 Reynolds 数则为紊流状态。对于地下水，用实验方法求临界 Reynolds 数比较困难，不同研究者的结果也不尽相同。有些研究者求得的该值为 150～300。

天然孔隙含水层中地下水流的 Reynolds 数和裂隙中地下水流的水力坡度，远小于临界 Reynolds 数和临界水力坡度。因此，天然地下水多处于层流状态。

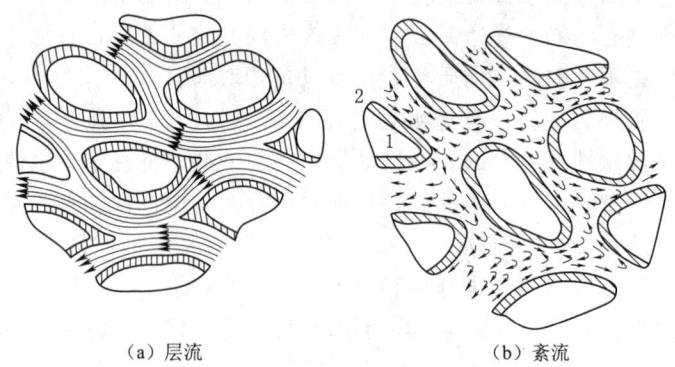

（a）层流　　　　　　　　　（b）紊流

图 1.2.3　孔隙岩石中地下水的层流和紊流
1—固体颗粒；2—结合水（箭头表示水流运动方向）

1.2.3　Darcy 定律及其适用范围

1856 年，法国的达西（Darcy H）在装满砂的圆筒中（图 1.2.4）进行实验，得到如下关系式：

$$Q = KA \frac{H_1 - H_2}{l} \quad (1.2.2)$$

式中：Q 为渗流量；H_1、H_2 分别为通过砂样前后的水头；l 为砂样沿水流方向的长度；A 为试验圆筒的横截面积，包括砂粒和孔隙二部分面积在内；K 为比例系数，即为渗透系数。

式（1.2.2）可改写为

$$v = \frac{Q}{A} = K \frac{H_1 - H_2}{l} = KJ \quad (1.2.3)$$

上述两个关系式称为 Darcy 定律。它表明渗流速度 v 与水力坡度 J 呈线性关系，故又称线性渗透定律。

值得注意的是，渗流速度 $\vec{v}$ 与水力坡度 $\vec{J}$ 都是矢量，其具体表达形式与坐标轴选取方向有关。如在上述 Darcy 实验中，当选取坐标轴 z 轴垂直向下为正方

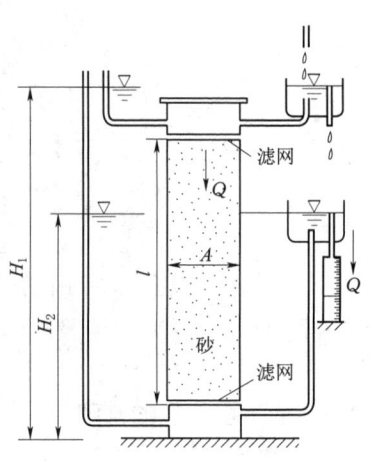

图 1.2.4　Darcy 实验装置

向时，式（1.2.3）中水力坡度为

$$J = -\frac{dH}{dz} = -\frac{H_2 - H_1}{l} = \frac{H_1 - H_2}{l}$$

表明渗流速度 $\vec{v}$ 和水力坡度 $\vec{J}$ 的方向都与坐标轴 z 轴方向一致，垂直指向下。

当取坐标轴 z 轴垂直向上为正方向时，式（1.2.3）中水力坡度为

$$J = -\frac{dH}{dz} = -\frac{H_1 - H_2}{l}$$

而

$$v = KJ = -K\frac{H_1 - H_2}{l}$$

由于 $\frac{H_1 - H_2}{l}$ 是大于零的，上述两个表达式右侧的负号，表示渗流速度 $\vec{v}$ 和水力坡度 $\vec{J}$ 的方向都与坐标轴 z 轴方向相反，垂直指向下。

在 Darcy 实验中，地下水做一维的均匀运动。一般三维情况下，Darcy 定律的微分形式为

$$\vec{v} = K\vec{J} = -K\frac{dH}{ds}\vec{n} \tag{1.2.4}$$

式中：$-\frac{dH}{ds}$ 为水力坡度；$\vec{n}$ 为水力坡度方向单位矢量。

在直角坐标系中，如以 v_x、v_y、v_z 表示沿 3 个坐标轴方向的渗流速度分量，则有

$$v_x = -K\frac{\partial H}{\partial x}, \quad v_y = -K\frac{\partial H}{\partial y}, \quad v_z = -K\frac{\partial H}{\partial z} \tag{1.2.5}$$

知道水头函数 $H(x, y, z)$，就可由式（1.2.5）算出渗流区中任一点的渗流速度矢量 $\vec{v}$：

$$\vec{v} = v_x\vec{i} + v_y\vec{j} + v_z\vec{k} \tag{1.2.6}$$

式中：$\vec{i}$、$\vec{j}$、$\vec{k}$ 为 3 个坐标轴上的单位矢量。

式（1.2.6）给出了渗流速度场与水头场之间的关系。

Darcy 定律有一定的适用范围，超出这个范围地下水的运动不再符合 Darcy 定律。作渗流速度 v 和水力坡度 J 的关系曲线（图 1.2.5），在直线段符合 Darcy 定律，直线的斜率为渗透系数的倒数。图 1.2.5 上的曲线表明，只有当按式（1.2.1）计算的 Reynolds 数不超过 1~10 时，地下水的运动才符合 Darcy 定律。注意到，层流的临界 Reynolds 数为 150~300，与 Darcy 定律的适用范围不完全一致，之间存在由层流向紊流转变的过渡带。

因此，当渗流速度由低到高时，可把多孔介质中的地下水运动状态分为 3 种情况（图 1.2.6）：①当地下水低速度运动，即 Reynolds 数小于 1~10 的某个值时，为黏滞力占优势的层流运动，适用 Darcy 定律；②随着流速的增大，当 Reynolds 数在 1~100 时，为一

过渡带，由黏滞力占优势的层流运动转变为惯性力占优势的层流运动再转变为紊流运动；③Reynolds 数时为紊流运动。

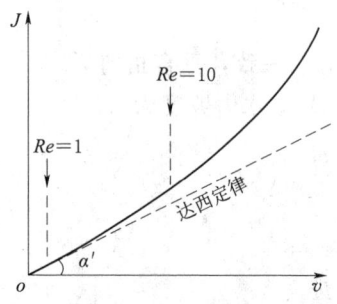

图 1.2.5 渗流速度和水力坡度的
实验关系曲线（$\tan\alpha' = \dfrac{1}{K}$）

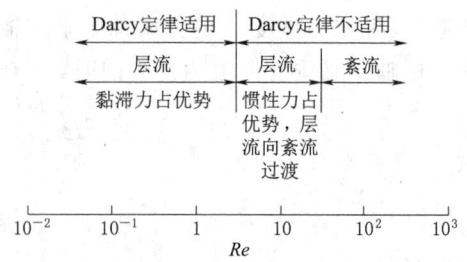

图 1.2.6 多孔介质中的水流状态

即使这样，绝大多数的天然地下水运动仍服从 Darcy 定律。例如，当地下水通过平均粒径 $d=0.5\text{mm}$ 的粗砂层，水温为 15℃ 时，运动黏滞度 $\nu=0.1\text{m}^2/\text{d}$；当 Reynolds 数 $Re=1$ 时，代入式（1.2.1）有

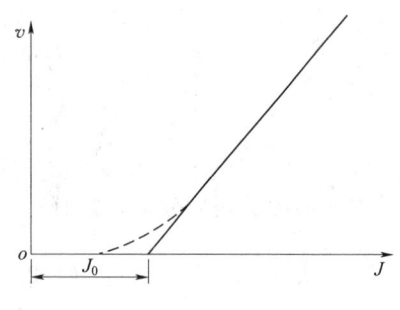

图 1.2.7 起始水力梯度
（J. Bear, 1979）

$$v = 1 \times \frac{0.1\text{m}^2/\text{d}}{0.0005\text{m}} = 200(\text{m/d})$$

这表明，在粗砂中，当渗流速度 $v<200\text{m/d}$ 时，服从 Darcy 定律。在天然状况下，若取粗砂的渗透系数 $K=100\text{m/d}$、水力坡度 $J=\dfrac{1}{500}$，代入 Darcy 定律，天然状态下的地下水渗流速度为

$$v = KJ = 100 \times \frac{1}{500} = 0.2(\text{m/d})$$

远小于 200m/d。显然，在多数情况下粗砂中的地下水运动是服从 Darcy 定律的。

对于某些黏性土，渗流速度和水力坡度的关系如图 1.2.7 的曲线所示，即存在一个起始水力坡度 J_0。当实际水力坡度小于起始水力坡度 J_0 时，几乎不发生流动。关于起始水力坡度的机制，尚未完全研究清楚。

1.2.4 非线性运动方程

对于 Reynolds 数大于 1～10 的流动，还没有一个被普遍接受的非线性运动方程。比较常用的是 Forchheimer 公式，即

$$J = av + bv^2 \tag{1.2.7}$$

或

$$J = av + bv^m \quad (1.6 \leqslant m \leqslant 2) \tag{1.2.8}$$

式中：a、b 为由实验确定的常数。

当 $a=0$ 时，式 (1.2.7) 变为

$$v = K_c J^{\frac{1}{2}} \tag{1.2.9}$$

称为 Chezy 公式，它和计算河渠水流的 Chezy 公式类似，表明渗流速度与水力坡度的 $\frac{1}{2}$ 次方成正比，K_c 为该情况下的渗透系数。

自然界的地下水运动多数服从 Darcy 定律，大于临界 Reynolds 数的流动很少出现，仅在喀斯特岩层中或井壁及泉水出口处附近可能见到。

1.2.5 地下水运动特征分类

为了便于对地下水运动进行研究，可以从不同的角度对地下水运动特征进行分类。表征渗流运动特征的物理量称为渗流的运动要素，主要有渗流量 Q、渗流速度 v、压强 p、水头 H 等，按照这些运动要素和时间的关系，可把地下水的运动分为稳定运动和非稳定运动。严格地来说，运动都是非稳定的，稳定运动只是一种暂时的平衡状态。

根据地下水运动方向（即渗透流速的方向）与空间坐标轴的关系，可把地下水分为一维运动、二维运动和三维运动。

当地下水沿一个方向流动时，把这个方向取作坐标轴，因而地下水的渗透流速只有沿这一坐标轴的方向有分速度，其余坐标轴方向的分速度均为零。这类运动称为地下水的一维运动，如等厚的承压含水层中的地下水（图 1.2.8）。一维运动也称为单向运动。

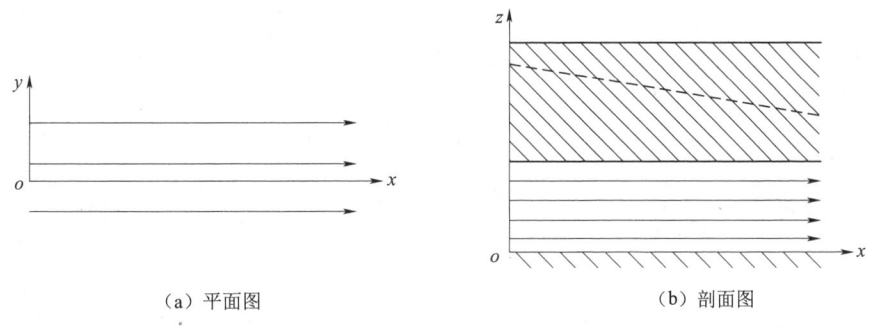

(a) 平面图　　　　　　　　(b) 剖面图

图 1.2.8　承压水的一维流动

如果地下水的渗透流速沿两个坐标轴方向有分速度，仅仅一个坐标轴方向的分速度为零，则称为地下水的二维运动，如图 1.2.9(a) 水库附近渠道向河流渗漏时的地下水运动。此时，河、渠几乎平行，而且很长。图 1.2.9(b) 中垂直渠、河方向发生渗漏，因而沿河流方向的分速度等于零。直角坐标系的二维运动也称为平面运动。

如果地下水的渗透流速沿空间 3 个坐标轴的分量均不等于零，则称为地下水的三维运动，多数的地下水运动都是三维运动，也称空间运动，如图 1.2.9(c) 中坝肩处的潜水运动。

地下水运动的维数和所选取的坐标系有关。例如在轴对称条件下，如选用直角坐标系（x, y, z 坐标系），则为三维运动；如选用柱坐标系（r, θ, z 坐标系），则变为二维运动（图 1.2.10）。

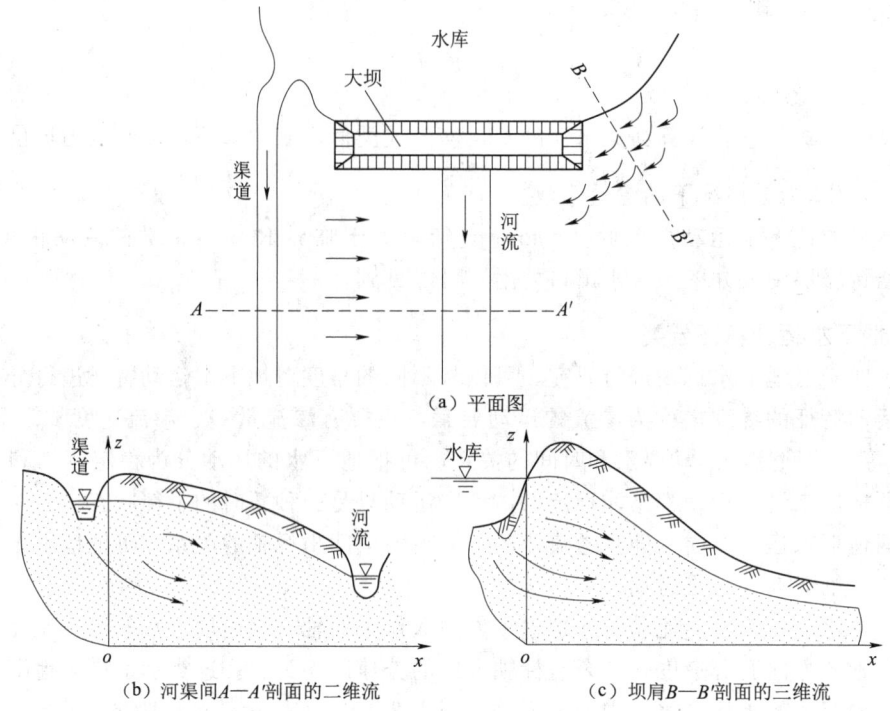

(a) 平面图

(b) 河渠间 A—A' 剖面的二维流

(c) 坝肩 B—B' 剖面的三维流

图 1.2.9 水库附近地下水二维、三维流

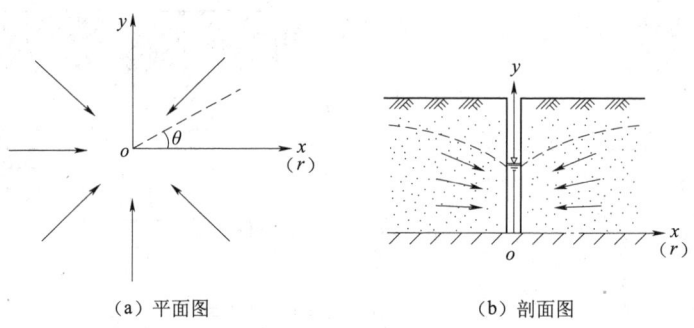

(a) 平面图

(b) 剖面图

图 1.2.10 均质各向同性含水层中潜水井抽水时的地下水运动

1.2.6 突变界面的水流折射

在透水性突变的界面上，如水流斜向通过界面，则会发生折射。这一现象是由界面上水流连续性条件引起的。设介质Ⅰ的渗透系数为 K_1，介质Ⅱ的渗透系数为 K_2，考察两平行流线，基于通过透水性突变界面前后流量相等，如图 1.2.11 所示，可以推得

$$\frac{\tan\theta_1}{\tan\theta_2}=\frac{K_1}{K_2} \tag{1.2.10}$$

式（1.2.10）为渗透水流折射时必须满足的方程（折射定律）。

由式（1.2.10）可得出下列几点结论：

(1) 当 $K_1=K_2$，则 $\theta_1=\theta_2$，表示在均质岩层中不发生折射。

(2) 当 $K_1 \neq K_2$，而且 K_1、K_2 均不等于 0 时，如 $\theta_1 = 0°$，则 θ_2 亦为 $0°$，表明水流垂直通过界面时不发生折射。

(3) 当 $K_1 \neq K_2$，而且 K_1、K_2 均为有限值时，如 $\theta_1 = 90°$，则 θ_2 亦应为 $90°$，表明水流平行于界面时不发生折射。

(4) 当水流斜向通过界面时，介质的渗透系数 K 值越大，θ 角也越大，流线也越靠近界面。二介质的 K 值相差越大，θ_1 和 θ_2 的差别也越大，流线通过界面后的偏移程度也越大。

在自然界中很常见的非均质岩层多是由许多透水性各不相同的薄层相互交替组成的层状岩层，每一单层的厚度比其延伸长度小得多（图 1.2.12）。其平行于层面的渗透系数 K_p 和垂直于层面的渗透系数 K_v 不等。当每一分层的渗透系数 K_i 和厚度 M_i 已知时，可求出 K_p 和 K_v。

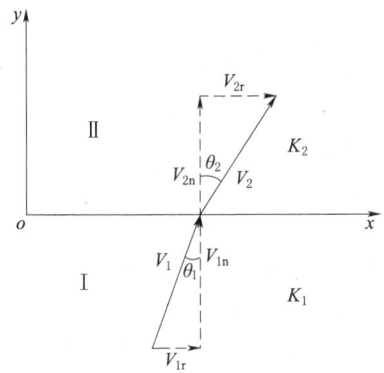
图 1.2.11　渗透水流的折射

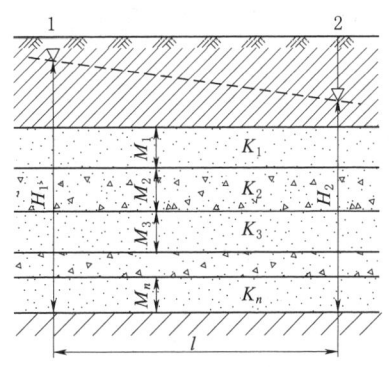
图 1.2.12　层状岩层中平行于层面的渗流

当水流平行于层面时（图 1.2.12），通过层状含水层的总的单宽流量 q 等于各分层的单宽流量之和，总厚度 M 等于各分层厚度之和。对于每一分层而言，水力坡度 J 均为 $\Delta H/l$。因此，每一分层的流量为

$$q_i = K_i M_i \frac{\Delta H}{l}$$

$$q = \sum_{i=1}^{n} q_i = \sum_{i=1}^{n} K_i M_i \frac{\Delta H}{l} = \frac{\Delta H}{l} \sum_{i=1}^{n} T_i$$

如果用一等效的均质含水层代替层状岩层，显然等效层的厚度等于层状岩层的总厚度，并且在同一水力坡度 $\Delta H/l$ 作用下应当有相同的流量 q，因而有

$$q = K_p M \frac{\Delta H}{l}$$

由此得

$$K_p M \frac{\Delta H}{l} = \sum_{i=1}^{n} K_i M_i \frac{\Delta H}{l}$$

因而求得平行层面方向的等效渗透系数，为

$$K_p = \frac{\sum_{i=1}^{n} K_i M_i}{\sum_{i=1}^{n} M_i} \tag{1.2.11}$$

类似地，如果渗透系数在垂直方向变化，且没有明显的分层界线，而是逐渐连续过渡的，即

$$K_p = \frac{1}{M}\int_0^M K(z)\mathrm{d}z \tag{1.2.12}$$

当水流方向垂直于岩层层面（图1.2.13）时，通过各分层的流量相同，即

$$q_1 = q_2 = \cdots = q_i = \cdots = q_n = q$$

但水头降落和水力坡度不同，总的水头降落 ΔH 等于各分层水头降落 ΔH_i 之和。因此，对每一层都有

$$q = K_i b \frac{\Delta H_i}{M_i}, \quad \Delta H_i = \frac{M_i q}{K_i b}$$

用类似方法可得垂直于层面方向的等效渗透系数为

$$K_v = \frac{\sum_{i=1}^{n} M_i}{\sum_{i=1}^{n} \frac{M_i}{K_i}} \tag{1.2.13}$$

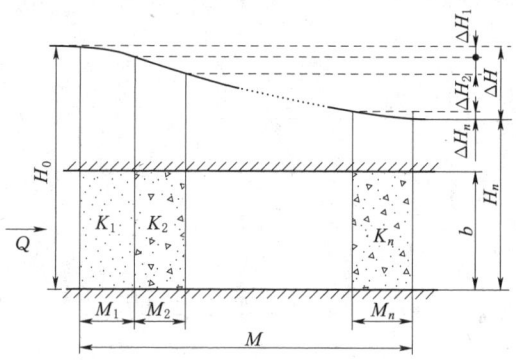

图1.2.13 层状岩层中垂直于层面的渗流

由式（1.2.13）可以发现一个有趣的现象：垂直于层面的等效渗透系数主要取决于渗透系数最小即阻力最大的分层。如有一层 $K_i = 0$，为不透水层，则 $K_v = 0$。

平行层面的等效渗透系数 K_p 总是大于垂直于层面的等效渗透系数 K_v。

1.3 流体运动的描述方法

在流体力学中，研究流体运动有两种方法：①拉格朗日（Lagrange）法，它着眼于流体质点，即以单个流体质点作为研究对象，研究其运动要素的变化过程，获得一定空间内所有流体质点的运动规律；②欧拉（Euler）法，它着眼于各固定空间点流体运动要素的时间、空间变化，而不是追踪各个质点的详细运动过程。若将 Lagrange 法比作"跟踪"法，Euler 法属于"布哨"法。

1.3.1 Lagrange 法

设在某一初始时刻 $t = t_0$，在选定的坐标系中流体质点的坐标为 (ξ, η, ζ)，不同质点有不同的 (ξ, η, ζ) 值。这个起始坐标作为流体质点的标记，称为 Lagrange 坐标或 Lagrange 变数。对于任意时刻 t，任意质点在空间的位置 (x, y, z) 都可以看成 Lagrange

变数 (ξ,η,ζ) 和时间 t 的函数：

$$\left.\begin{aligned} x &= x(\xi,\eta,\zeta,t) \\ y &= y(\xi,\eta,\zeta,t) \\ z &= z(\xi,\eta,\zeta,t) \end{aligned}\right\} \quad (1.3.1)$$

当 (ξ,η,ζ) 固定，t 为自变量时，上式是所质点 (ξ,η,ζ) 运动轨迹的参数方程，它给出该点在任意 t 时刻所处的位置 (x,y,z)，也就是给出该质点的运动轨迹。当 t 固定 (ξ,η,ζ) 为自变量时，上式给出不同质点在该时刻 t 所处的位置，也就是给出不同质点在该时刻的空间分布状况。因此 Lagrange 法的实质是描述质点系的运动。

任意液体质点在任意时刻的运动速度矢量，在 x、y、z 3 个坐标轴上的分量为

$$\left.\begin{aligned} v_x &= v_x(\xi,\eta,\zeta,t) = \frac{\partial x(\xi,\eta,\zeta,t)}{\partial t} \\ v_y &= v_y(\xi,\eta,\zeta,t) = \frac{\partial y(\xi,\eta,\zeta,t)}{\partial t} \\ v_z &= v_z(\xi,\eta,\zeta,t) = \frac{\partial z(\xi,\eta,\zeta,t)}{\partial t} \end{aligned}\right\} \quad (1.3.2)$$

在 x、y、z 3 个坐标轴上，加速度矢量的分量为

$$\left.\begin{aligned} a_x &= a_x(\xi,\eta,\zeta,t) = \frac{\partial^2 x(\xi,\eta,\zeta,t)}{\partial t^2} \\ a_y &= a_y(\xi,\eta,\zeta,t) = \frac{\partial^2 y(\xi,\eta,\zeta,t)}{\partial t^2} \\ a_z &= a_z(\xi,\eta,\zeta,t) = \frac{\partial^2 z(\xi,\eta,\zeta,t)}{\partial t^2} \end{aligned}\right\} \quad (1.3.3)$$

Lagrange 法物理概念简单、清楚，但由于液体质点的实际运动情况非常复杂，数学处理上常常会碰到许多困难，加之在一般情况下我们关心更多的并不是各个质点运动的具体情况，而是大量质点运动的总体效果。因此，大多采用 Euler 法研究液体运动。

1.3.2 Euler 法

Euler 法不是研究各个质点的运动过程，而研究质点经过流场中任一固定点时各运动要素随时间的变化过程，以及相邻的空间点上这些运动要素的变化。

显然只要把质点经过流场中各个空间点时诸运动要素随时间的变化过程及诸运动要素在空间上的变化情况都了解清楚，则整个流动的特性也就清楚。因此，Euler 法的本质是流场法。在 Euler 法中，任意瞬时运动中每一点上液体质点的速度构成流速场，各点的压强构成压强场，各点的水头构成水头场等。

若取直角坐标系，则各运动要素都是空间点的坐标 (x,y,z) 和时间 t 的函数。这里的 (x,y,z) 称为欧拉变数，如流速场有

$$\vec{v} = \vec{v}(x,y,z,t) = v_x\vec{i} + v_y\vec{j} + v_z\vec{k} \quad (1.3.4)$$

其中，$v_x = v_x(x,y,z,t)$，$v_y = v_y(x,y,z,t)$，$v_z = v_z(x,y,z,t)$。$\vec{i}$、$\vec{j}$ 和 $\vec{k}$ 为坐标轴方向的单位矢量。

在上面表达式中，若令 (x,y,z) 为常数 (x_0,y_0,z_0)，t 为变量，则得到在点 $(x_0,$

y_0, z_0) 上的流速随时间变化情况。若令 t 为常数 t_0,(x,y,z) 为变量,得到 t_0 时刻流场内不同点液体流速分布。

1.3.3 实质导数

液体质点的某物理量对于时间的变化率称为该物理量的实质导数(又称为质点导数或物理导数或流体动力导数或全导数)。任一流体质点 (ξ,η,ζ) 的速度 $\vec{v}(\xi,\eta,\zeta,t)$ 对时间的变化率(即速度的质点导数)就是该质点的加速度:

$$\vec{a}(\xi,\eta,\zeta,t)=\frac{\partial \vec{v}(\xi,\eta,\zeta,t)}{\partial t} \tag{1.3.5}$$

而在 Euler 法中,$\vec{v}=\vec{v}(x,y,z,t)$,其中 (x,y,z) 是某个空间点的坐标,因而 $\frac{\partial \vec{v}(x,y,z,t)}{\partial t}$ 仅表示在固定的点 (x,y,z) 上液体的流速对时间的变化率。这种变化率是不同液体质点先后经过空间这个固定点 (x,y,z) 时,因各自速度不同而形成的。一般情况下,它并不是表示某个确定质点的加速度,即

$$\vec{a}(\xi,\eta,\zeta,t) \neq \frac{\partial \vec{v}(x,y,z,t)}{\partial t}$$

那么,Euler 法中如何表达流体质点的某个物理量对时间的变化率呢?以确定 $\vec{v}$ 对时间的变化率为例,对于某个确定的质点 (ξ,η,ζ),它的位置坐标 $x=x(\xi,\eta,\zeta,t)$,$y=y(\xi,\eta,\zeta,t)$,$z=z(\xi,\eta,\zeta,t)$,该质点的速度为

$$\vec{v}=\vec{v}(x,y,z,t)=\vec{v}[x(\xi,\eta,\zeta,t),y(\xi,\eta,\zeta,t),z(\xi,\eta,\zeta,t),t] \tag{1.3.6}$$

利用求全导数公式,求得质点的加速度为

$$\vec{a}=\frac{d\vec{v}}{dt}=\frac{D\vec{v}}{Dt}=\frac{\partial \vec{v}}{\partial x}\frac{\partial x}{\partial t}+\frac{\partial \vec{v}}{\partial y}\frac{\partial y}{\partial t}+\frac{\partial \vec{v}}{\partial z}\frac{\partial z}{\partial t}+\frac{\partial \vec{v}}{\partial t}=v_x\frac{\partial \vec{v}}{\partial x}+v_y\frac{\partial \vec{v}}{\partial y}+v_z\frac{\partial \vec{v}}{\partial z}+\frac{\partial \vec{v}}{\partial t} \tag{1.3.7}$$

简记为

$$\vec{a}=\frac{D\vec{v}}{Dt}=\frac{\partial \vec{v}}{\partial t}+(\vec{v}\cdot\nabla)\vec{v}=\left(\frac{\partial}{\partial t}+\vec{v}\cdot\nabla\right)\vec{v} \tag{1.3.8}$$

其中,$\nabla\vec{v}=\frac{\partial \vec{v}}{\partial x}\vec{i}+\frac{\partial \vec{v}}{\partial y}\vec{j}+\frac{\partial \vec{v}}{\partial z}\vec{k}$,是 $\vec{v}$ 的梯度,与标量梯度不同,它不是矢量,而是二价张量。$\nabla=\frac{\partial}{\partial x}\vec{i}+\frac{\partial}{\partial y}\vec{j}+\frac{\partial}{\partial z}\vec{k}$ 称为哈密顿算子。

式 (1.3.8) 中,$\frac{\partial \vec{v}}{\partial t}$ 项表示在固定点上液体的速度对时间的变化率,称为当地加速度,它是由于流场的不稳定引起的;$(\vec{v}\cdot\nabla)\vec{v}$ 项表示质点的迁移运动与流场速度分布不均匀引起的速度对时间的变化率,称为迁移加速度。

例如,在图 1.3.1(a) 中,保持水箱水位不变时放水,A 与 A'(管径相同)水的流速相同且不随时间变化,因而这两点水流的当地加速度和迁移加速度均为 0,而 B 和 B' 因管径不等,B' 点流速大于 B 点的流速,虽然两点当地加速度均为 0,但迁移加速度均不为 0。

当水箱水位随时间下降时,A 与 A' 点水流迁移加速度仍为零,但当地加速度不为零,B 和 B' 点水流的当地加速度和迁移加速度都不为零。图 1.3.1(b) 具有类似情况。

1.4 流　　网

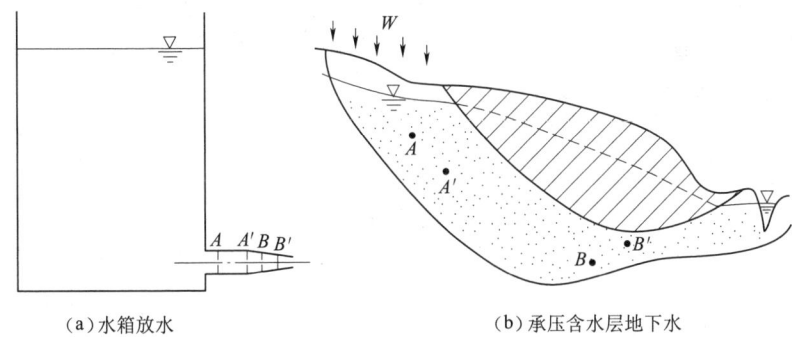

(a) 水箱放水　　　　　　　(b) 承压含水层地下水

图 1.3.1　加速度场分析
W—降雨强度

1.4 流　　网

1.4.1　流函数

流线是渗流场中一根处处和渗流速度矢量相切的曲线。流线是 Euler 法用于形象地描绘流场的重要概念。流线可以用方程式定量描述，在任一流线上取任意两点 $M(x,y)$ 和 $M'(x+\mathrm{d}x, y+\mathrm{d}y)$。$M$ 点的渗流速度矢量为 $\vec{v}$，它与它的两个分量 v_x、v_y 构成一个三角形 MAB。自 M' 点作垂线 $M'b$，并延长至 a（图 1.4.1）。当 M 与 M' 无限逼近时，弧线 $M'M$ 可用切线 Ma 来代替，故有 $Mb=\mathrm{d}x$，$ab=\mathrm{d}y$。因为 $\triangle MAB$ 与 $\triangle Mab$ 相似，所以有

$$v_x \mathrm{d}y - v_y \mathrm{d}x = 0 \tag{1.4.1}$$

M 和 M' 是任意流线上任选的两点。因此，上式对流线上的任一点都是正确的，可以把它看成是流线的方程，用它来描述流线。

另外，设有二元函数 $\psi(x,y)$，其全微分为

$$\mathrm{d}\psi = \frac{\partial \psi}{\partial x}\mathrm{d}x + \frac{\partial \psi}{\partial y}\mathrm{d}y$$

如果取这样一种函数，使

$$\frac{\partial \psi}{\partial x} = -v_y, \quad \frac{\partial \psi}{\partial y} = v_x \tag{1.4.2}$$

由式 (1.4.1) 得

$$\mathrm{d}\psi = \frac{\partial \psi}{\partial x}\mathrm{d}x + \frac{\partial \psi}{\partial y}\mathrm{d}y = v_x \mathrm{d}y - v_y \mathrm{d}x = 0 \tag{1.4.3}$$

积分得

$$\psi = 常数$$

式 (1.4.1) 是描述流线的方程，由此而得到函数 ψ 为常数的结论，表明沿同一流线，函数 ψ 为常数，不同的流线则有不同的函数值。因此，称函数 ψ 为流函数，量纲为 $[L^2 T^{-1}]$。为了阐明它的物理意义，在无限接近的两条流线 ψ 和 $\psi+\mathrm{d}\psi$ 上，沿某等水头线

取两个点 $a(x,y)$ 和 $b(x+\mathrm{d}x, y+\mathrm{d}y)$。自 a 和 b 分别做垂线和水平线，相交于 c（图 1.4.2）。显然，通过流线 ψ 和 $\psi+\mathrm{d}\psi$ 中间的单宽流量 $\mathrm{d}q$ 可以看成是通过 ac 和 bc 的流量的代数和。将渗流速度也相应地分解为 v_x 和 v_y，因此：

$$\mathrm{d}q = v_x ac + v_y bc$$

但 $ac=\mathrm{d}y$，$bc=-\mathrm{d}x$，故

$$\mathrm{d}q = v_x \mathrm{d}y - v_y \mathrm{d}x$$

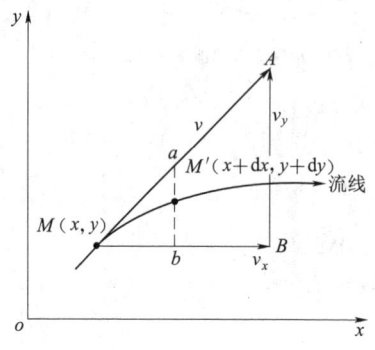 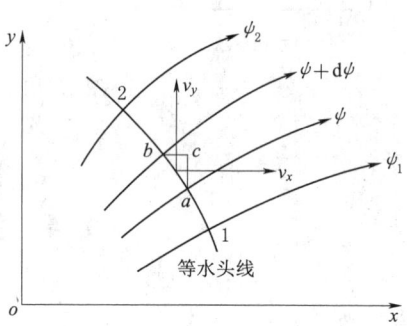

图 1.4.1　流线图　　　　　图 1.4.2　流函数与流量的关系

把式（1.4.2）代入上式，并考虑式（1.4.3），有

$$\mathrm{d}q = \frac{\partial \psi}{\partial y}\mathrm{d}y + \frac{\partial \psi}{\partial x}\mathrm{d}x = \mathrm{d}\psi \tag{1.4.4}$$

将此式在 ψ_1 和 ψ_2 的范围内积分，得

$$q = \int_{\psi_1}^{\psi_2} \mathrm{d}\psi = \psi_2 - \psi_1 \tag{1.4.5}$$

由此可知，在平面运动中，两流线间的单宽流量等于和这两条流线相应的流函数之差。在同一条流线上，$\mathrm{d}\psi=0$，$q=0$，$\psi=$常数，表明水流不能穿越流线。

由 Darcy 定律和式（1.4.2）得

$$v_x = -K\frac{\partial H}{\partial x} = \frac{\partial \psi}{\partial y}, \quad v_y = -K\frac{\partial H}{\partial y} = -\frac{\partial \psi}{\partial x} \tag{1.4.6}$$

将上述第一式对 y 求导，第二式对 x 求导，得

$$-K\frac{\partial^2 H}{\partial x \partial y} = \frac{\partial^2 \psi}{\partial y^2}, \quad -K\frac{\partial^2 H}{\partial y \partial x} = -\frac{\partial^2 \psi}{\partial x^2}$$

因为求导数的结果和求导的次序无关，因而有

$$\frac{\partial^2 \psi}{\partial y^2} = -\frac{\partial^2 \psi}{\partial x^2}, \quad \frac{\partial^2 \psi}{\partial x^2} + \frac{\partial^2 \psi}{\partial y^2} = 0 \tag{1.4.7}$$

说明流函数满足拉普拉斯（Laplace）方程。

从上面的讨论中可以看出，流函数有下列特性：

（1）对一给定的流线，流函数是常数。不同的流线有不同的常数值。流函数决定于流线。

（2）在平面运动中，两流线间的流量等于和这两条流线相应的两个流函数的差值。

(3) 在均质各向同性介质中，流函数满足 Laplace 方程。

(4) 在非稳定流中，流线不断地变化，只能给出某一瞬时的流线图。因此，只有对不可压缩的液体的稳定流动，流线才有实际意义。

1.4.2 流网及其性质

在渗流场内，取一组流线和一组等势线（当容重不变时取一组等水头线）组成的网格称为流网。流网具有下列特性。

(1) 在各向同性介质中，流线与等势线处处垂直，故流网为正交网。在均质各向同性介质中，把式（1.4.6）左、右两个等式交错相乘，得

$$-K\frac{\partial H}{\partial y}\frac{\partial \psi}{\partial y}=K\frac{\partial H}{\partial x}\frac{\partial \psi}{\partial x} \tag{1.4.8}$$

消去 K，得

$$\frac{\partial H}{\partial x}\frac{\partial \psi}{\partial x}+\frac{\partial H}{\partial y}\frac{\partial \psi}{\partial y}=0 \tag{1.4.9}$$

场论的知识告诉我们，等水头线和流线的梯度分别为

$$\mathrm{grad}H=\nabla H=\frac{\partial H}{\partial x}\vec{i}+\frac{\partial H}{\partial y}\vec{j}$$

$$\mathrm{grad}\psi=\nabla \psi=\frac{\partial \psi}{\partial x}\vec{i}+\frac{\partial \psi}{\partial y}\vec{j}$$

式中：$\vec{i}$、$\vec{j}$ 为单位矢量。

其数量积为

$$\nabla H \cdot \nabla \psi=\frac{\partial H}{\partial x}\frac{\partial \psi}{\partial x}+\frac{\partial H}{\partial y}\frac{\partial \psi}{\partial y}=0 \tag{1.4.10}$$

或

$$\nabla H \cdot \nabla \psi=0 \tag{1.4.11}$$

两矢量的数量积等于零，表示两矢量正交，即流线和等水头线的梯度是正交的；而梯度又和流线及等水头线本身垂直，因此流线和等水头线处处正交，流网为正交网格。

用类似的方法可以证明，即使在非均质各向同性介质中仍有

$$\nabla H \cdot \nabla \psi=0$$

这表明，在非均质各向同性介质中，流线仍处处和等水头线正交。即使是非 Darcy 流，在二维均质各向同性介质中仍可证明等水头线和流线也是处处正交的。但是，对于各向异性介质，等水头线族和流线族是不正交的。流网不是正交网格。

(2) 在均质各向同性介质中，流网每一网格的边长比为常数。设在流网中取一网格，如图 1.4.3 所示，相邻流线的间距为 $\mathrm{d}l$，等势线间距为 $\mathrm{d}s$，则 $\mathrm{d}s$ 在 x 和 y 方向的投影为

$$\mathrm{d}x=\cos\theta \mathrm{d}s, \quad \mathrm{d}y=\sin\theta \mathrm{d}s$$

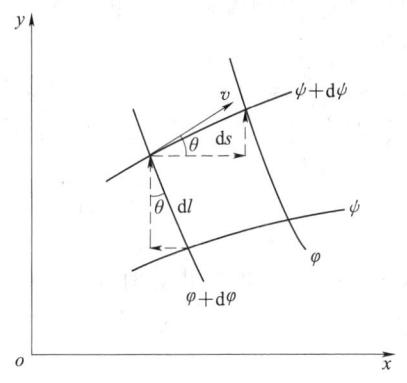

图 1.4.3 部分流网图

$\mathrm{d}l$ 在 x 和 y 方向上的投影为

$$\mathrm{d}x = -\sin\theta \mathrm{d}l, \quad \mathrm{d}y = \cos\theta \mathrm{d}l$$

同时渗流速度矢量 $\vec{v}$ 在两个坐标轴上的分量为

$$v_x = v\cos\theta, \quad v_y = v\sin\theta$$

对于均质各向同性介质有

$$\begin{aligned}
\mathrm{d}H &= \frac{\partial H}{\partial x}\mathrm{d}x + \frac{\partial H}{\partial y}\mathrm{d}y \\
&= -\frac{1}{K}(v_x \mathrm{d}x + v_y \mathrm{d}y) \\
&= -\frac{1}{K}(v\cos\theta \mathrm{d}s\cos\theta + v\sin\theta \mathrm{d}s\sin\theta) \\
&= -\frac{1}{K}v\mathrm{d}s
\end{aligned}$$

$$\begin{aligned}
\mathrm{d}\psi &= \frac{\partial \psi}{\partial x}\mathrm{d}x + \frac{\partial \psi}{\partial y}\mathrm{d}y \\
&= -v_y \mathrm{d}x + v_x \mathrm{d}y \\
&= -v\sin\theta(-\sin\theta \mathrm{d}l) + v\cos\theta\cos\theta \mathrm{d}l \\
&= v\mathrm{d}l
\end{aligned}$$

所以

$$\frac{\mathrm{d}H}{\mathrm{d}\psi} = \frac{-\frac{1}{K}v\mathrm{d}s}{v\mathrm{d}l} = -\frac{1}{K}\frac{\mathrm{d}s}{\mathrm{d}l}$$

$$\frac{\mathrm{d}s}{\mathrm{d}l} = -K\frac{\mathrm{d}H}{\mathrm{d}\psi} \tag{1.4.12}$$

由式（1.4.12）可知，只要给定相邻流线的流函数差值 $\mathrm{d}\psi$ 和等水头线的水头差值 $\mathrm{d}H$，则流网的边长比 $\mathrm{d}s/\mathrm{d}l$ 都是一定的。为方便起见，通常取 $\mathrm{d}s/\mathrm{d}l=1$，流网为曲边正方形。

（3）当流网中各相邻流线的流函数差值相同且每个网格的水头差值相等时，通过每个网格的流量相等。通过流网每一网格的流量 Δq 为

$$\Delta q = KJ\Delta l = K\frac{\Delta H}{\Delta s}\Delta l = K\Delta H\frac{\Delta l}{\Delta s} \tag{1.4.13}$$

式中：Δs 为该网格相邻两等势线间的平均长度；Δl 为相邻两流线间的平均宽度。

因为流网的每一网格的 ΔH 相等，Δq 也就相等。当 $\mathrm{d}s/\mathrm{d}l=1$，即流网为曲边正方形时，有

$$\Delta q = K\Delta H \tag{1.4.14}$$

为方便起见,绘制流网时,如上下游的总水头差为

$$H_r = H_1 - H_2$$

则每一网格的水头差为

$$\Delta H = \frac{H_r}{m} \tag{1.4.15}$$

式中:m 为水头带的数目。

图 1.4.4 为承压水完整井抽水时的流网图。

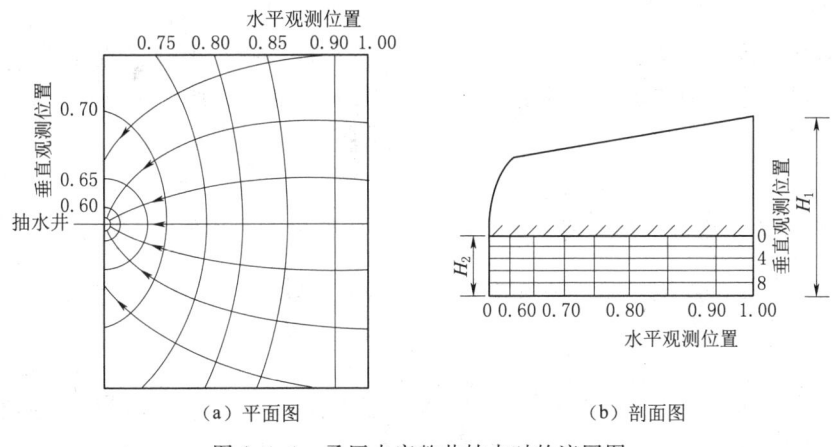

(a) 平面图　　　　(b) 剖面图

图 1.4.4　承压水完整井抽水时的流网图

(4) 当两个透水性不同的介质相邻时,在一个介质中为曲边正方形网格的流网,越过界面进入另一介质中,则变成曲边矩形网格的流网(图 1.4.5)。取两条流线所限定的条带,由水流连续性原理有

$$\Delta q = K_1 \frac{\Delta H}{\Delta s_1} \Delta l_1 = K_2 \frac{\Delta H}{\Delta s_2} \Delta l_2$$

若在 K_1 介质中取 $\frac{\Delta l_1}{\Delta s_1} = 1$,则在 K_2 介质中必有 $\frac{\Delta l_2}{\Delta s_2} \neq 1$,而且保持 $\frac{\Delta l_2}{\Delta s_2} = \frac{K_1}{K_2}$,即当水流由渗透系数小

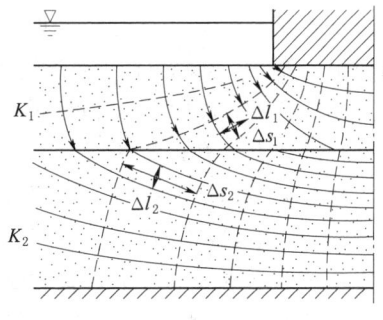

图 1.4.5　双层地基中的流网图

的介质进入渗透系数大的介质时,流网网格变为曲边矩形(图 1.4.5),$\frac{\Delta l_2}{\Delta s_2} < 1$;由渗透系数大的介质进入渗透系数小的介质时,正好相反,$\frac{\Delta l_2}{\Delta s_2} > 1$。

1.4.3　流网的应用

利用流网可以确定渗流各要素。

1. 水头和渗透压强

渗流区内任意点的水头 H,可以由等水头线确定。如该点位于两等水头线之间,则用内插法确定。知道了水头,可通过下式计算该点上的渗透压强:

$$\frac{p}{\gamma} = H \pm z \text{ 或 } p = \gamma(H \pm z) \tag{1.4.16}$$

式中：z 为该点到基准面的距离，如该点位于基准面下方取正值，反之取负值。

2. 水力坡度和渗流速度

通过某点作流线，沿流线量出相邻两等水头线间的距离 Δs；若这两条等水头线间的水头差为 ΔH，则该点的水力坡度和渗流速度分别为

$$J = \frac{\Delta H}{\Delta s}, \quad v = KJ$$

3. 流量

在各向同性渗流场中，若同一网带内水头差值相等，则每个网格的流量相等。因此，整个渗流区单位宽度的流量 q 应等于各个流线间所夹条带（流带）的流量之和。即

$$q = K \Delta H \sum_{i=1}^{n} \frac{\Delta l_i}{\Delta s_i} \tag{1.4.17}$$

式中：$\frac{\Delta l_i}{\Delta s_i}$ 为第 i 条流带选定的两等水头线间网格的长和宽的比值；n 为流带的数目。

若网格是曲边正方形，网格又是完整的，则上式简化为

$$q = K \Delta H n = Kn \frac{H_1 - H_2}{m} \tag{1.4.18}$$

通过前面分析可见，流网刻画了渗流场的水流特征。有了它，可以很方便地确定各渗流要素，解决渗流问题。因此，流网对解决稳定渗流问题有很大的实用意义。

此外，从对流网（或等水头线或流线）的定性分析可以了解水文地质条件，如地下水与河流的互补关系等。图 1.4.6(a) 表示导水性变化时等水头线的疏密变化。图 1.4.6(b) 和图 1.4.6(c) 表示存在不透水带和强透水带时的流网。图 1.4.6 中的流网图是平面图，图 1.4.7 为 Hubbert 流动模型的剖面流网图。从图 1.4.7 中可以看出，在有入渗补给或入渗补给结束只有排泄的情况下，潜水面（浸润曲线）既非流线也非等水头线；只有当无入渗和蒸发地稳定流动时，浸润曲线才是流线。

在某一给定区域，作出不同年份的流网图（或等水头线图），可分析水文地质条件的变化，对地下水资源评价有实际意义。

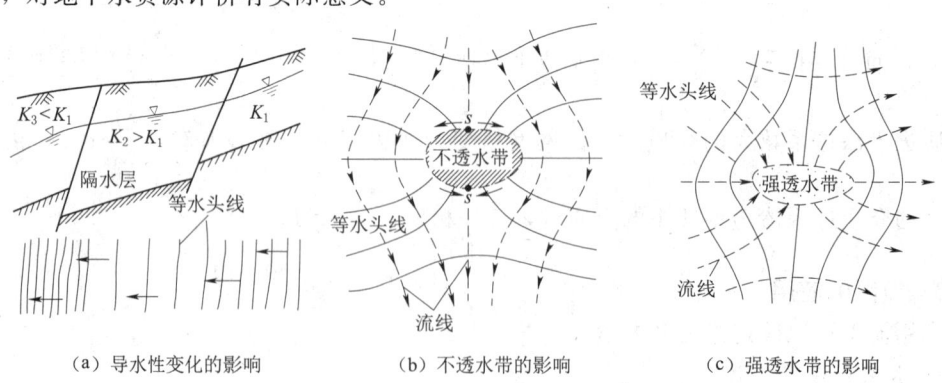

(a) 导水性变化的影响　　(b) 不透水带的影响　　(c) 强透水带的影响

图 1.4.6　几种情况下的流网图

s—停滞点（驻点）

绘制流网的方法有很多，除了应用解析解的结果可以绘制流网外，主要通过各种模拟试验绘制流网，也可以用渐近法徒手近似地绘制流网。

（a）Hubbert 流动模型　　　　　　　（b）地下水的基本状况

图 1.4.7　Hubbert 流动模型的剖面流网图

1.5　地下水运动的控制方程

1.5.1　多孔介质中地下水运动的连续性方程

为了反映一般情况下液体运动中的质量守恒关系，可以采用多孔介质中均衡单元体分析方法，得到三维空间以微分方程形式表达的连续性方程。设在充满液体的渗流区内，以 $p(x,y,z)$ 点为中心取一无限小的平行六面体（其各边长度分别为 Δx、Δy、Δz，且和坐标轴平行）作为均衡单元体（图 1.5.1）。如 p 点沿坐标轴方向的渗流速度分量为 v_x、v_y、v_z，液体密度为 ρ，则单位时间内通过垂直于坐标轴方向单位面积的水流质量分别为 ρv_x、ρv_y、ρv_z，那么，通过 $abcd$ 面中点 $p_1\left(x-\dfrac{\Delta x}{2},y,z\right)$ 的单位时间、单位面积的水流质量 ρv_{x_1} 可利用 Taylor 级数求得。

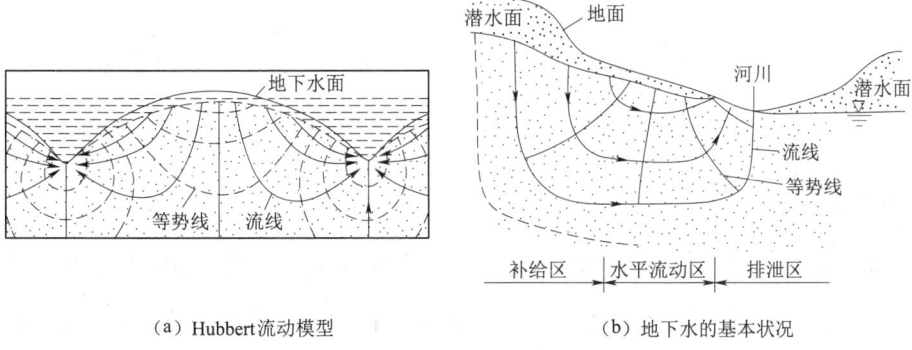

图 1.5.1　渗流区中的均衡单元体

$$\rho v_{x_1}=\rho v_x\left(x-\frac{\Delta x}{2},y,z\right)$$
$$=\rho v_x(x,y,z)+\frac{\partial(\rho v_x)}{\partial x}\left(-\frac{\Delta x}{2}\right)$$
$$+(1/2!)\frac{\partial^2(\rho v_x)}{\partial x^2}\left(-\frac{\Delta x}{2}\right)^2+\cdots+(1/n!)\frac{\partial^n(\rho v_x)}{\partial x^n}\left(-\frac{\Delta x}{2}\right)^n+\cdots$$

略去二阶导数以上的高次项，于是在 Δt 时间内由 $abcd$ 面流入单元体的质量为 $\left[\rho v_x-\dfrac{1}{2}\dfrac{\partial(\rho v_x)}{\partial x}\Delta x\right]\Delta y\Delta z\Delta t$。

同理，可求出通过右侧 $a'b'c'd'$ 面流出的质量为 $\left[\rho v_x+\dfrac{1}{2}\dfrac{\partial(\rho v_x)}{\partial x}\Delta x\right]\Delta y\Delta z\Delta t$。

因此，沿 x 轴方向流入和流出单元体的质量差为

$$\left\{\left[\rho v_x - \frac{1}{2}\frac{\partial(\rho v_x)}{\partial x}\Delta x\right]\Delta y \Delta z - \left[\rho v_x + \frac{1}{2}\frac{\partial(\rho v_x)}{\partial x}\Delta x\right]\Delta y \Delta z\right\}\Delta t$$

$$= -\frac{\partial(\rho v_x)}{\partial x}\Delta x \Delta y \Delta z \Delta t$$

同理，可以写出沿 y 轴方向和沿 z 轴方向流入和流出这个单元体的液体质量差，分别为 $-\frac{\partial(\rho v_y)}{\partial y}\Delta x \Delta y \Delta z \Delta t$ 和 $-\frac{\partial(\rho v_z)}{\partial z}\Delta x \Delta y \Delta z \Delta t$。因此，在 Δt 时间内，流入与流出这个单元体的总质量差为 $-\left[\frac{\partial(\rho v_x)}{\partial x}+\frac{\partial(\rho v_y)}{\partial y}+\frac{\partial(\rho v_z)}{\partial z}\right]\Delta x \Delta y \Delta z \Delta t$。

在单元体内，液体所占的体积为 $n\Delta x \Delta y \Delta z$，其中 n 为孔隙度。相应单元体内的液体质量为 $\rho n \Delta x \Delta y \Delta z$。因此，在 Δt 时间内，单元体内液体质量的变化量为 $\frac{\partial}{\partial t}(\rho n \Delta x \Delta y \Delta z)\Delta t$。

单元体内液体质量的变化是由流入与流出这个单元体的液体质量差造成的。在连续流条件下（渗流区充满液体等），根据质量守恒定律，两者应该相等。

$$-\left[\frac{\partial(\rho v_x)}{\partial x}+\frac{\partial(\rho v_y)}{\partial y}+\frac{\partial(\rho v_z)}{\partial z}\right]\Delta x \Delta y \Delta z = \frac{\partial}{\partial t}(\rho n \Delta x \Delta y \Delta z) \quad (1.5.1)$$

式（1.5.1）就是微分形式的三维渗流连续性方程。它表达了渗流区内任何一个"局部"所必须满足的质量守恒定律。式（1.5.1）右端项的计算比较困难。具体应用时，为了简化计算，往往做一些假设，如假设只有垂直方向上有压缩（或膨胀）或将 Δx、Δy、Δz 都视为常量等。

如把地下水看成是不可压缩的均质液体，$\rho=$ 常数；同时，假设含水层骨架不被压缩，这时 n 和 Δx、Δy、Δz 都保持不变，式（1.5.1）右端项等于零，于是有

$$\frac{\partial v_x}{\partial x}+\frac{\partial v_y}{\partial y}+\frac{\partial v_z}{\partial z}=0$$

根据 Darcy 定律，在各向同性介质中，有

$$v_x = -K\frac{\partial H}{\partial x}, \quad v_y = -K\frac{\partial H}{\partial y}, \quad v_z = -K\frac{\partial H}{\partial z}$$

得

$$\frac{\partial}{\partial x}\left(K\frac{\partial H}{\partial x}\right)+\frac{\partial}{\partial y}\left(K\frac{\partial H}{\partial y}\right)+\frac{\partial}{\partial z}\left(K\frac{\partial H}{\partial z}\right)=0 \quad (1.5.2)$$

均匀介质中，有

$$\frac{\partial^2 H}{\partial x^2}+\frac{\partial^2 H}{\partial y^2}+\frac{\partial^2 H}{\partial z^2}=0 \quad (1.5.3)$$

式（1.5.3）也称 Laplace 方程。式（1.5.3）表明，在同一时间内，流入单元体的水体积等于流出的水体积，即体积守恒。对于常密度地下水稳定流，也可以得到相同的结果，即式（1.5.3）。因此，式（1.5.3）既适合地下水稳定流，又适合地下水非稳定流。

1.5.2 承压含水层地下水运动的控制方程

假设在承压含水层中水流服从 Darcy 定律，贮水率 μ_s 和渗透系数 K 不受骨架变形的影响。类似于连续性方程的推导，在承压含水层内，取一无限小的平行六面体作为均衡单

元体（图 1.5.1）。因此，在 Δt 时间内，流入与流出这个单元体的总质量差为
$-\left[\dfrac{\partial(\rho v_x)}{\partial x}+\dfrac{\partial(\rho v_y)}{\partial y}+\dfrac{\partial(\rho v_z)}{\partial z}\right]\Delta x\Delta y\Delta z\Delta t$。

单元体内液体质量的变化是由流入与流出这个单元体的液体质量差造成的。当单元体内液体质量增加，单元体的压力水头就会抬高；相反，当单元体内液体质量减少，单元体的压力水头就会降低。根据承压含水层的弹性释水理论和贮水率的定义，经 Δt 时间，均衡单元体内，液体质量的变化为 $\rho\Delta x\Delta y\Delta z\mu_s\dfrac{\partial H}{\partial t}\Delta t$。

在连续流条件下，根据质量守恒定律，流入与流出这个单元体的总质量差和弹性释水（贮水）引起的单元体液体质量变化应该相等，因此有

$$-\left[\dfrac{\partial(\rho v_x)}{\partial x}+\dfrac{\partial(\rho v_y)}{\partial y}+\dfrac{\partial(\rho v_z)}{\partial z}\right]\Delta x\Delta y\Delta z\Delta t=\rho\mu_s\dfrac{\partial H}{\partial t}\Delta x\Delta y\Delta z\Delta t$$

即

$$\left[-\rho\left(\dfrac{\partial v_x}{\partial x}+\dfrac{\partial v_y}{\partial y}+\dfrac{\partial v_z}{\partial z}\right)-\left(v_x\dfrac{\partial\rho}{\partial x}+v_y\dfrac{\partial\rho}{\partial y}+v_z\dfrac{\partial\rho}{\partial z}\right)\right]=\rho\mu_s\dfrac{\partial H}{\partial t} \tag{1.5.4}$$

式（1.5.4）左端第二个括弧项代表液体的 ρ 的空间变化，一般远小于第一个括弧项，即渗流速度 v 的空间变化。因此，假设左端第二个括弧项可以忽略不计，于是式（1.5.4）变为

$$-\left(\dfrac{\partial v_x}{\partial x}+\dfrac{\partial v_y}{\partial y}+\dfrac{\partial v_z}{\partial z}\right)=\mu_s\dfrac{\partial H}{\partial t} \tag{1.5.5}$$

根据 Darcy 定律，在各向同性介质中有

$$v_x=-K\dfrac{\partial H}{\partial x},\quad v_y=-K\dfrac{\partial H}{\partial y},\quad v_z=-K\dfrac{\partial H}{\partial z}$$

将其代入式（1.5.5），得

$$\left[\dfrac{\partial}{\partial x}\left(K\dfrac{\partial H}{\partial x}\right)+\dfrac{\partial}{\partial y}\left(K\dfrac{\partial H}{\partial y}\right)+\dfrac{\partial}{\partial z}\left(K\dfrac{\partial H}{\partial z}\right)\right]=\mu_s\dfrac{\partial H}{\partial t} \tag{1.5.6}$$

式（1.5.6）有明确的物理意义：等式左端表示单位时间内流入和流出单位体积承压含水层的水量差；右端表示该时间段内单位体积承压含水层弹性释放（或贮存）的水量。

对于各向异性介质来说，若坐标轴的方向和各向异性介质的主方向一致，则有

$$\dfrac{\partial}{\partial x}\left(K_{xx}\dfrac{\partial H}{\partial x}\right)+\dfrac{\partial}{\partial y}\left(K_{yy}\dfrac{\partial H}{\partial y}\right)+\dfrac{\partial}{\partial z}\left(K_{zz}\dfrac{\partial H}{\partial z}\right)=\mu_s\dfrac{\partial H}{\partial t} \tag{1.5.7}$$

对于均质各向同性的含水层来说，还可进一步简化为

$$\dfrac{\partial^2 H}{\partial x^2}+\dfrac{\partial^2 H}{\partial y^2}+\dfrac{\partial^2 H}{\partial z^2}=\dfrac{\mu_s}{K}\dfrac{\partial H}{\partial t} \tag{1.5.8}$$

在二维流的情况下，常用 μ^* 和 T 来表示，于是式（1.5.8）可写成

$$\dfrac{\partial}{\partial x}\left(T\dfrac{\partial H}{\partial x}\right)+\dfrac{\partial}{\partial y}\left(T\dfrac{\partial H}{\partial y}\right)=\mu^*\dfrac{\partial H}{\partial t} \tag{1.5.9}$$

式（1.5.6）～式（1.5.9）就是承压水非稳定运动的控制方程和它的几个常见的特例。

如果化为柱坐标，则式（1.5.8）变为

$$\frac{1}{r}\frac{\partial}{\partial r}\left(r\frac{\partial H}{\partial r}\right)+\frac{1}{r^2}\frac{\partial^2 H}{\partial \theta^2}+\frac{\partial^2 H}{\partial z^2}=\frac{\mu_s}{K}\frac{\partial H}{\partial t} \tag{1.5.10}$$

这些基本微分方程是定量研究承压含水层中地下水运动问题的基础。它表达了承压含水层渗流区中任何一个"局部"都必须满足质量守恒和能量守恒定律。

有了这些概念就可以灵活地把基本微分方程应用于解决实际问题。虽然方程中没有考虑抽水、注水及越流补给等的影响，但要考虑也不难。既然方程的左端代表单位时间内从各个方向流入单位体积含水层水量的总和，那只要在建立连续性方程时加一项来表示这些交换水量就行了。其结果是在方程的左端加一项 W，通常称为源汇项。它是位置和时间的函数。当垂向有水流出（包括抽水）时，W 为负值，表示汇；当垂向有水流入（包括注水）含水层时，W 为正，表示源。但要注意，对于三维问题，W 表示单位时间从单位体积含水层流入或流出的水量；对于二维问题，W 表示单位时间在垂向从单位面积含水层中流入或流出的水量。由式（1.5.6）得

$$\frac{\partial}{\partial x}\left(K\frac{\partial H}{\partial x}\right)+\frac{\partial}{\partial y}\left(K\frac{\partial H}{\partial y}\right)+\frac{\partial}{\partial z}\left(K\frac{\partial H}{\partial z}\right)+W=\mu_s\frac{\partial H}{\partial t} \tag{1.5.11}$$

由式（1.5.9）得

$$\frac{\partial}{\partial x}\left(T\frac{\partial H}{\partial x}\right)+\frac{\partial}{\partial y}\left(T\frac{\partial H}{\partial y}\right)+W=\mu^*\frac{\partial H}{\partial t} \tag{1.5.12}$$

有些文献中，令 $a=\dfrac{T}{\mu^*}$，称其为压力传导系数（导压系数）。于是对于二维情况下的均质各向同性含水层，有

$$\frac{\partial^2 H}{\partial x^2}+\frac{\partial^2 H}{\partial y^2}=\frac{1}{a}\frac{\partial H}{\partial t} \tag{1.5.13}$$

当 $\dfrac{\partial H}{\partial t}$ 项等于零，就可以得到相应的稳定运动方程。对于均质各向同性的含水层，由式（1.5.8）可得

$$\frac{\partial^2 H}{\partial x^2}+\frac{\partial^2 H}{\partial y^2}+\frac{\partial^2 H}{\partial z^2}=0 \tag{1.5.14}$$

该方程与地下水稳定流的连续性方程（1.5.3）完全一样。

1.5.3 半承压含水层地下水运动的控制方程

当承压含水层的上、下岩层并不绝对隔水时，其中一个或者两个可能是弱透水层。虽然含水层会通过弱透水层和相邻含水层发生水力联系，但它还是承压的。因此，称其为半承压含水层。当这个含水层和相邻含水层间存在水头差时，地下水便会从高水头含水层通过弱透水层流向低水头含水层。对指定含水层来说，可能流入也可能流出该含水层。这种现象称为越流。因此，半承压含水层也称越流含水层。

当弱透水层的渗透系数 K_1 比主含水层的渗透系数 K 小很多时，可以近似地认为水基本上是垂直通过弱透水层，折射 $90°$ 后在主含水层中基本上是水平流动的。经研究发现，当主含水层的渗透系数比弱透水层的渗透系数大两个以上数量级时，这个假定所引起的误差一般小于 5%。实际上，含水层的渗透系数常常比相邻弱透水层的渗透系数高出 3

个数量级,故上述假设是允许的。在这种情况下,主含水层中的水流可近似地作二维流问题处理,将水头看作是整个含水层厚度上水头的平均值,同时假设,弱透水层本身释放的水量可以忽略不计。

图 1.5.2(a) 表示一个各向同性越流系统。厚度为 M 的承压含水层的上、下各有一个厚度为 m_1 和 m_2、渗透系数为 K_1 和 K_2 的弱透水层。弱透水层的外侧又上覆、下伏有潜水含水层或承压含水层。由图 1.5.2(b) 的均衡单元体,根据水均衡原理可以给出方程:

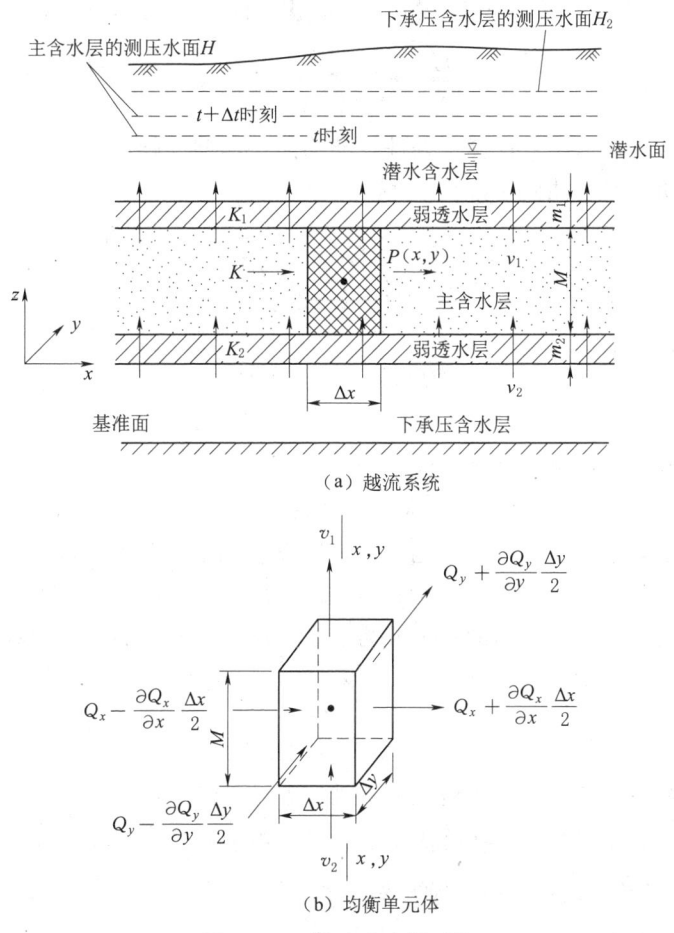

图 1.5.2 越流含水层系统

$$\left[\left(Q_x-\frac{\partial Q_x}{\partial x}\frac{\Delta x}{2}\right)-\left(Q_x+\frac{\partial Q_x}{\partial x}\frac{\Delta x}{2}\right)\right]\Delta t$$
$$+\left[\left(Q_y-\frac{\partial Q_y}{\partial y}\frac{\Delta y}{2}\right)-\left(Q_y+\frac{\partial Q_y}{\partial y}\frac{\Delta y}{2}\right)\right]\Delta t+(v_2-v_1)\Delta x\Delta y\Delta t$$
$$=\mu^*\frac{\partial H}{\partial t}\Delta x\Delta y\Delta t \qquad (1.5.15)$$

式中:v_1、v_2 分别为通过上部和下部弱透水层的垂直速率或越流强度。

$$v_1=-K_1\frac{\partial H_1}{\partial z}=K_1\frac{H-H_1}{m_1}, \quad v_2=-K_2\frac{\partial H_2}{\partial z}=K_2\frac{H_2-H}{m_2} \quad (1.5.16)$$

式中：$H_1(x,y,t)$、$H_2(x,y,t)$ 分别为上含水层（图 1.5.2 中为潜水含水层）和下承压含水层中的水头。

如以 T 表示主含水层的导水系数，则有

$$Q_x=-T\frac{\partial H}{\partial x}\Delta y, \quad Q_y=-T\frac{\partial H}{\partial y}\Delta x$$

把它们代入式（1.5.15），并在两端分别约去无限小的 $\Delta x \Delta y \Delta t$，则有

$$\frac{\partial}{\partial x}\left(T\frac{\partial H}{\partial x}\right)+\frac{\partial}{\partial y}\left(T\frac{\partial H}{\partial y}\right)+K_1\frac{H-H_1}{m_1}+K_2\frac{H_2-H}{m_2}=\mu^*\frac{\partial H}{\partial t} \quad (1.5.17)$$

这就是不考虑弱透水层弹性释水条件下非均质各向同性越流含水层中非稳定运动的控制方程。对于均质各向同性介质，有

$$\frac{\partial^2 H}{\partial x^2}+\frac{\partial^2 H}{\partial y^2}+\frac{H-H_1}{B_1^2}+\frac{H_2-H}{B_2^2}=\frac{\mu^*}{T}\frac{\partial H}{\partial t} \quad (1.5.18)$$

其中

$$B_1=\sqrt{\frac{Tm_1}{K_1}}, \quad B_2=\sqrt{\frac{Tm_2}{K_2}} \quad (1.5.19)$$

分别称为上、下两个弱透水层的越流因素。

越流因素 B 的量纲为 [L]。弱透水层的渗透性越小，厚度越大，则 B 越大，越流量越小。在自然界中，越流因素值的变化很大，可以从几米到若干千米。对于一个完全隔水的覆盖层来说，B 为无穷大。另一个反映越流能力的参数是越流系数 σ'，其定义为：当主含水层和供给越流的含水层间的水头差为一个长度单位时，通过主含水层和弱透水层间单位面积界面上的水流量。因此有

$$\sigma'=\frac{K_1}{m_1} \quad (1.5.20)$$

式中：K_1、m_1 分别为弱透水层的渗透系数和厚度。

σ' 越大，相同水头差下的越流量越多。

1.5.4 潜水含水层地下水运动的控制方程
1.5.4.1 Dupuit 假设

一般来说，潜水面不是水平的，含水层中存在着垂向上的流速分量。潜水面作为渗流区的边界，随时间而变化。为了说明 Dupuit 假设（图 1.5.3），对于潜水面上任意一点 p（在垂直的二维 xz 平面内），有

$$J=-\frac{\mathrm{d}H}{\mathrm{d}s}=-\frac{\mathrm{d}z}{\mathrm{d}s}=-\sin\theta \quad (1.5.21)$$

该点的渗流速度方向与潜水面相切，其大小根据 Darcy 定律有

$$v_s=KJ=-K\sin\theta$$

Dupuit(1863 年) 根据潜水面的坡度在大多数情况下是很小的，即坡角 θ 很小这一事

实,假设用 $\tan\theta$ 代替 $\sin\theta$,有

$$v_x = -K\frac{dH}{dx} = -K\tan\theta \approx -k\sin\theta = -K\frac{dH}{ds} \tag{1.5.22}$$

因此,Dupuit 假设实质是以 $\frac{dH}{dx}$ 代替了 $\frac{dH}{ds}$,这就意味着假设等水头面是近铅直的,水流基本上是水平的,可忽略渗流速度的垂直分量 v_z,$H(x,z,t)$ 可近似地用 $H(x,t)$ 代替。这么一来,铅直剖面上各点的水头就变成相等的了。

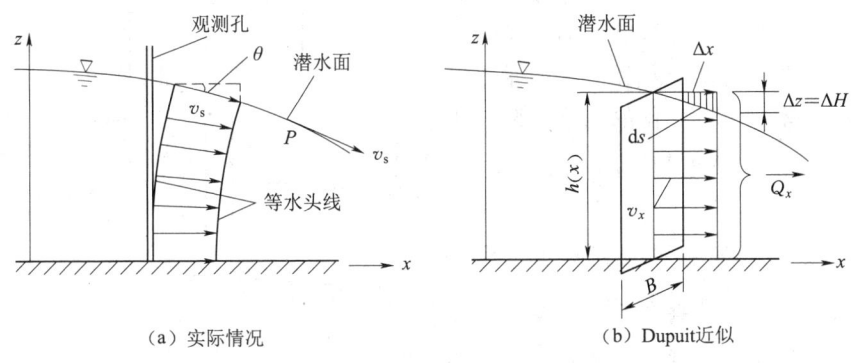

图 1.5.3 Dupuit 假设示意图

相应地,通过宽度为 B 的铅直平面(在此假设下可近似地看成是过水断面)的流量为

$$Q_x = -KhB\frac{dH}{dx} \tag{1.5.23}$$

式中:Q_x 为 x 方向的流量;h 为潜水含水层厚度,在隔水层水平的情况下,$h=H$。

对于更一般的情况,$H=H(x,y,t)$,则有

$$v_x = -K\frac{dH}{dx}, \quad v_y = -K\frac{dH}{dy} \tag{1.5.24}$$

和

$$Q_x = -KhB\frac{dH}{dx}, \quad Q_y = -KhB\frac{dH}{dy} \tag{1.5.25}$$

Dupuit 假设在 θ 不大的情况下是合理的,很有用。它减少自变量 z,从而简化了计算。

引入 Dupuit 假设后会产生多大的误差,是人们关心的一个问题。经验算,应用 Dupuit 假设引起的流量相对误差 ε 为

$$0 < \varepsilon < \frac{i^2}{1+i^2}, \quad i = \frac{dh}{dx} \tag{1.5.26}$$

故只要 $i^2 \ll 1$(这里 i 是潜水面坡度),产生的误差是很小的。对于各向异性介质,$K_{xx} \neq$

K_{zz}，则上式中的 i^2 应代之以 $\left(\dfrac{K_{xx}}{K_{zz}}\right)i^2$。

Dupuit 的假设忽略了渗流速度的垂直分量 v_z，故在 v_z 大的地段就不能采用，例如在有入渗的潜水分水岭地段，渗出面附近和垂直的隔水边界附近。

1.5.4.2 Boussinesq 方程

根据 Dupuit 假设，可以建立有关潜水含水层中地下水流的方程。

先考虑一维问题。取平行于 xoz 平面的单位宽度进行研究。在渗流场内取一土柱（图 1.5.4）。它的上界面是潜水面，下界面为隔水底板，左右为两个相距 Δx 的垂直断面。引起小土体内水量变化的因素，除从上断面流入的流量 $q-\dfrac{\partial q}{\partial x}\dfrac{\Delta x}{2}$ 和下断面流出的流量 $q+\dfrac{\partial q}{\partial x}\dfrac{\Delta x}{2}$ 外，还有由大气降水入渗补给或由潜水蒸发构成的垂向的水量交换。设单位时间、单位面积上垂向补给含水层的水量为 W（入渗补给或其他人工补给取正值，蒸发等取负值）。

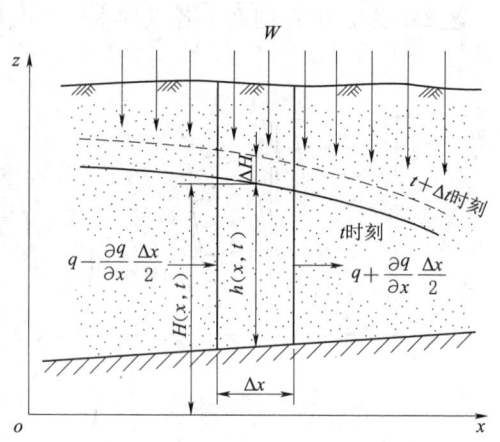

图 1.5.4　潜水含水层地下水非稳定流

根据 Dupuit 假设，在 Δt 时间内，从上游流入和由下游流出的水量差为

$$\left(q-\frac{\partial q}{\partial x}\frac{\Delta x}{2}\right)\Delta t-\left(q+\frac{\partial q}{\partial x}\frac{\Delta x}{2}\right)\Delta t=-\frac{\partial q}{\partial x}\Delta x\Delta t=-\frac{\partial(v_x h)}{\partial x}\Delta x\Delta t$$

在 Δt 时间内，垂直方向的补给量为 $W\Delta x\Delta t$。因此，Δt 时间内小土柱中水量总的变化为 $\left[-\dfrac{\partial(v_x h)}{\partial x}+W\right]\Delta x\Delta t$。

小土柱内水量的变化必然会引起潜水面的升降。设潜水面变化的速率为 $\dfrac{\partial H}{\partial t}$，则在 Δt 时间内，由于潜水面变化而引起的小土柱内水体积的增量为 $\mu\dfrac{\partial H}{\partial t}\Delta x\Delta t$。当潜水面上升时 μ 为饱和差，下降时 μ 为给水度，此时忽略了水和固体骨架弹性贮存的变化。

根据连续性原理，有

$$\left[-\frac{\partial(v_x h)}{\partial x}+W\right]\Delta x\Delta t=\mu\frac{\partial H}{\partial t}\Delta x\Delta t$$

将式（1.5.22）代入上式，得

$$\frac{\partial}{\partial x}\left(h\frac{\partial H}{\partial x}\right)+\frac{W}{K}=\frac{\mu}{K}\frac{\partial H}{\partial t} \tag{1.5.27}$$

式（1.5.27）为有入渗补给的潜水含水层中地下水非稳定运动的基本方程（沿 x 方向的一维运动），通常称为 Boussinesq 方程。

1.5 地下水运动的控制方程

在二维运动情况下,可用类似方法导出相应的方程为

$$\frac{\partial}{\partial x}\left(h\frac{\partial H}{\partial x}\right)+\frac{\partial}{\partial y}\left(h\frac{\partial H}{\partial y}\right)+\frac{W}{K}=\frac{\mu}{K}\frac{\partial H}{\partial t} \tag{1.5.28}$$

当隔水层水平时,上式中 $h=H$ 对于非均质含水层,Boussinesq 方程有如下形式:

$$\frac{\partial}{\partial x}\left(Kh\frac{\partial h}{\partial x}\right)+\frac{\partial}{\partial y}\left(Kh\frac{\partial h}{\partial y}\right)+W=\mu\frac{\partial h}{\partial t} \tag{1.5.29}$$

Boussinesq 方程是研究潜水运动的控制方程。方程中的含水层厚度 h 也是个未知数,因此,它是一个二阶非线性偏微分方程。

应注意,推导方程时应用了 Dupuit 假设,忽略了弹性贮存;取的小土体是一个包括整个含水层厚度在内的土柱,与推导承压水非稳定运动方程时取的无限小的单元体不同。因此,应用 Boussinesq 方程得到的 $H(x,y,t)$ 只代表该点整个含水层厚度上平均水头的近似值,不能用它来计算同一垂直剖面上不同点的水头变化。对某些无压渗流问题,如排水沟降低地下水位及土坝渗流等是不适用的,应采用非 Dupuit 假设的一般形式的方程:

$$\frac{\partial}{\partial x}\left(K\frac{\partial H}{\partial x}\right)+\frac{\partial}{\partial y}\left(K\frac{\partial H}{\partial y}\right)+\frac{\partial}{\partial z}\left(K\frac{\partial H}{\partial z}\right)=\mu_s\frac{\partial H}{\partial t} \tag{1.5.30}$$

对各向异性介质,若坐标轴与各向异性的主方向一致,则有

$$\frac{\partial}{\partial x}\left(K_{xx}\frac{\partial H}{\partial x}\right)+\frac{\partial}{\partial y}\left(K_{yy}\frac{\partial H}{\partial y}\right)+\frac{\partial}{\partial z}\left(K_{zz}\frac{\partial H}{\partial z}\right)=\mu_s\frac{\partial H}{\partial t} \tag{1.5.31}$$

对无压渗流来说,它的弹性释水与潜水面下降疏干出来的水量相比是微不足道的。因此,有时干脆把式(1.5.30)和式(1.5.31)的右端项以零代替,认为无压渗流区内水头应满足方程:

$$\frac{\partial}{\partial x}\left(K\frac{\partial H}{\partial x}\right)+\frac{\partial}{\partial y}\left(K\frac{\partial H}{\partial y}\right)+\frac{\partial}{\partial z}\left(K\frac{\partial H}{\partial z}\right)=0 \tag{1.5.32}$$

或

$$\frac{\partial}{\partial x}\left(K_{xx}\frac{\partial H}{\partial x}\right)+\frac{\partial}{\partial y}\left(K_{yy}\frac{\partial H}{\partial y}\right)+\frac{\partial}{\partial z}\left(K_{zz}\frac{\partial H}{\partial z}\right)=0 \tag{1.5.33}$$

其实,根据连续性方程(1.5.1),在液体密度 ρ 为常数、含水层骨架不可压缩条件下也可直接得到上述两式。由于在推导连续性方程时,并没有设定某种类型的含水层,因此,连续性方程更具有普遍性意义。这时,方程右端为零并非意味着稳定流。在这种情况下,潜水地下水非稳定流动的特征则由边界条件反映。因为潜水面是渗流区的上部边界,潜水面升降所引起的水量变化可以作为边界条件来处理。

对潜水位变化很小的情况,和承压水流一样,可以看成是稳定运动。当不存在入渗和蒸发时,由式(1.5.28)、式(1.5.29)得潜水稳定运动的控制方程:

$$\frac{\partial}{\partial x}\left(Kh\frac{\partial h}{\partial x}\right)+\frac{\partial}{\partial x}\left(Kh\frac{\partial h}{\partial y}\right)=0 \tag{1.5.34}$$

$$\frac{\partial}{\partial x}\left(h\frac{\partial H}{\partial x}\right)+\frac{\partial}{\partial y}\left(h\frac{\partial H}{\partial y}\right)=0 \tag{1.5.35}$$

1.6 地下水运动的数学模型及其求解方法

1.6.1 数学模型

要确定实际研究对象的地下水运动数学模型，只有在研究区查明地质、水文地质条件的基础上才有可能。但天然地质体一般比较复杂，且处于不停的变动之中。为了便于解决问题，必须忽略一些和研究问题无关或关系不大的因素，使问题简化。这种对地质、水文地质条件加以概化后所得到的是天然地质体的一个物理模型。再从这个物理模型出发，用简洁的数学语言，即一组数学关系式来刻画各物理量的关系和空间分布形式，从而反映所研究地质体的地质、水文地质条件和地下水运动的基本特征，达到复制或再现一个实际水流系统基本状态的目的。这样建立的一种数学结构便是数学模型。这个过程通常称为建立模型。

数学模型有两类。如果数学关系式中含有一个或多个随机变量的模型称为随机模型。如果数学模型中各变量之间有严格确定的关系，则称为确定性模型。本书主要讨论后者。

用确定性模型来描述实际地下水流时，必须具备下列条件：①有一个（或一组）能描述这类地下水运动规律的控制方程，同时，确定了相应渗流区的范围、形状和方程中出现的各种参数值；②给出相应的定解条件。但问题到此并没有完结，因为这时我们对通过上述步骤建立的模型是否能确实代表所研究的地质体还没有把握；模型中出现的参数这时一般也不能确切给出。因此，必须对所建立的模型进行检验，即把模型预测的结果与通过抽水试验或其他试验对含水层施加某种影响后所得到的实际观测结果或一个地区地下水动态长期观测资料进行比较，看两者是否一致。若不一致，就要对模型进行校正，即修正条件①和②，直至满意地拟合为止。这一步骤称为识别模型或校正模型。

此外，模拟实际问题的数学模型还应满足下列基本条件：①解（即满足上述条件①和②的解）是存在的（存在性）；②解是唯一的（唯一性）；③这个解对原始数据是连续依赖的（稳定性）。要求所提问题的解存在和唯一是不言而喻的。第3个条件，即稳定性的要求，意味着当参数或定解条件发生微小变化时，所引起的解的变化也是很微小的。只有有了这条保证，当参数和定解条件的数据有某些误差时，所求得的解才能仍然接近于真解；否则，解是不可信的，并应该认为此时的数学模型是不完善的。在实际工作中，原始数据存在某种误差，在所难免，所以这个条件很重要。满足上述3个条件的问题称为适定问题，只要有一条不满足就是不适定问题。本书中所述及的问题都是适定的。

1.6.2 定解条件

从前面几节可以看出，不同类型的地下水运动用不同形式的控制方程描述；同一形式的控制方程又代表着整个一大类地下水流的运动规律。例如，均质各向同性无越流承压含水层中地下水的稳定渗流都用一个 Laplace 方程描述。但由于补给、径流、排泄条件的差异，以及边界性质、边界形状的不同，不同含水层中水头的分布却毫无共同之处。如用它来研究地下水向井的运动和坝下渗流,两者的水头分布是不会相同的。非稳定渗流问题的情况也是相似的。由于方程本身并不包含反映渗流区特定条件的信息,所以每个方程有无数个可能的解,每一个解对应于一个特定渗流区中的水流情况。

为了从大量可能解中求得和所研究特定问题相对应的唯一的特解,就需要提供偏微分方程本身没有包括的一些补充信息,包括以下几点:

(1) 方程中有关参数的值。方程中总是包含一些表示含水层水文地质特征的参数,如导水系数 T、贮水系数 μ^* 等。有时还包含表示含水层所受天然或人为影响的源汇项 W。只有当这些参数在所研究的渗流区中的实际数值被确定后,方程本身才算确定。

(2) 渗流区的范围和形状(边界有时是无限的,有时部分是未知的)。一个偏微分方程,只有规定了它所定义的区域(即渗流区)后,才能谈得上对它的求解。

(3) 边界条件,即渗流区边界所处的条件,用来表示水头 H (或渗流量 q) 在渗流区边界上所应满足的条件,也就是渗流区内水流与其周围环境相互制约的关系。

(4) 初始条件。非稳定渗流问题,除了需要列出边界条件外,还要列出初始条件。所谓初始条件就是在某一选定的初始时刻 ($t=0$) 渗流区内水头 H 的分布情况。

边界条件和初始条件合称定解条件。求解非稳定渗流问题要同时列出边界条件和初始条件;求解稳定渗流问题只要列出边界条件就够了。一个或一组数学方程与其定解条件加在一起,构成一个描述某实际问题的数学模型。前者用来刻画研究区地下水的流动规律,后者用来表明所研究实际问题的特定条件,两者缺一不可。我们用这样的模型来再现一个实际水流系统。给定了方程或方程组和相应定解条件的数学物理问题又称定解问题。因此,所求的某个渗流问题的解,必然是这样的函数:一方面要适合该渗流区地下水运动的偏微分方程(或方程组),另一方面又要满足该渗流区的边界条件和初始条件。

如以 D 表示所考虑的渗流区,在三维空间中它是由光滑或分片光滑的曲面 S 所围成的一个立体;在二维空间中,它是由光滑或分段光滑的曲线 Γ 所围成的一个平面。除了由封闭曲线、曲面所围成的有限区域外,有时还可能碰到在某个方向或各个方向上可以把所考虑的渗流区视为无限延伸的区域的情况。

下面我们分别介绍地下水运动问题中定解条件的类型。

1.6.2.1 边界条件

地下水流问题中碰到的边界条件有下列几种类型。

1. 第一类边界条件 (Dirichlet 条件)

如果在某一部分边界(设为 S_1 或 Γ_1)上,各点在每一时刻的水头都是已知的,则这部分边界就称为第一类边界或给定水头的边界,表示为

$$H(x,y,z,t)|_{S_1} = \varphi_1(x,y,z,t), \quad (x,y,z) \in S_1 \quad (1.6.1)$$

或

$$H(x,y,t)|_{\Gamma_1} = \varphi_2(x,y,t), \quad (x,y) \in \Gamma_1 \quad (1.6.2)$$

式中:$H(x,y,z,t)$、$H(x,y,t)$ 分别为在三维和二维条件下边界段 S_1 和 Γ_1 上点 (x,y,z) 和 (x,y) 在 t 时刻的水头;$\varphi_1(x,y,z,t)$、$\varphi_2(x,y,t)$ 分别为 S_1 和 Γ_1 上的已知函数。

可以作为第一类边界条件来处理的情况不少,例如当河流或湖泊切割含水层,两者有直接水力联系时,这部分边界就可以作为第一类边界处理。此时,水头 φ_1 和 φ_2 是一个由

河湖水位的统计资料得到的关于 t 的函数。但要注意,某些河、湖底部及两侧沉积有一些粉砂、亚黏土和黏土,使地下水和地表水的直接水力联系受阻,就不能作为第一类边界条件来处理。区域内部的抽水井或疏干巷道也可以作为给定水头的内边界来处理。此时,水头通常是按某种要求事先给定。

注意,给定水头边界不一定是定水头边界。上面介绍的都只是给定水头的边界。所谓定水头边界,意味着函数 φ_1 和 φ_2 不随时间而变化。当区域内部的水头比它低时,它就供给水,要多少有多少。当区域内部的水头比它高时,它吸收水,需要它吸收多少就吸收多少。在自然界,这种情况很少见。就是附近有河流、湖泊,也不一定能处理为定水头边界,还要视河流、湖泊与地下水水力联系的情况,以及这些地表水体本身的径流特征而定。在没有充分依据的情况下,千万不要随意把某段边界确定为定水头边界,以免造成很大误差。

2. 第二类边界条件（Neumann 条件）

当知道某一部分边界（设为 S_2 或 Γ_2）单位面积（二维空间为单位宽度）上流入（流出时用负值）的流量 q 时,称为第二类边界或给定流量的边界。相应的边界条件表示为

$$K\frac{\partial H}{\partial n}\bigg|_{S_2}=q_1(x,y,z,t),\quad (x,y,z)\in S_2 \tag{1.6.3}$$

或

$$K\frac{\partial H}{\partial n}\bigg|_{\Gamma_2}=q_2(x,y,t),\quad (x,y)\in \Gamma_2 \tag{1.6.4}$$

式中:n 为边界 S_2 或 Γ_2 的外法线方向;q_1、q_2 为已知函数,分别表示 S_2 上单位面积和 Γ_2 上单位宽度的侧向补给量。

最常见的这类边界就是隔水边界,此时侧向补给量 $q=0$。在介质各向同性的条件下,上面两个表达式都可简化为

$$\frac{\partial H}{\partial n}=0 \tag{1.6.5}$$

边界条件式 (1.6.5) 还可用在地下分水岭和流线位置。

抽水井或注水井也可以作为内边界来处理。取井壁 Γ_W 为边界,根据 Darcy 定律有

$$2\pi rT\frac{\partial H}{\partial r}=Q(x,y,t)$$

式中:r 为径向距离;Q 为抽水井流量（$Q<0$,为注水井流量）。

由于此时外法线方向 n 指向井心,故上式可改写为下列形式:

$$T\frac{\partial H}{\partial n}\bigg|_{\Gamma_W}=-\frac{Q}{2\pi r_W} \tag{1.6.6}$$

式中:r_W 为井的半径。

3. 第三类边界条件

若某段边界 S_3 或 Γ_3 上 H 和 $\frac{\partial H}{\partial n}$ 的线性组合已知,即

$$\frac{\partial H}{\partial n}+\alpha H=\beta \tag{1.6.7}$$

式中：α、β 为已知函数，这种类型的边界条件称为第三类边界条件或混合边界条件。

当研究区的边界上如果分布有相对较薄的一层弱透水层（带），边界的另一侧是地表水体或另一个含水层分布区时，则可以看作是这类边界。如图 1.6.1 所示，淤泥层两侧的同一位置上的 A 点和 p 点有水头差，如以 H 表示边界内侧研究区的水头，H_n 为边界外侧的水头，当忽略弱透水层内贮存的变化时，有

$$K \frac{\partial H}{\partial n}\bigg|_{S_3} = \frac{K_1}{m_1}(H_n - H) = q(x,y,z,t)$$

式中：K 为研究区的渗透系数；K_1、m_1 分别为弱透水层的渗透系数和宽度；q 为和式 (1.6.3) 中 q_1 相当的侧向流入量（流出为负值）。

上式还可进一步改写为

$$K \frac{\partial H}{\partial n} - \sigma'(H_n - H) = 0 \text{（在 } S_3 \text{ 上）} \tag{1.6.8}$$

式中，$\sigma' = \frac{K_1}{m_1}$，对于图 1.6.1 这种二维情况，则有

$$T \frac{\partial H}{\partial n} - M\sigma'(H_n - H) = 0 \text{（在 } \Gamma_3 \text{ 上）} \tag{1.6.9}$$

这就是第三类边界条件。

要注意的是，对于有浸润曲线的渗流问题（如排水沟降低地下水位问题、土坝渗流问题等），由于这时浸润曲线本身在不断地变化着，此边界条件就要另行描述了，即除了要满足浸润曲线上压强等于大气压强（即测压管高度等于零）外，还要满足反映浸润面移动规律的条件。描述的方式有多种，本书介绍一种数值计算中常用的方法。这种方法把浸润曲线作为有流量补给的边界来处理。图 1.6.2 上表示出 t 时刻和 $t+dt$ 时刻的两条浸润曲线。在其间取一宽为 dr，y 方向长为 1 个单长度的小土体。如以 q 表示从浸润曲线边界流入渗流区的单位面积流量，则在 dt 时间内通过小土体这部分边界的补给量为 $q dr dt$。若取流入为正，则相应的边界条件为

$$K \frac{\partial H}{\partial n}\bigg|_{C_2} = q \tag{1.6.10}$$

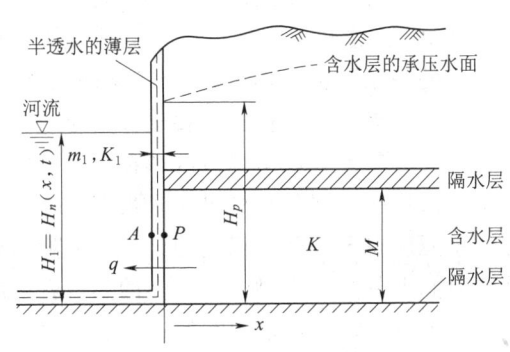

图 1.6.1 第三类边界条件

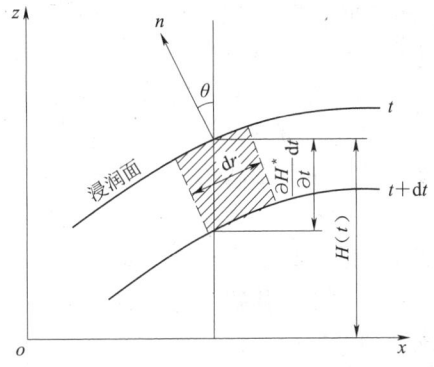

图 1.6.2 浸润曲线的处理

当浸润曲线下降时，从浸润曲线边界流入渗流区的单位面积流量 q 为

$$q = \mu \frac{\partial H^*}{\partial t} \cos\theta \qquad (1.6.11)$$

式中：μ 为给水度；θ 为浸润曲线外法线与铅垂线间的夹角。

1.6.2.2 初始条件

所谓初始条件就是给定某一选定时刻（通常表示为 $t=0$）渗流区内各点的水头值，即

$$H(x,y,z,t)|_{t=0} = H_0(x,y,z), \quad (x,y,z) \in D \qquad (1.6.12)$$

或

$$H(x,y,t)|_{t=0} = H_0'(x,y), \quad (x,y) \in D \qquad (1.6.13)$$

式中：H_0、H_0' 为 D 上的已知函数。

初始条件对计算结果的影响将随着计算时间的延长逐渐减弱。可以根据需要任意选择某一瞬时作为初始时刻，不一定是实际开始抽水的时刻，也不要把初始状态理解为地下水没有开采以前的状态。

1.6.3 地下水运动问题的解法

对于正问题通常有三种解法：解析法、数值模拟法和物理模拟法。

1.6.3.1 解析法

用解析方法求解数学问题可以得到解的解析表达式，通常称为解析解或精确解。应用解析表达式可以给出所求未知量在各种参数值的情况下渗流区中任何一点上的值（非稳定渗流问题给出的还是任意时刻的值）。有了这种表达式后，一般用起来比较简便。因此，在可能条件下应尽量利用这种方法。但是，这种方法有很大的局限性，只适用于含水层几何形状规则、方程式简单、边界条件单一的情况。例如，均质各向同性、等厚的含水层的渗流区是圆形、矩形或者无限的，只有定水头边界或隔水边界等。实际问题往往复杂得多，如含水层边界形状不规则，厚度变化，非均质和各向异性，多种边界条件同时存在等，这些问题一般都找不到它的解析解，不得不应用别的方法去求它的近似解。

1.6.3.2 数值模拟法

用数值模拟方法（简称数值法）求得的解称为数值解。它是一种近似解。用数值法求解一般都要借助于计算机。它是求解大型地下水流问题的主要方法。这种方法的要点是把整个渗流区分割成若干个形状规则的小块（成为单元）。这些小块，可以近似地看成是均质的，因而很容易建立起描述各个单元地下水流动的关系式。把本来是形状不规则、非均质问题转化为容易计算的形状规则的、均质问题。各个单元可以根据需要选择适合的水文地质参数，单元形状也可以不同。把所有单元合在一起就能表现出渗流区域在几何上的不规则形状和在水文地质上的非均质性，代表原来的渗流区。划分多少单元，根据计算结果的精度要求可以任意选择。要求精度高，剖分的单元就要多一些，相应的计算工作量也要大一些。对于非稳定渗流问题，还要把整个计算时间划分为许多时段，它们的集合就是原来所要研究的时间段。划分多少个时段也和单元的划分一样，可以视需要选择。这时建立描述某时段每个单元地下水流动的关系式。然后通过某种方式把这些关系式结合起来，加上定解条件便组成一个方程组，求解这个方程组便可得到该时段原问题的解。这个时段解

决了,按划分的时段,一个时段一个时段地算下去,直到把划分的时段全部算完为止。这样未知量(通常是水头或降深)随时间和空间变化的过程就给模拟出来了。因此,这种方法的特点是把全体分割成很多部分,然后再由部分到全体(称为离散化)。用这种方法求得的解只是渗流区中离散点(如各单元的公共顶点或单元的中心点)上未知量满足某种精度要求的近似值。它不能像解析法那样能给出未知量在渗流区中任何一点在任意时刻的值。

数值法可以很方便地处理解析法难以解决的困难。事实上,它对任何复杂的地下水流问题都能给出有足够精度的解,适用于水文地质的很多领域,如水量计算、水质模拟等。常用的数值法有有限差分法和有限元法等。

1.6.3.3 物理模拟法

对于遇到的具体地下水运动问题,通常有两种处理方法:①理论分析;②科学实验。由于实际地下水运动问题的复杂性,大量的问题还是要通过实验来解决,或者两种方法同时并用,相互验证,相互补充。所以物理模拟法是解决实际地下水运动问题的一个重要手段,同时也是验证地下水运动基本假设、理解地下水运动现象、发现地下水运动规律的重要手段。

另一方面,实验要在理论指导下进行,否则将是盲目的。用什么理论指导实验,用什么准则设计模型,用什么参数整理成果,不仅对于地下水运动问题是重要的,而且对于如何理解、评价、运用实验成果,以及发展实验技术也是极为重要的。

物理模拟法(简称模拟法)是科学实验的方法。它利用实体按比例缩小或者其他物理现象(如电流)和水流的相似性,在实验室用模拟实验的方法分析、求解具体的地下水运动问题。

第 2 章 河渠附近的地下水运动

河渠水位和流量的变化是影响附近地区地下水动态的重要因素。研究河渠附近地下水运动规律，对地下水资源计算、地下水环境评价、人工回灌系统的规划设计、河道建闸蓄水对两岸地下水动态影响的预测、土壤盐渍化和沼泽化的预防和改良，以及在浅层地下水为咸水的地区如何进行排咸补淡等都有重要的意义。

2.1 河渠间地下水的稳定运动

2.1.1 潜水的稳定运动

由于大气降水入渗补给或浅层潜水蒸发等因素的影响，河渠间潜水的运动是非稳定的。如果入渗均匀，即在时间和空间分布上都是比较均匀的情况下，为了简化计算，可以假定浸润曲线不随时间而变化，即 $\frac{\partial H}{\partial t}=0$。这时把潜水的运动当作稳定运动来研究。

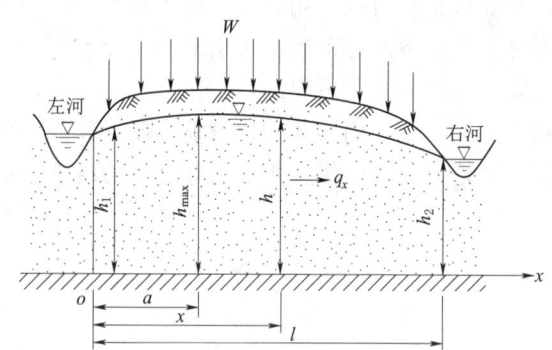

图 2.1.1 河渠间地下水的稳定运动

研究河渠间潜水的运动，作如下假设：

（1）含水层均质各向同性，底部隔水层水平，上部有均匀入渗，并可用入渗强度即单位时间、单位面积上的入渗补给量 W 来表示，在此情况下，W 为常数。

（2）河渠基本上彼此平行，潜水流可视为一维流。

（3）潜水流是渐变流并趋于稳定。

在上述假设条件下，取垂直于河渠的单位宽度来研究，如按图 2.1.1 取坐标，根据式（1.5.27）可以写出上述问题的数学模型：

$$\frac{\mathrm{d}}{\mathrm{d}x}\left(h\frac{\mathrm{d}h}{\mathrm{d}x}\right)+\frac{W}{K}=0 \tag{2.1.1}$$

$$h\big|_{x=0}=h_1 \tag{2.1.2}$$

$$h\big|_{x=l}=h_2 \tag{2.1.3}$$

式中：h 为离左端起始断面 x 处的潜水流厚度；h_1、h_2 分别为左、右两侧河渠边潜水流厚度。

对式（2.1.1）积分，得通解：

$$h^2 = -\frac{W}{K}x^2 + C_1 x + C_2 \tag{2.1.4}$$

式中：C_1、C_2 为积分常数。

把式（2.1.2）和式（2.1.3）代入式（2.1.1），得

$$C_1 = \frac{h_2^2 + h_1^2}{l} + \frac{W}{K}l, \quad C_2 = h_1^2$$

将 C_1、C_2 值代入式（2.1.4），得

$$h^2 = h_1^2 + \frac{h_2^2 - h_1^2}{l}x + \frac{W}{K}(lx - x^2) \tag{2.1.5}$$

式（2.1.5）为河渠间有入渗或蒸发（取入渗为正，蒸发为负）时潜水流的浸润曲线方程（或降落曲线方程）。若已知参数 K、W，只要测定两个断面的水位 h_1 和 h_2，就可预测两断面间任何断面上的潜水位 h。

潜水位 h 是 x 的函数，将式（2.1.5）对 x 求导数，得

$$h\frac{\mathrm{d}h}{\mathrm{d}x} = \frac{h_2^2 - h_1^2}{2l} + \frac{W}{2K}(l - 2x) \tag{2.1.6}$$

由此，根据 Darcy 定律可得河渠间任意断面潜水流的单宽流量为

$$q_x = -Kh\frac{\mathrm{d}h}{\mathrm{d}x} \tag{2.1.7}$$

式中：q_x 为距左河 x 处任意断面上潜水流的单宽流量。

把式（2.1.6）代入式（2.1.7），得

$$q_x = K\frac{h_1^2 - h_2^2}{2l} - \frac{1}{2}Wl + Wx \tag{2.1.8}$$

式（2.1.8）为单宽流量公式。若已知两个断面上的水位值，可以用它来计算两断面间任一断面的流量。应该指出的是，因沿途有入渗补给，所以 q_x 随 x 而变化。

下面我们根据上面得到的公式来讨论河渠间潜水运动的一些特点及其应用。

1. 有入渗时河渠间分水岭的移动规律

式（2.1.5）反映的浸润曲线形状，有入渗时，河渠间的浸润曲线形状为一椭圆曲线的上半支。河渠间形成分水岭，由于分水岭上水位最高，可用求极值的方法求出分水岭的位置。将式（2.1.5）对 x 求导数，并令 $\frac{\mathrm{d}h}{\mathrm{d}x} = 0$，把 $x = a$ 代入，即可得分水岭位置的计算公式：

$$a = \frac{l}{2} - \frac{K}{W}\frac{h_1^2 - h_2^2}{2l} \tag{2.1.9}$$

根据式（2.1.9），当其他条件不变时，分水岭的位置总是靠近高水位河渠。

2. 排水渠合理间距的确定

在排水渠设计中，为了避免产生河渠间地块的盐渍化或沼泽化，需要把分水岭水位

$h_{\max}$ 控制在一定标高，这时排水渠的间距就是合理的。根据式（2.1.5），令 $x=a$，$h=h_{\max}$，得

$$h_{\max}^2 = h_1^2 + \frac{h_2^2 - h_1^2}{l}a + \frac{W}{K}(la - a^2) \tag{2.1.10}$$

式（2.1.10）中的 l、a 都是待求量，可与式（2.1.9）结合起来，用试算法解出合理间距 l。其方法是：按分水岭移动规律给出 a 值，由式（2.1.9）算出 l 值；再代入式（2.1.10），看是否满足等式。如不满足，则重复这一过程，直到满足为止。这时的 l 值就是要求的合理间距。

在两渠水位相等的特殊条件下，即 $h_1 = h_2 = h_w$，分水岭位置 $a = \dfrac{l}{2}$，这时式（2.1.10）可简化为

$$l = 2\sqrt{\frac{K}{W}(h_{\max}^2 - h_w^2)}$$

由此可见，当水位条件一定时，在入渗强度越大和渗透性越弱的含水层中，排水渠间距越小，反之则越大。

3. 河渠断面处单宽流量的计算

河渠间的单宽流量取决于是否存在分水岭，如果存在分水岭的话，它的位置在哪里？

当 $a > 0$ 时，河渠间存在分水岭，此时有

$q_1 = -Wa$ （流向左河侧断面的入渗量）

$q_2 = W(l-a)$ （流向右河侧断面的入渗量）

当 $a = 0$ 时，分水岭位于左河边的起始断面上，此时有

$q_1 = 0$ （左河侧断面既不渗漏也得不到入渗补给）

$q_2 = Wl$ （全部入渗量流入右河侧断面）

当 $a < 0$ 时，不存在分水岭。此时不仅全部入渗量流入右河侧断面，而且水位高的左河侧断面还要向水位低的右河侧断面渗漏。

$q_1 = K\dfrac{h_1^2 - h_2^2}{2l} - \dfrac{Wl}{2}$ （从左河侧断面流出的渗漏量）

$q_2 = K\dfrac{h_1^2 - h_2^2}{2l} + \dfrac{Wl}{2}$ （右河侧断面得到的补给量）

从上述分析可知，若左河为水库，它的渗漏量由于存在入渗而减少，减少量等于整个库渠间入渗量的一半，即 $\dfrac{1}{2}Wl$。因此，在选择库址时，除了要考虑岸边岩石的渗透系数 K 和河渠（库）之间的宽度 l 外，还要考虑入渗量 W 的大小等，以预测水库蓄水后分水岭存在的可能性和渗漏量的大小。

4. 无入渗时潜水流的方程

当 $W = 0$ 时，式（2.1.5）和式（2.1.8）可简化为

$$h^2 = h_1^2 - \frac{h_1^2 - h_2^2}{l}x \tag{2.1.11}$$

2.1 河渠间地下水的稳定运动

$$q = K \frac{h_1^2 - h_2^2}{2l} \qquad (2.1.12)$$

这就是 Dupuit 公式。潜水面的形状已经不是椭圆曲线，而是二次抛物线了。通过河渠间所有断面的单宽流量也变成相等的了。

需要指出的是，本节导出的公式都是在应用 Dupuit 假设，忽略了渗流垂向分速度的情况下导出的。因此，用式（2.1.11）计算出的浸润曲线较实际浸润曲线偏低（图 2.1.2）。潜水面坡度越大，两曲线间的差别也越大。

在自然界中，除了上述均质含水层外，还经常见到含水层为非均质的情况。

对于有双层结构的含水层（图 2.1.3），其上层渗透系数往往比下层的渗透系数小得多。在这种情况下，可以将地下水流分成两部分，将分界面以上当作潜水，将分界面以下当作承压水。通过整个含水层的单宽流量等于通过下层的单宽流量和通过上层的单宽流量之和，即

$$q = K_1 M \frac{h_1 - h_2}{l} + K_2 \frac{h_1^2 - h_2^2}{2l} \qquad (2.1.13)$$

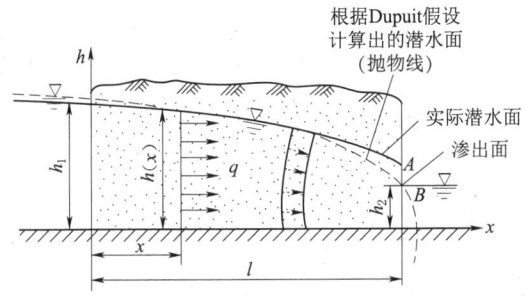

图 2.1.2 计算出的潜水面与实际潜水面的比较

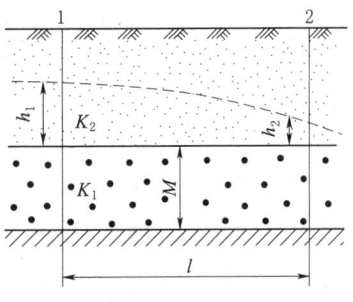

图 2.1.3 双层岩层中的渗流

对于含水层的透水性沿水流方向急剧变化的情况（图 2.1.4），根据水流连续性原理，通过两种透水性不同的岩层的流量应当相等，得

$$q = \frac{h_1^2 - h_2^2}{2\left(\dfrac{l_1}{k_1} + \dfrac{l_2}{k_2}\right)} \qquad (2.1.14)$$

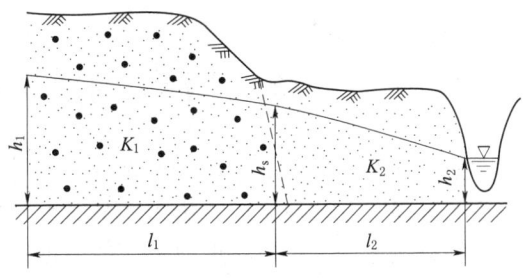

图 2.1.4 岩层透水性急剧变化时的潜水流

式中：h_1、h_2 分别为断面 1 和 2 上的潜水流厚度；K_1、K_2 分别为相邻两种岩层的渗透系数；l_1、l_2 分别为断面 1 和 2 到岩层分界面的距离。

2.1.2 承压水的稳定运动

承压含水层没有入渗补给，如含水层厚度 M 为常数，其他条件和潜水含水层相同，

为一维流，则这种情况下 $\frac{\partial^2 H}{\partial x^2}=0$，在有关边界条件下，积分得

$$H=H_1-\frac{H_1-H_2}{l}x \tag{2.1.15}$$

由 Darcy 定律可得

$$q=KM\frac{H_1-H_2}{l} \tag{2.1.16}$$

在厚度不变的承压水流中，潜水面是均匀倾斜的直线（图 2.1.5）。如果含水层厚度变化时，则 M 取上、下游断面含水层厚度的平均值。

在地下水水力坡度较大的地区，有时会出现上游是承压水，下游由于水头降至隔水顶板以下而转为无压水的情况，形成承压-无压流（图 2.1.6）。

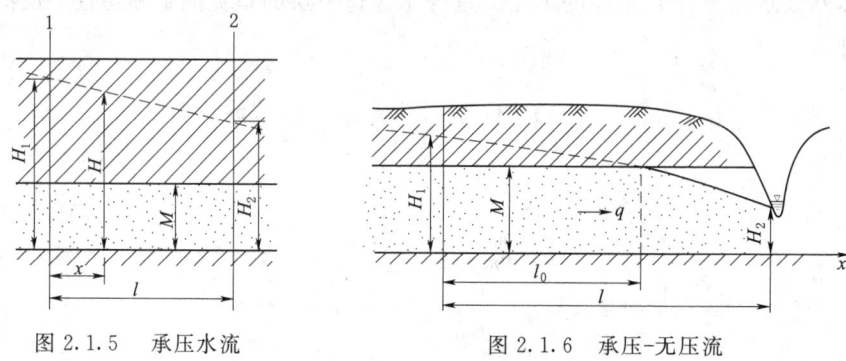

图 2.1.5　承压水流　　　　图 2.1.6　承压-无压流

此时可用分段法计算，首先分别列出承压水地段和无压水流地段单宽流量式，然后根据水流连续性原理，得

$$l_0=\frac{2lM(H_1-M)}{M(2H_1-M)-H_2^2}$$

由此得承压-无压流的单宽流量：

$$q=K\frac{M(2H_1-M)-H_2^2}{2l} \tag{2.1.17}$$

2.2　河渠间地下水的非稳定运动

在地表水和两岸潜水存在水力联系的情况下，河水位（或库水位）的抬高会引起潜水位相应的抬高，这种现象通常称为潜水回水。当河水位低于附近地下水位时，河渠就成为地下水的排泄通道。利用河渠地表水的侧渗作用来补充地下水，以达到灌溉农田的目的，叫河渠引渗或引渗回灌。

2.2.1　河渠水位迅速上升（或下降）为定值时的河渠间地下水非稳定运动

研究时作了如下假设：

（1）含水层均质，各向同性，隔水底板水平。上部入渗量可忽略不计，即设 $W=0$。河渠引渗的潜水流可视为一维流。

2.2 河渠间地下水的非稳定运动

（2）潜水流的初始状态为稳定流，水位可用式（2.1.11）表示，即

$$h_{x,0}^2 = h_{0,0}^2 - \frac{h_{0,0}^2 - h_{l,0}^2}{l} x$$

（3）两侧河渠水位同时出现水位上升，发生瞬时回水，左河水位自 $h_{0,0}$ 上升至 $h_{0,t}$，右河水位自 $h_{l,0}$ 上升至 $h_{l,t}$（图 2.2.1）。

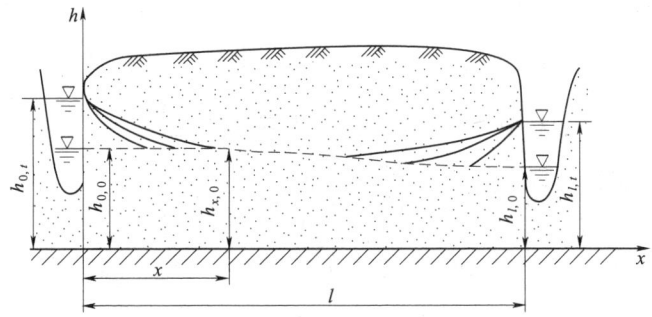

图 2.2.1 河渠间潜水的非稳定流动

在上述情况下，地下水的运动仍可用 Boussinesq 方程式（1.5.28）来描述，只是 $W=0$ 而已，因此有

$$\frac{\partial h}{\partial t} = \frac{K}{\mu} \frac{\partial}{\partial x} \left(h \frac{\partial h}{\partial x} \right)$$

或

$$h \frac{\partial h}{\partial t} = \frac{Kh}{\mu} \frac{\partial}{\partial x} \left(h \frac{\partial h}{\partial x} \right)$$

如令 $u^* = \dfrac{h^2}{2}$，则上式可改写为

$$\frac{\partial u^*}{\partial t} = \frac{Kh}{\mu} \frac{\partial^2 u^*}{\partial x^2}$$

如潜水流厚度变化不大，可以近似地作为常数来看待，用其平均值 h_m 来代替，则上式可进一步改写为齐次的 Fourier 方程：

$$\frac{\partial u^*}{\partial t} = a \frac{\partial^2 u^*}{\partial x^2} \tag{2.2.1}$$

其中

$$a = \frac{K h_m}{\mu} \tag{2.2.2}$$

这是以 u^* 表示的线性方程。显然，只有当求解问题的初始条件和边界条件对于 u^* 也是线性的时候，问题本身才是以 u^* 表示的线性问题。这种线性化的表示方法是 Boussinesq 方程的第二种线性化的方法。

根据前面给出的假设，我们可以写出以 u^* 表示的定解条件如下：

$$u^*(x,0) = \frac{1}{2}h_{0,0}^2 - \frac{h_{0,0}^2 - h_{l,0}^2}{2l}x$$

$$u^*(0,t) = \frac{1}{2}h_{0,t}^2$$

$$u^*(l,t) = \frac{1}{2}h_{l,t}^2$$

为了便于求解，取一新函数：

$$u(x,t) = u^*(x,t) - u^*(x,0) = \frac{h^2(x,t)}{2} - \frac{h^2(x,0)}{2}$$

并把它代入式（2.2.1）和相应的定解条件，于是定解问题变为

$$\left.\begin{array}{l} \dfrac{\partial u}{\partial t} = a\dfrac{\partial^2 u}{\partial x^2} \\[2mm] u = \dfrac{1}{2}[h^2(x,t) - h^2(x,0)] \\[2mm] u(x,0) = 0 \\[2mm] u(0,t) = \dfrac{1}{2}(h_{0,t}^2 - h_{0,0}^2) = \dfrac{1}{2}\Delta(h_{0,t}^2) \\[2mm] u(l,t) = \dfrac{1}{2}(h_{l,t}^2 - h_{l,0}^2) = \dfrac{1}{2}\Delta(h_{l,t}^2) \end{array}\right\} \quad (2.2.3)$$

这个问题可通过有限 Fourier 正弦变换求解，得

$$u(x,t) = \frac{1}{2}\left[\Delta h_{0,t}^2 \frac{2}{\pi}\sum_{n=1}^{\infty}\frac{1}{n}\sin\frac{n\pi}{l}x + \Delta h_{l,t}^2 \frac{2}{\pi}\sum_{n=1}^{\infty}\frac{(-1)^{n+1}}{n}\sin\frac{n\pi}{l}x\right](1 - e^{\frac{n^2\pi^2}{l^2}at}) \quad (2.2.4)$$

基于展开式

$$1 - \frac{x}{l} = \frac{2}{\pi}\sum_{n=1}^{\infty}\frac{1}{n}\sin\frac{n\pi}{l}x$$

和

$$\frac{x}{l} = \frac{2}{\pi}\sum_{n=1}^{\infty}\frac{(-1)^{n+1}}{n}\sin\frac{n\pi}{l}x$$

及

$$u(x,t) = \frac{1}{2}[h^2(x,t) - h^2(x,0)]$$

同时设 $\overline{x} = \dfrac{x}{l}$ 为相对距离，$\overline{t} = \dfrac{at}{l^2}$ 为相对时间，一并代入式（2.2.4），得

$$h_{x,t}^2 = h_{0,0}^2 + \Delta(h_{0,t}^2)F(\overline{x},\overline{t}) + \Delta(h_{l,t}^2)F'(\overline{x},\overline{t}) \quad (2.2.5)$$

其中，$F(\overline{x},\overline{t}) = 1 - \overline{x} - \dfrac{2}{\pi}\sum_{n=1}^{\infty}\dfrac{1}{n}\sin(n\pi\overline{x})e^{-n^2\pi^2\overline{t}}$，为河渠水位函数；$F'(\overline{x},\overline{t}) = \overline{x} - \dfrac{2}{\pi}\sum_{n=1}^{\infty}\dfrac{(-1)^{n+1}}{n}\sin(n\pi\overline{x})e^{-n^2\pi^2\overline{t}}$，为河渠水位余函数，且有 $F'(\overline{x},\overline{t}) = F(1-\overline{x},\overline{t})$。河渠水位函数值和河渠水位余函数值可通过计算机编程近似计算。

式(2.2.5)为河渠水位迅速上升,然后保持不变时,计算河渠间任一断面任一时刻水位的公式。由于河渠水位函数值和河渠水位余函数值总是小于1,故河渠间任一断面的水位变幅总是小于河渠水位的平均变幅。

式(2.2.5)对x求导数后,代入$q=-Kh\dfrac{\partial h}{\partial x}$中得

$$q_{x,t}=q_{x,0}+\dfrac{K}{2l}[\Delta(h_{0,t}^2)G(\overline{x},\overline{t})-\Delta(h_{l,t}^2)G'(\overline{x},\overline{t})] \tag{2.2.6}$$

$$G(\overline{x},\overline{t})=1+2\sum_{n=1}^{\infty}\cos(n\pi\overline{x})\mathrm{e}^{-n^2\pi^2\overline{t}}$$

$$G'(\overline{x},\overline{t})=1+2\sum_{n=1}^{\infty}(-1)^n\cos(n\pi\overline{x})\mathrm{e}^{-n^2\pi^2\overline{t}}$$

式中:$q_{x,0}$为x断面处回水前单宽流量;$q_{x,t}$为x断面处回水后t时刻的单宽流量;$G(\overline{x},\overline{t})$为河渠流量函数,且有$G'(\overline{x},\overline{t})=G'(1-\overline{x},\overline{t})$。

式(2.2.6)表明,当河渠水位迅速上升,然后保持不变时,任意时刻任一断面的单宽流量与稳定流不同,它不仅随时间变化,且与坐标有关。虽然没有沿途的入渗补给,但因同一时刻在不同的断面上有不同的水位变幅和流速,故不同断面的流量也是不同的。

将式(2.2.6)在$0\sim t$区间内积分得

$$\sum_{i=1}^{t}q_{xi}=q_{0,t}t+\dfrac{Kl}{2a}[\Delta(h_{0,t}^2)H(\overline{x},\overline{t})-\Delta(h_{l,t}^2)H'(\overline{x},\overline{t})] \tag{2.2.7}$$

式中:$H'(\overline{x},\overline{t})=H(1-\overline{x},\overline{t})$。

式(2.2.7)为从引渗开始经历时间t后任一断面的总单宽侧流量(单位长度上河渠补给地下水的总量)。

2.2.2 渠水位变化时河渠间地下水的非稳定运动

河水位常有一定涨落,呈阶梯状或连续地变化。为简便起见,常将连续变化曲线概化成阶梯状线段(图2.2.2)。为了计算方便,左右两河渠概化的时段数应该相同。每一时段视为定水位,相邻时段之间变化仍看作瞬时回水。各时段回水之和便是整个变化过程,应用叠加原理可得下列计算公式为

$$h_{x,t}^2=h_{x,0}^2+\sum_{i=1}^{n}[(h_{0,i}^2-h_{0,i-1}^2)F(\overline{x},\overline{t}_{i-1})\\+(h_{l,i}^2-h_{l,i-1}^2)F'(\overline{x},\overline{t}_{i-1})] \tag{2.2.8}$$

同时得

$$q_{x,t}=q_{x,0}+\dfrac{K}{2l}\sum_{i=1}^{n}[(h_{0,i}^2-h_{0,i-1}^2)G(\overline{x},\overline{t}_{i-1})\\+(h_{l,i}^2-h_{l,i-1}^2)G'(\overline{x},\overline{t}_{i-1})] \tag{2.2.9}$$

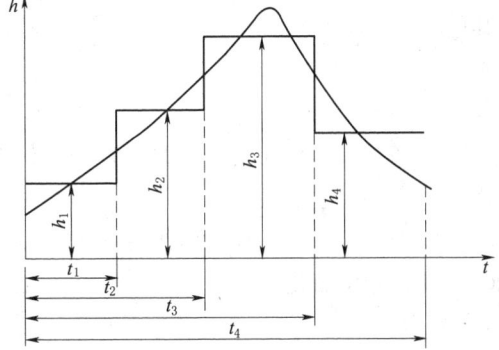

图 2.2.2 水位连续变化近似处理为阶梯状线段

式（2.2.8）和式（2.2.9）为将左右两河渠水位概化成同时段阶梯状变化时河渠间任一时刻任一断面上潜水位和单宽流量的计算公式。

2.2.3 应用分析

（1）当 $l\to\infty$，$\Delta(h_{l,t}^2)=0$ 时，双侧有河渠渗透转变为单侧有河渠渗透的半无限问题（图 2.2.3）。此时，式（2.2.8）简化为

$$H_{x,t}^2=h_{x,0}^2+\Delta(h_{0,l}^2)\lim_{l\to\infty}F(\overline{x},\overline{t})$$

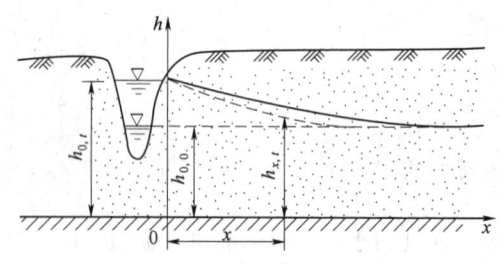

图 2.2.3 河渠水位迅速上升时河渠附近潜水的非稳定运动

为了求极限值，将级数化为积分，得

$$H_{x,t}^2=h_{x,0}^2+\Delta(h_{0,l}^2)F(\lambda)$$

(2.2.10)

其中

$$F(\lambda)=\mathrm{erfc}(\lambda)=1-\mathrm{erf}(\lambda)$$

$$=\frac{2}{\sqrt{\pi}}\int_{\lambda}^{\infty}\mathrm{e}^{-\beta^2}\mathrm{d}\beta$$

$$\lambda=\frac{x}{2\sqrt{at}}$$

$$\mathrm{erf}(\lambda)=\frac{2}{\sqrt{\pi}}\int_{0}^{\lambda}\mathrm{e}^{-\beta^2}\mathrm{d}\beta$$

式中：λ 为河渠水位对地下水位的影响系数；$\mathrm{erfc}(\lambda)$ 为误差函数的补函数（余误差函数）；$\mathrm{erf}(\lambda)$ 为误差函数。

如果含水层的压力传导系数 a 已知，欲求在任一距离 x，任一时间 t 内因河渠水位突然变化 $\Delta h_{0,t}$ 所引起的地下水位变化，可先求出 $\lambda=\dfrac{x}{2\sqrt{at}}$，然后查《实用数学手册》得 $F(\lambda)$ 值，代入式（2.2.10），即可确定 $h_{x,t}$ 值。

同理，式（2.2.6）简化为

$$q_{x,t}=q_{x,0}+\frac{K\Delta(h_{0,t}^2)}{\sqrt{at}}G(\lambda)$$

(2.2.11)

其中

$$G(\lambda)=\frac{1}{2\sqrt{\pi}}\mathrm{e}^{-\lambda^2}$$

式（2.2.10）和式（2.2.11）为一侧有河渠渗透时任一断面潜水位和单宽流量的计算公式。

（2）当 $h_{l,t}^2=0$ 时，即当左河渠回水，右河渠水位保持不变时，式（2.2.5）和式（2.2.6）分别简化为

$$h_{x,t}^2=h_{0,0}^2+\Delta(h_{0,t}^2)F(\overline{x},\overline{t})$$

(2.2.12)

$$q_{x,t}=q_{x,0}+\frac{K\Delta(h_{0,t}^2)}{2l}G(\overline{x},\overline{t})$$

(2.2.13)

沿河渠布置井排开采地下水，可以夺取河渠水的补给。这时，可近似地把井排看作水平渠道（相当于右渠），且动水位不变，利用式（2.2.12）和式（2.2.13）可计算潜水位及河水对地下水的补给量。

（3）确定排灌渠的合理间距。在排水或灌溉的地区，设计出合理的渠道间距，是水文地质工作的重点之一。

如图 2.2.1 所示，相邻河渠水位变幅相等，即 $\Delta(h_{0,t}^2)=\Delta(h_{l,t}^2)$ 时，可取河渠中间断面的潜水位为计算指标（引渗时最低，排水时最高）。在预计时间内，如该断面上的潜水位满足设计要求，则其余断面的水位必然都能达到预期的引渗或排水效果。这时河渠间距就是合理的。

按照上面的分析，在 $x=\frac{1}{2}l$ 处，$F(\overline{x},\overline{t})=F'(\overline{x},\overline{t})$，这时式（2.2.5）可简化为

$$\frac{h_{x,t}^2-h_{x,0}^2}{\Delta(h_{0,t}^2)}=2F(\overline{x},\overline{t})$$

上式左端表示中间断面回水前后潜水位的平方差占回水前后河渠水位平方差的百分比。如果取该值为 0.8～0.9（即 80%～90%），则可在 $\overline{x}=\frac{1}{2}l$ 条件下，求得相应的 $\overline{t}$ 值，由 $\overline{t}=\frac{at}{l^2}$ 得

$$l=\sqrt{\frac{at}{\overline{t}}}=\sqrt{\frac{Kh_\mathrm{m}}{\mu\overline{t}}t} \qquad (2.2.14)$$

式（2.2.14）说明了河渠的合理间距 l 和其他参数的关系。在渠水位变幅一定时，含水层透水性和平均厚度越小，给水度越大，预计排灌时间越短，则 l 越小；反之，则越大。

（4）回水引起的浸没范围预测。河流回水，特别是水库蓄水后引起的回水将造成两岸潜水水位相应升高，并逐渐自岸边向远处扩展；经过一定时间，在某些低凹地区，回水后的潜水位可能接近甚至高出地面，形成一定范围的浸没（图 2.2.4），引起种种不良后果。利用式（2.2.10）计算出不同断面某一时刻的潜水位，把它们连成一条光滑的曲线，即为该时刻的浸润曲线。潜水位等于或高于地表的区域就是可能的浸润区。可应用此法进行浸没范围的预测。

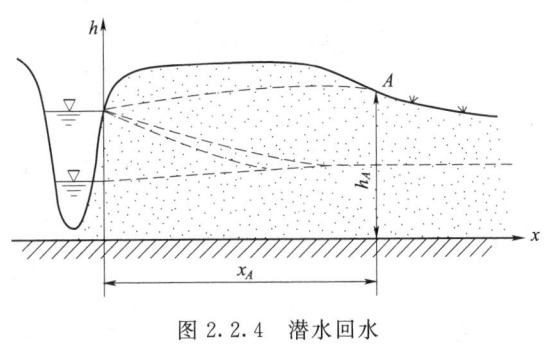

图 2.2.4 潜水回水

如取 A 点作为浸润区的边点，已知该点地表标高为 h_A，设 $h_{x,t}=h_A$，回水前 A 点潜水位用 $h_{A,0}$ 表示，则按式（2.2.10）有

$$\frac{h_A^2-h_{A,0}^2}{h_{0,t}^2}=F(\lambda)$$

由 $F(\lambda)$ 可查表得 λ，根据

第 2 章 河渠附近的地下水运动

$$\lambda_A = \frac{x_A}{2\sqrt{at}} \quad \text{或} \quad t = \frac{x_A^2}{4a\lambda_A^2} = \frac{\mu x_A^2}{4Kh_m\lambda_A^2}$$

可知，A 点开始浸没的时间与距离平方成正比，且与岸区地层岩性有关，渗透系数越大，给水度越小，被浸没的时间来得越快。

2.3 面灌入渗区潜水的非稳定运动

灌溉使地下水获得新的补给来源。用地表漫灌方式进行灌溉时有更多的水补给地下水。这种情况称为面灌入渗。入渗量一部分用于饱和土层，一部分补给潜水流，使其水位抬高。因此，灌溉水的入渗对灌区潜水动态的形成和发展起着重要作用。研究灌溉入渗条件下潜水的运动规律，对预报灌区潜水动态，拟定调节控制农田地下水位的措施，防止次生盐渍化有重要意义。

在远离含水层边界的情况下，可以把含水层看作是无限含水层。设含水层是均质各向同性的，隔水层水平。灌溉水入渗地段呈条带状布置。均匀入渗，灌水入渗补给强度（单位时间单位面积上的入渗补给地下水的量）为 W，如图 2.3.1 所示。此时潜水水位的上升值可按式（2.3.1）计算。

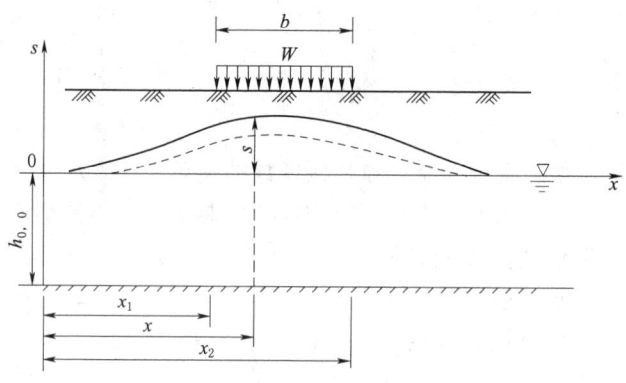

图 2.3.1　面灌入渗

$$s = \frac{Wt}{\mu} Y \tag{2.3.1}$$

$$Y = \frac{1}{2}\left[M\left(\frac{x-x_2}{2\sqrt{at}}\right) - M\left(\frac{x-x_1}{2\sqrt{at}}\right) \right] \tag{2.3.2}$$

式中：s 为水位上升值；μ 为土的饱和差（空隙度）；t 为时间；Y 为修正系数；x_2、x_1 分别为条带状灌水地段两侧距起始断面（$x=0$）的距离；$a = \dfrac{Kh_m}{\mu}$ 为压力传导系数；h_m 为平均厚度。

$\lambda = \dfrac{x}{2\sqrt{at}}$，$M(\lambda) = 4i^2\mathrm{erfc}(\lambda)$ 为一特殊函数；$i^2\mathrm{erfc}(\lambda) = \dfrac{2}{\sqrt{\pi}} \int_\lambda^\infty \int_\lambda^\infty \int_\lambda^\infty e^{-\beta^2} \mathrm{d}\beta \mathrm{d}\lambda \mathrm{d}\lambda$，为余误差函数 $\mathrm{erfc}(\lambda)$ 的多次积分。

$M(\lambda)$ 的值可由表 2.3.1 查得。由于计算点的位置不同，$M(\lambda)$ 中的变量 λ 可能出现负值，此时应注意：

$$M(-\lambda) = 2 - M(\lambda) \tag{2.3.3}$$

式 (2.3.1) 中的 $\dfrac{Wt}{\mu}$ 相当于整个面积上普遍灌水时，潜水位的上升值。由于灌水地段只有有限宽度 $b = x_2 - x_1$，所以要乘一修正系数。Y 就是考虑灌水地段为有限宽度而扣的修正系数。如果已知含水层的压力传导系数 a，欲求在任一距离 x、任一时间 t 因灌水入渗而引起的地下水位抬高值，可先求出 $\lambda_1 = \dfrac{x - x_1}{2\sqrt{at}}$ 和 $\lambda_2 = \dfrac{x - x_2}{2\sqrt{at}}$，然后从表 2.3.1 查得 $M(\lambda_1)$、$M(\lambda_2)$，代入式 (2.3.1) 即可确定 s 值。给出不同的 x 值和 t 值，可以求得相应的 s 值。根据这些数值，可以绘制出在灌水条件下的潜水动态曲线。入渗使潜水面发生丘状隆起，中间断面的水位变幅最大，地下水向两侧流动。

停止灌水以后，随着地下水继续向两侧流动，水位由上升转为下降（图 2.3.2）。此时不能直接应用式 (2.3.1) 来计算，因为这时入渗补给强度 W 等于零。如用 $[W + (-W)] = 0$ 来代替停灌时出现的条件 $W = 0$，则式 (2.3.1) 仍可应用。设 $t = t_0$ 时停灌，则在 $t > t_0$ 时除原有的入渗强度外，同时增加一个等强度的蒸发量 $-W$。应用叠加原理，此时地下水位变化值为

$$s = \frac{1}{2}\frac{Wt}{\mu}\left[M\left(\frac{x-x_2}{2\sqrt{at}}\right) - M\left(\frac{x-x_1}{2\sqrt{at}}\right)\right]$$
$$-\frac{1}{2}\frac{W(t-t_0)}{\mu}\left[M\left(\frac{x-x_2}{2\sqrt{at-t_0}}\right) - M\left(\frac{x-x_1}{2\sqrt{at-t_0}}\right)\right] \tag{2.3.4}$$

如果灌水入渗补给强度 W 随时间呈阶梯状变化（图 2.3.3），当 $t > t_i$ 时，可以采用河渠水位阶梯状变化时使用的方法来处理 W，即

$$W = \sum_{i=0}^{i}(W_i - W_{i-1}) \tag{2.3.5}$$

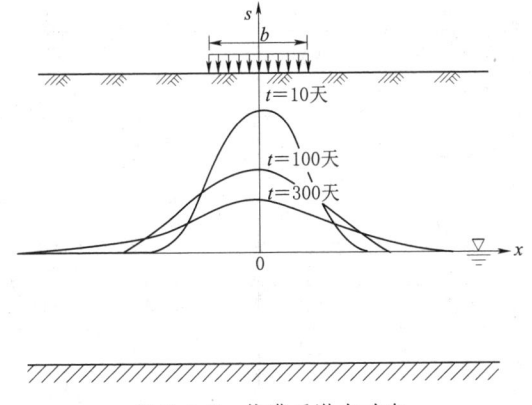

图 2.3.2 停灌后潜水动态

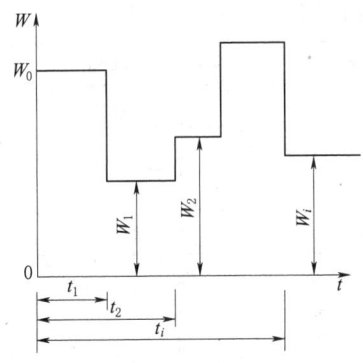

图 2.3.3 入渗补给强度阶梯状变化

第 2 章 河渠附近的地下水运动

此时地下水位变化值为

$$s = \sum_{i=0}^{i} \frac{W_i - W_{i-1}}{\mu}(t - t_i) Y_i \tag{2.3.6}$$

$$Y_i = \frac{1}{2}\left\{ M\left[\frac{x - x_2}{2\sqrt{a(t - t_i)}}\right] - M\left[\frac{x - x_1}{2\sqrt{a(t - t_i)}}\right] \right\} \tag{2.3.7}$$

表 2.3.1　　　　　　函数 M 值 $[M(\lambda) = 4i^2 \operatorname{erfc}(\lambda)]$

λ	$M(\lambda)$	λ	$M(\lambda)$	λ	$M(\lambda)$	λ	$M(\lambda)$
0	1.000	0.155	0.695	0.330	0.446	0.630	0.191
0.005	0.989	0.160	0.687	0.340	0.435	0.640	0.185
0.010	0.987	0.165	0.679	0.350	0.423	0.650	0.180
0.015	0.967	0.170	0.670	0.360	0.412	0.660	0.174
0.020	0.956	0.175	0.661	0.370	0.401	0.670	0.169
0.025	0.946	0.180	0.654	0.380	0.391	0.680	0.164
0.030	0.934	0.185	0.646	0.390	0.380	0.690	0.159
0.035	0.923	0.190	0.638	0.400	0.370	0.700	0.154
0.040	0.913	0.195	0.630	0.410	0.360	0.710	0.149
0.045	0.902	0.200	0.622	0.420	0.350	0.720	0.145
0.050	0.892	0.205	0.615	0.430	0.341	0.730	0.140
0.055	0.882	0.210	0.607	0.440	0.331	0.740	0.136
0.060	0.872	0.215	0.600	0.450	0.322	0.750	0.132
0.065	0.862	0.220	0.592	0.460	0.313	0.760	0.128
0.070	0.852	0.225	0.587	0.470	0.305	0.770	0.123
0.075	0.842	0.230	0.578	0.480	0.296	0.780	0.120
0.080	0.832	0.235	0.571	0.490	0.288	0.790	0.116
0.085	0.822	0.240	0.563	0.500	0.280	0.800	0.112
0.090	0.813	0.250	0.549	0.510	0.272	0.820	0.105
0.095	0.803	0.255	0.542	0.520	0.264	0.840	0.0982
0.100	0.793	0.260	0.535	0.530	0.256	0.860	0.0919
0.110	0.775	0.265	0.528	0.540	0.249	0.880	0.0860
0.115	0.766	0.270	0.522	0.550	0.242	0.900	0.0803
0.120	0.757	0.275	0.516	0.560	0.235	0.920	0.0750
0.125	0.747	0.280	0.509	0.570	0.229	0.940	0.0700
0.130	0.739	0.285	0.503	0.580	0.222	0.960	0.0654
0.135	0.730	0.290	0.496	0.590	0.215	0.980	0.0609
0.140	0.721	0.300	0.483	0.600	0.209	1.000	0.0568
0.145	0.712	0.310	0.470	0.610	0.203	1.020	0.0529
0.150	0.704	0.320	0.458	0.620	0.197	1.040	0.0492

2.3 面灌入渗区潜水的非稳定运动

续表

λ	$M(\lambda)$	λ	$M(\lambda)$	λ	$M(\lambda)$	λ	$M(\lambda)$
1.060	0.0458	1.300	0.0184	1.540	0.0067	1.780	0.0023
1.080	0.0416	1.320	0.0170	1.560	0.0062	1.800	0.0021
1.100	0.0396	1.340	0.0156	1.580	0.0057	1.840	0.0017
1.120	0.0367	1.360	0.0144	1.600	0.0052	1.880	0.0014
1.140	0.0341	1.380	0.0133	1.620	0.0047	1.920	0.0011
1.160	0.0316	1.400	0.0122	1.640	0.0043	1.960	0.0009
1.180	0.0223	1.420	0.0113	1.660	0.0039	2.000	0.0007
1.200	0.0272	1.440	0.0104	1.680	0.0036	2.100	0.0005
1.220	0.0252	1.460	0.0095	1.700	0.0033	2.200	0.0003
1.240	0.0233	1.480	0.0087	1.720	0.0030	2.300	0.0002
1.250	0.0215	1.500	0.0080	1.740	0.0027	2.400	0.0001
1.280	0.0199	1.520	0.0073	1.760	0.0025	2.500	0

第3章 井附近的地下水运动

3.1 地下水向完整井的稳定运动

3.1.1 概述

3.1.1.1 水井的类型

水井是常见的集水建筑物。根据水井井径的大小和开凿方法的不同，可分为管井和筒井两类。管井的直径小，通常小于 0.5m，而深度比较大，常用钻机开凿。筒井的直径大，可达 1m 到数米，而深度较浅，通常用人工开挖。此外，还有一些特殊类型的井，如我国西北黄土高原区的辐射井和淮北地区的大骨料井等。

根据水井揭露的地下水类型，水井分为潜水井和承压水井两类。无论潜水井还是承压水井，根据揭露含水层的程度和进水条件不同，都可分为完整井和不完整井两类。凡是贯穿整个含水层，在全部含水层厚度上都安装有过滤器，并能全面进水的井，称为完整井，如图 3.1.1 中的 a 所示，如果水井没有贯穿整个含水层，只有井底和含水层的部分厚度上能进水，则称为不完整井，如图 3.1.1 中的井 b、c、d 所示。

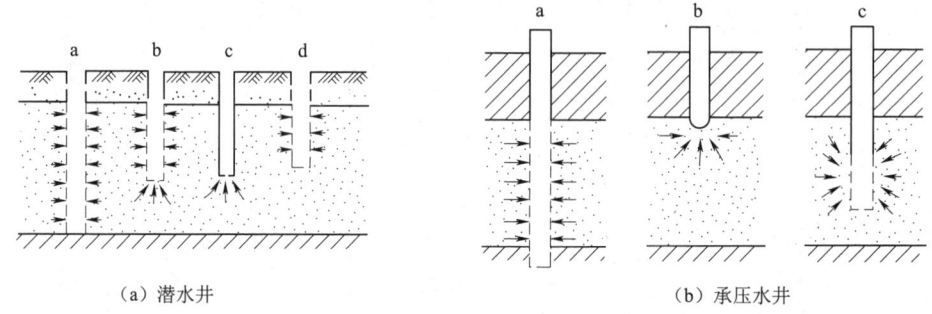

图 3.1.1 完整井和不完整井

3.1.1.2 井附近的水位降深

从井中抽水时，井周围含水层中的水流入井内，井中和井附近的水位将降低。设某点 (x,y) 的初始水头为 $H_0(x,y,0)$，抽水时间为 t 时的水头为 $H(x,y,t)$，则此时该点的水头降低值 s 为

$$s(x,y,t)=H_0(x,y,0)-H(x,y,t)$$

式中：s 为该点的水位降深，简称降深。

在井附近的不同地点，降深 s 不同。井中心最大，离井越远，降深越小。总体上形成一个漏斗状的水头下降区，称为降落漏斗。对潜水井来讲，降落漏斗在含水层内部扩展，抽水量主要来自含水层的疏干量；而承压水井则不同，降落漏斗不在含水层内部发展，而是形成承压水头的降低区。抽水量主要靠含水层的弹性释水量来供给。随着抽水时间的延续，降深不断增大，漏斗不断扩展。若没有其他补给源时，地下水向井的运动始终处于非稳定状态。但在下列两种水文地质条件下，可能形成稳定运动。

（1）在有侧向补给的有限含水层中，当降落漏斗扩展到补给边界后，侧向补给量和抽水量平衡时，地下水向井的运动便可达到稳定状态。

（2）在有垂向补给的无限含水层中（如有降雨入渗补给或接受越流补给时），随着降落漏斗的扩大，垂向补给量不断增大。当它增大到与抽水量相等时，将形成稳定的降落漏斗，地下水向井的运动也进入稳定状态。

在没有补给的无限含水层中，严格说来，不可能出现稳定流。但实际观察证明，随着抽水时间的延长，水位降深的速率会越来越小，降落漏斗的扩展也极其缓慢。当降落漏斗内的水位降深速率变得如此地小，以致在一个较短的时间间隔内几乎观测不到明显的水位下降时，如果延长观测时间间隔，仍能看到水位在缓缓下降。此时漏斗区内的水流便可近似作为稳定运动来研究。

在以后几节中，除了特别提到的以外，一般都采用了以下假设：

（1）含水层均质、各向同性，产状水平，厚度不变，分布面积很大，可视为无限延伸。

（2）抽水前的地下水面是水平的，并视为稳定的。

（3）含水层中的水流服从 Darcy 定律，并在水头下降的瞬间水就释放出来。如有弱透水层，则忽略其弹性释水量。

3.1.2 地下水向承压水井和潜水井的稳定流动

3.1.2.1 承压水井的 Dupuit 公式

可以把在无限含水层中的抽水情况设想为一半径为 R 的圆形岛状含水层的情况。岛边界上的水头 H_0 保持不变。如从井中定流量抽水，地下水经过一定时间的非稳定运动后，降落漏斗扩展到岛的边界，周围的补给量等于抽水量，则地下水运动出现稳定状态，并符合 3.1.1 节的假设条件。此时，水流有如下特征：①水流为水平径向流，即流线为指向井轴的径向直线，等水头面为以井为共轴的圆柱面，并和过水断面一致；②通过各过水断面的流量处处相等，并等于井的流量。

上述径向流的水头分布满足 Laplace 方程。考虑到水流是水平对称的，把它转换成柱坐标形式，则方程可简化为

$$\frac{\mathrm{d}}{\mathrm{d}r}\left(r\frac{\mathrm{d}H}{\mathrm{d}r}\right)=0 \tag{3.1.1}$$

其边界条件为

$$H=H_0 \quad (r=R)$$
$$H=H_w \quad (r=r_w)$$

考虑到不同过水断面的流量相等，并等于井的流量，即

$$Q_r=2\pi KMr\frac{\mathrm{d}H}{\mathrm{d}r}=Q \tag{3.1.2}$$

推得 Dupuit 公式为

$$H_0 - H_w = s_w = \frac{Q}{2\pi KM} \ln \frac{R}{r_w} \tag{3.1.3}$$

或

$$Q = 2.73 \frac{KM s_w}{\lg \frac{R}{r_w}} \tag{3.1.4}$$

式中：s_w 为井中水位降深；Q 为抽水井流量；M 为含水层厚度；K 为渗透系数；r_w 为井的半径；R 为影响半径。

在圆形岛屿的半径 R 处降深为零。在实际应用时，考虑到随着抽水时间的延长，会出现似稳定状态，距离 R 应看作是从抽水井起到实际上观测不出（或可忽略）水位降深处的径向距离（图 3.1.2）。

如距抽水井中心 r 处有一观测孔，测得水位为 H，在 r_w 和 r 两断面间对式 (3.1.2) 积分，得

$$H - H_w = s_w - s = \frac{Q}{2\pi KM} \ln \frac{r}{r_w} \tag{3.1.5}$$

同理，如有两个观测孔，距井中心的距离分别为 r_1 和 r_2，水位分别为 H_1 和 H_2（图 3.1.2）。在 r_1 到 r_2 区间对式 (3.1.2) 积分得 Thiem 公式：

$$H_2 - H_1 = s_1 - s_2 = \frac{Q}{2\pi KM} \ln \frac{r_2}{r_1} \tag{3.1.6}$$

式中：s_1、s_2 分别为 r_1 和 r_2 处的水位降深。

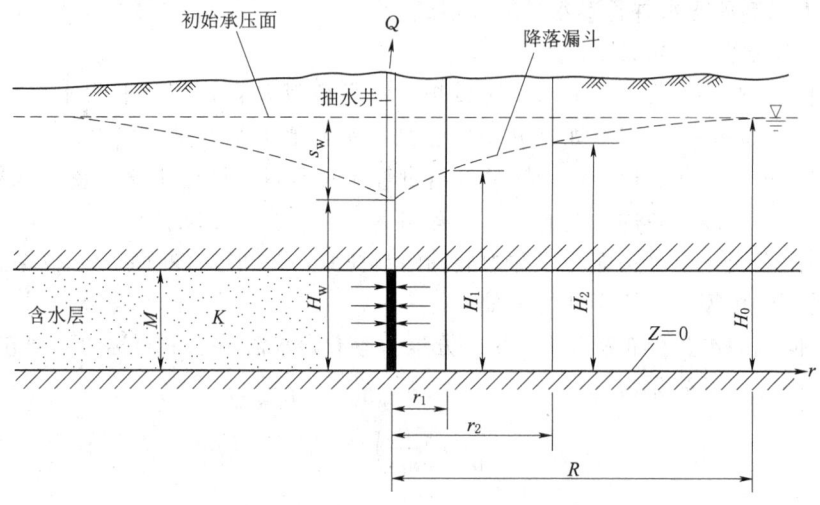

图 3.1.2 承压完整井的径向流

3.1.2.2 潜水井的 Dupuit 公式

图 3.1.3 表示在无限潜水层中的一口完整井。经过长时间定流量抽水后，在井附近形成相对稳定的降落漏斗。因降落漏斗是在潜水含水层中发展，存在着垂向分速度，等水头面不是圆柱面，而是共轴的旋转曲面，为空间径向流，所以和承压井流不同。这类问题很

难求得它的解析解。

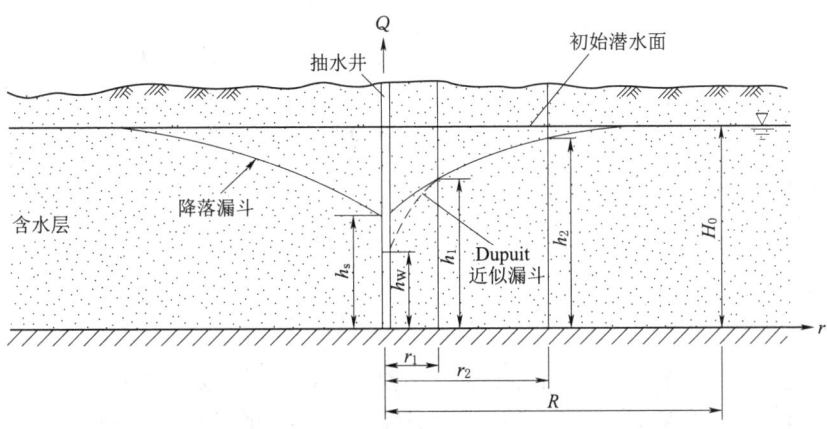

图 3.1.3 潜水完整井的径向流

为实用目的，对上述潜水井应用 Dupuit 假设：认为流向井的潜水流是近似水平的，因而等水头面仍是共轴的圆柱面，并和过水断面一致。这一假设，在距抽水井 $r>1.5H_0$ 的区域是足够准确的。同时认为，通过不同过水断面的流量处处相等，并等于井的流量。这时，漏斗区潜水流的水头分布满足式（1.5.35）。如以潜水含水层的底板作基准面，$h=H$，并用柱坐标形式表示，则方程简化为

$$\frac{\mathrm{d}}{\mathrm{d}r}\left(r\frac{\mathrm{d}h^2}{\mathrm{d}r}\right)=0 \tag{3.1.7}$$

其边界条件和承压水井相似，为

$$h=h_w \quad (r=r_w)$$
$$h=H_0 \quad (r=R)$$

因各断面流量相等：

$$Q=2\pi rhK\frac{\mathrm{d}h}{\mathrm{d}r}=\pi rK\frac{\mathrm{d}(h^2)}{\mathrm{d}r} \tag{3.1.8}$$

推得潜水井的 Dupuit 公式为

$$H_0^2-h_w^2=(2H_0-s_w)s_w=\frac{Q}{\pi K}\ln\frac{R}{r_w} \tag{3.1.9}$$

或

$$Q=1.366K\frac{(2H_0-s_w)s_w}{\lg\frac{R}{r_w}} \tag{3.1.10}$$

式中：R 为潜水井的影响半径，其含义和承压水井的相同。

同理，可以分别给出有一个观测孔和两个观测孔时的计算式：

$$h^2-h_w^2=\frac{Q}{\pi K}\ln\frac{r}{r_w} \tag{3.1.11}$$

$$h_2^2-h_1^2=\frac{Q}{\pi K}\ln\frac{r_2}{r_1} \tag{3.1.12}$$

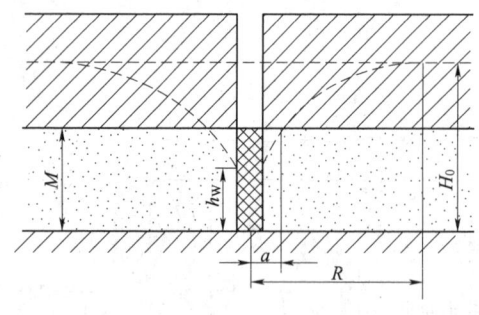

图 3.1.4 承压-潜水井

式 (3.1.12) 也称潜水井的 Thiem 公式。

当在承压水井中大降深抽水时，如果井水位低于含水层顶板，井附近就会出现无压水流区，变成承压-潜水井。用于疏干排水的水井常出现这种情况 (图 3.1.4)。可用分段法计算流向井的流量。推得承压-潜水井公式：

$$Q = 1.366 K \frac{2H_0 M - M^2 - h_w^2}{\lg \frac{R}{r_w}} \quad (3.1.13)$$

当进行地下水人工补给或利用含水层人工贮能时，有时需要向井中注水。在某些情况下，为了求得含水层参数，也需要进行注水试验。注水井的工作情况正好和抽水井相反。计算时只需将公式中流量用 $-Q$ 代入即可。

3.1.2.3 Dupuit 公式的应用

前面导出的 Dupuit 公式可以解决下列两类问题。

1. 求含水层参数

这时可将 Dupuit 公式写成便于求参数的形式。

对于承压水井有

$$K = 0.366 \frac{Q}{M s_w} \lg \frac{R}{r_w} \quad (3.1.14)$$

$$K = 0.366 \frac{Q}{M(s_1 - s_2)} \lg \frac{r_2}{r_1} \quad (3.1.15)$$

对于潜水井有

$$K = 0.732 \frac{Q}{(2H_0 - s_w) s_w} \lg \frac{R}{r_w} \quad (3.1.16)$$

$$K = 0.732 \frac{Q}{(2H_0 - s_1 - s_2)(s_1 - s_2)} \lg \frac{r_2}{r_1} \quad (3.1.17)$$

对其他公式，也可作类似变换，不再一一列举。

将抽水试验趋近稳定时测得的流量 Q 及抽水井或观测孔的水位降深代入上式，可直接求出渗透系数 K 或导水系数 T。在单井抽水条件下，R 常用经验值，也可用近似式进行估算。

在抽水试验时，最好在有代表性的抽水井附近打两个观测孔，利用观测孔的降深资料按 Thiem 公式计算参数。这样，既可避开难以求准的 R 值，又可减少抽水井的影响，求得的参数比较可靠。但必须注意，两个观测孔不宜离抽水井太远；否则，当抽水时间不足，通过观测孔过水断面的流量 Q_r 比抽水井流量 Q 小得多时，求出的 K 值会偏大。

此外，根据观测孔降深资料，也可用下列公式计算 R 值。

对于承压水井，如有观测孔 1 和 2，则

$$\lg R = \frac{s_1 \lg r_2 - s_2 \lg r_1}{s_1 - s_2} \quad (3.1.18)$$

对于潜水井，同样可得

$$\lg R = \frac{s_1(2H_0-s_1)\lg r_2 - s_2(2H_0-s_2)\lg r_1}{(2H_0-s_1-s_2)(s_1-s_2)} \tag{3.1.19}$$

这样求得的 R 值，既可用于条件类似地区只有单井实验的计算中，又可作为设计合理井距的依据。

2. 预报流量或降深

根据 Dupuit 公式，在已知含水层厚度和参数的情况下，只要给出设计的降深值，即可预报井的稳定开采量；也可按需要的流量，预报开采后稳定的降深值。

3.1.2.4 Dupuit 公式的讨论

1. 井径和流量的关系

Dupuit 公式中井径和流量的关系，并不完全符合实际情况。

按 Dupuit 公式，井径对流量的影响不太大，因为井半径 r_w 以对数形式出现在公式中，井径增大时流量增加很少。如井径增大 1 倍，流量约增加 10%；井径增大 10 倍，流量仅增加 40% 左右。对比试验发现，井径对流量的影响比 Dupuit 公式反映的关系要大得多（图 3.1.5）。但大井径时，流量随井径的增加就不明显了。这种现象，理论解释不一。有些学者认为，这是由于井周围的紊流和三维流的影响所致。也有人认为，研究井径和流量的关系，应考虑含水层内流动和井管内流动两个方面。如果仅考虑含水层中水的流动，则 Dupuit 公式中井径和流量的关系是正确的。当含水层的透水性较好或水位降深较大时，含水层有可能提供较大的流量；但受井管的过水能力所限，井径增加时，流量明显增大。这对小口径井特别明显。但当井径已经足够大或含水层的透水性较差时，井管的过水能力对流量的影响已居次要地位，井径和流量的关系就比较符合 Dupuit 公式。

2. 渗出面（水跃）及其对 Dupuit 公式计算结果的影响

当潜水流入井中时存在渗出面，也称水跃，即井壁水位 h_s 高于井中水位 h_w（图 3.1.6），而潜水井的 Dupuit 公式并没有考虑渗出面的存在。

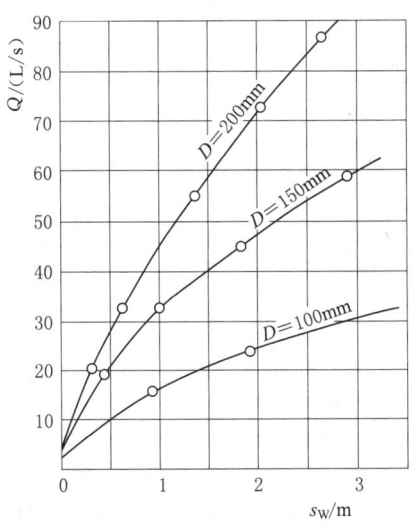

图 3.1.5 不同井径的 Q-s_w 关系
（原图由冶金部勘测总公司绘制）

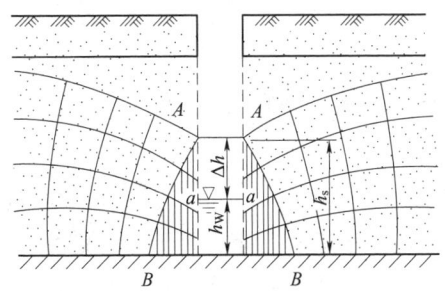

图 3.1.6 潜水井渗出面示意图

渗出面的存在是潜水井流的自然规律：①只有当井壁水位和井中水位存在水头差时，图 3.1.6 中阴影部分的水才能进入井内；②渗出面的存在保持了适当高度的过水断面，以保证输入井内的流量 Q。否则，当井中水位降到隔水底板时，井壁处的过水断面将等于零，就无法通过流量了。那么，Dupuit 潜水井公式用井内水位 h_w 是否正确？杨式德 (1949) 曾对一潜水井用张弛法求得精确解。结果表明：当 $r > \frac{9}{10} H_0$ 时，Dupuit 公式算出的浸润曲线与用精确解算出的曲线完全一致；当 $r < \frac{9}{10} H_0$ 时，二者开始偏离，到井壁处，实际的浸润面高悬于井内动水位之上。一般说来，在 $r \leqslant H_0$ 的区域，用 Dupuit 公式计算潜水井的浸润曲线是不准确的。但是，用 Dupuit 公式计算的流量却是精确的。

3.1.3 非线性流情况下地下水向完整井的稳定运动

在少数情况下，地下水不服从 Darcy 定律，其流动是非线性的。下面对该情况下向完整井的运动做一简单讨论。

1. 承压水井

当地下水运动服从 Chezy 公式 (1.2.9) 时，有

$$Q = 2\pi r M K \left(\frac{dH}{dr}\right)^{\frac{1}{2}}$$

分离变量，在井壁和任意 r 断面之间积分，得

$$H - h_w = \left(\frac{Q}{2\pi MK}\right)^2 \left(\frac{1}{r_w} - \frac{1}{r}\right) \tag{3.1.20}$$

当 $r \to R$ 时，$H \to H_0$；将其代入式 (3.1.20)，并令 $s_w = H_0 - h_w$，代表抽水井的水位降深。同时，因为 $R \gg r_w$，$\frac{1}{R}$ 的数值很小，可以忽略不计，故式 (3.1.20) 可简化为

$$Q = 2\pi MK \sqrt{r_w s_w} \tag{3.1.21}$$

现在考虑更一般的情况。当地下水运动服从式 (1.2.7) 时，有

$$\frac{dH}{dr} = a \frac{Q}{2\pi r M} + b \left(\frac{Q}{2\pi r M}\right)^2$$

分离变量，并积分得

$$H - h_w = \frac{aQ}{2\pi M} \ln \frac{r}{r_w} + \frac{bQ^2}{4\pi^2 M^2} \left(\frac{1}{r_w} - \frac{1}{r}\right)$$

令常数 $a = \frac{1}{K}$，则上式可化为

$$H - h_w = \frac{Q}{2\pi T} \ln \frac{r}{r_w} + \frac{bQ^2}{4\pi^2 M^2} \left(\frac{1}{r_w} - \frac{1}{r}\right) \tag{3.1.22}$$

如果地下水运动完全满足 Darcy 定律，则式 (3.1.22) 右端第二项等于零，即为 Dupuit 公式 (3.1.5)。如地下水运动完全满足 Chezy 公式，则上式右端第一项等于零。这时如令常数 $b = \frac{1}{K^2}$，$r \to R$、$H \to H_0$，则式 (3.1.22) 又变为式 (3.1.21)。

2. 潜水井

其流量表示式为

$$Q = 2\pi r h K \left(\frac{\mathrm{d}H}{\mathrm{d}r}\right)^{\frac{1}{2}}$$

和承压水井类似，也可导出相应的公式。如 $\frac{1}{R}$ 可以忽略不计，可得到

$$Q \approx \frac{2}{\sqrt{3}} \pi K \sqrt{r_\mathrm{w}(H_0^3 - h_\mathrm{w}^3)} \tag{3.1.23}$$

3.1.4 越流含水层中地下水向承压水井的稳定流动

图 3.1.7 表示有越流补给时无限承压含水层中的一口完整井。因从井中抽水，造成水头降低，和相邻含水层（图中为潜水含水层）之间产生水头差或将原有的水头差扩大，相邻含水层中的水通过弱透水层越流补给抽水含水层。当抽水延续一定时间后，进入抽水含水层降落漏斗范围内的越流量和抽水量平衡时，水流达到稳定状态。此时假设：发生越流的潜水含水层，有足够的补给量维持初始水位不变；弱透水层的弹性释放量很小，可以忽略不计，且流向井的水流基本上仍保持水平流动。在此假设条件下，抽水含水层内的水头满足式（1.5.18）。对于稳定流动，与该方程相应的以柱坐标表示的方程为

$$\frac{\partial^2 H}{\partial r^2} + \frac{1}{r}\frac{\partial H}{\partial r} + \frac{H_0 - H}{B^2} = 0 \tag{3.1.24}$$

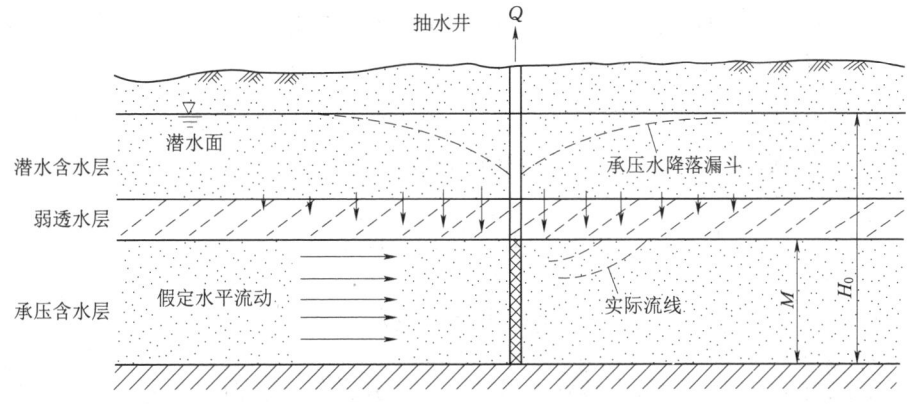

图 3.1.7 越流含水层中的完整井

把水头改用降深表示，令 $H_0 - H = s$，并代入式（3.1.24），经变量代换后得

$$\left(\frac{r}{B}\right)^2 \frac{\partial^2 s}{\partial \left(\frac{r}{B}\right)^2} + \frac{r}{B}\frac{\partial s}{\partial \left(\frac{r}{B}\right)} - \left(\frac{r}{B}\right)^2 s = 0 \tag{3.1.25}$$

相应的边界条件为

当 $r \to \infty$ 时： $s = 0$

当 $r = r_\mathrm{w}$ 时： $r\dfrac{\mathrm{d}s}{\mathrm{d}r} = -\dfrac{Q}{2\pi KM}$

式（3.1.25）是零阶虚宗量 Bessel 方程，考虑边界条件推得

$$s = \frac{Q}{2\pi KM} \frac{K_0\left(\frac{r}{B}\right)}{(r_w/B)K_1(r_w/B)} \tag{3.1.26}$$

式中：$K_0\left(\frac{r}{B}\right)$ 为零阶第二类虚宗量 Bessel 函数；$K_1\left(\frac{r_w}{B}\right)$ 为一阶第二类虚宗量 Bessel 函数。

在一般越流含水层中，越流因素 B 都有相当大的值，故实际上 $\frac{r_w}{B} \ll 1$。对于 Bessel 函数，当 $x \ll 1$ 时，$xK_1(x) \approx 1$（如当 $x < 0.02$ 时，误差小于 1%）。因式（3.1.26）可简化为 Hantush–Jacob 公式：

$$s \approx \frac{Q}{2\pi KM} K_0\left(\frac{r}{B}\right) \tag{3.1.27}$$

在抽水井附近，$\frac{r}{B} \ll 1$。对于第二类零阶虚宗量 Bessel 函数，当 $x \ll 1$ 时，有 $K_0(x) \approx \ln(1.123/x)$，故式（3.1.27）又可简化为

$$s \approx \frac{Q}{2\pi T} \ln \frac{1.123B}{r} \tag{3.1.28}$$

用式（3.1.28）计算，误差不大。当 $\frac{r_w}{B} < 0.35$ 时，误差小于 5%；当 $\frac{r_w}{B} < 0.1$ 时，误差小于 1%。

可利用式（3.1.27）或式（3.1.28），根据稳定流抽水试验资料求参数。此时，要求有距抽水井不同距离 r 的若干个观测孔。测得各观测孔的水位降深后，可用下述方法求出导水系数 T、越流因素 B 和越流系数 σ'。

1. 配线法

对式 $s = \frac{Q}{2\pi T} K_0\left(\frac{r}{B}\right)$ 和式 $r = \frac{r}{B} B$ 两边取对数，得

$$\lg s = \lg\left[K_0\left(\frac{r}{B}\right)\right] + \lg \frac{Q}{2\pi T}$$

$$\lg r = \lg \frac{r}{B} + \lg B$$

因 $\lg(Q/2\pi T)$ 和 $\lg B$ 均为常数，故在双对数纸上，$K_0\left(\frac{r}{B}\right) - \frac{r}{B}$ 曲线和 $s - r$ 曲线的形状相同。因此，求参数时，可先在双对数纸上做 $K_0\left(\frac{r}{B}\right) - \frac{r}{B}$ 标准曲线（图 3.1.8），再根据不同 r 的 s 值，在模数相同的透明双对数纸上做 $s - r$ 实际曲线。把实际曲线叠合在标准曲线上，保持二者的坐标轴平行，移动坐标纸，直到两曲线重合时为止。然后在图上任取一点作为匹配点，读出匹配点在两张图上的坐标 $\left[s、r、K_0\left(\frac{r}{B}\right) \text{和} \frac{r}{B} \text{值}\right]$，代入下式，即可求出参数值。

$$T = \frac{Q}{2\pi[s]}\left[K_0\left(\frac{r}{B}\right)\right], \quad B = \frac{[r]}{\left[\frac{r}{B}\right]}, \quad \sigma' = \frac{T}{B^2}$$

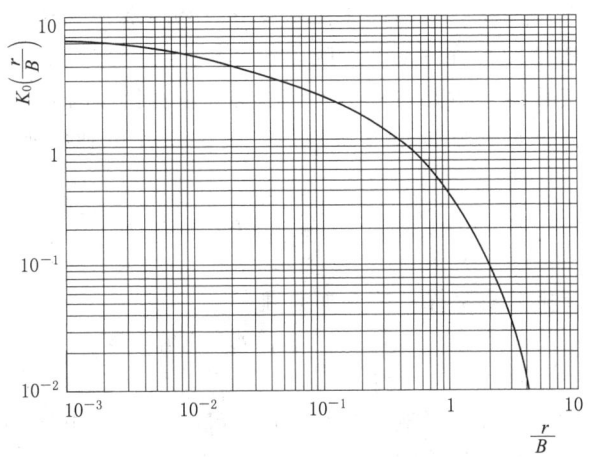

图 3.1.8 越流含水层稳定流抽水试验的标准曲线

2. 直线图解法

由近似式（3.1.28）得

$$s = \frac{Q}{2\pi T} \ln \frac{1.123B}{r} = -\frac{2.30Q}{2\pi T} \lg\left(0.89 \frac{r}{B}\right)$$

此式表明，在单对数纸上，s 和 r 为线性关系。如将实测的 s 取普通坐标、r 取对数坐标作图，则应为一直线。由直线的斜率和直线在零降深时的截距 r_0，可求得

$$T = -\frac{2.30Q}{2\pi i} = 0.366 \frac{Q}{|i|}, \quad B = 0.89 r_0$$

3.1.5 地下水向干扰井群的稳定运动

3.1.5.1 叠加原理

由线性偏微分方程和线性定解条件组成的定解问题，满足叠加原理，它对于求解干扰井问题和边界附近的井流问题有很大帮助。事实上，可以证明如 $H_1, H_2, \cdots, H_n$ 是关于水头 H 的线性偏微分方程的特解，$C_1, C_2, \cdots, C_n$ 为任意常数，则这些特解的线性组合

$$H = \sum_{i=1}^{n} C_i H_i \tag{3.1.29}$$

仍是原方程的解。式（3.1.29）中的常数，可根据 H 所满足的边界条件来确定。如方程是非齐次的，并设 H_0 为该非齐次方程的一个特解，H_1 和 H_2 为相应的齐次方程的两个解，则

$$H = H_0 + C_1 H_1 + C_2 H_2 \tag{3.1.30}$$

也是该非齐次方程的解。常数 C_1 和 C_2 由 H 所满足的边界条件确定。

3.1.5.2 干扰井群

无论供水或排水，单井情况比较少见，通常都是利用井群抽水。当井群中各井之间的距离小于影响半径时，彼此间的降深和流量就会发生干扰。干扰的表现是：同样降深时，一个干扰井的流量比它单独工作时的流量要小；欲使流量保持不变，则在干扰情况下，每个井的降深就要增加。也就是说，干扰井的降深大于同样流量未发生干扰时的水位降深。

干扰的程度，除受含水层性质、补给和排泄条件等自然因素影响外，主要受井的数量、间距、布井方式（和井的结构）等因素的影响。

设在无限含水层中任意布置几口抽水井。当群井抽水持续时间较长时，同样会形成一个相对稳定的区域降落漏斗。在此漏斗范围内，第 j 口井单独抽水对任一点 i 产生的降深为

$$s_{ij} = \frac{Q_j}{2\pi T} \ln \frac{R_j}{r_{ij}}$$

而几口井抽水对 i 点产生的总降深，按叠加原理有

$$s_i = \sum_{j=1}^{n} s_{ij} = \sum_{j=1}^{n} \frac{Q_j}{2\pi T} \ln \frac{R_j}{r_{ij}} \tag{3.1.31}$$

式中：R_j、Q_j 分别为第 j 口井的影响半径和流量；r_{ij} 为第 j 口井至 i 点的距离。

式（3.1.31）是干扰井群计算的基本公式。当已知 R_j 和 Q_j 时，按式（3.1.31）可以计算任一点 i 的降深值。如把 i 点分别移到各井井壁处，可以写出

$$\left.\begin{aligned}
s_{w_1} &= \frac{Q_1}{2\pi T} \ln \frac{R_1}{r_{w_1}} + \sum_{j=2}^{n} \frac{Q_j}{2\pi T} \ln \frac{R_j}{r_{ij}} \\
s_{w_2} &= \frac{Q_2}{2\pi T} \ln \frac{R_2}{r_{w_2}} + \sum_{\substack{j=1 \\ j \neq 2}}^{n} \frac{Q_j}{2\pi T} \ln \frac{R_j}{r_{ij}} \\
&\vdots \\
s_{w_n} &= \frac{Q_n}{2\pi T} \ln \frac{R_n}{r_{w_n}} + \sum_{j=1}^{n-1} \frac{Q_j}{2\pi T} \ln \frac{R_j}{r_{ij}}
\end{aligned}\right\} \tag{3.1.32}$$

联立求解上述线性方程组，可由给定的各井流量 Q_j 求出各井的降深 s_{w_i}，或由 s_{w_i} 求出 Q_j。在各井流量 Q_j 和影响半径 R_j 分别彼此相等的特殊情况下，式（3.1.31）可简化为

$$s_i = \frac{Q}{2\pi T} \sum_{j=1}^{n} \ln \frac{R_j}{r_{ij}} = \frac{nQ}{2\pi T} \ln \frac{R}{r_i^*} \tag{3.1.33}$$

$$r_i^* = \sqrt[n]{r_{i_1} r_{i_2} \cdots r_{i_n}}$$

式中：r_i^* 为等效距离。

类似地，对于越流含水层中的地下水的稳定运动有

$$s_i = \sum_{j=1}^{n} \frac{Q_j}{2\pi T} K_0 \left(\frac{r_{ij}}{B}\right) \tag{3.1.34}$$

或

$$s_i = \sum_{j=1}^{n} \frac{Q_j}{2\pi T} \ln \frac{1.123B}{r_{ij}} \tag{3.1.35}$$

对于隔水底板水平的潜水含水层中的井群，为了满足齐次边界条件，对降深项 $H^2 - h^2$ 进行叠加，故有

$$H_0^2 - h_i^2 = \sum_{j=1}^{n} \frac{Q_j}{\pi K} \ln \frac{R_j}{r_{ij}} \tag{3.1.36}$$

式中：H_0 为潜水含水层的初始厚度；h_i 为任意点 i 处潜水含水层的厚度；其余符号意义同前。

3.1 地下水向完整井的稳定运动

在各井流量和影响半径相等的特殊情况下,式(3.1.36)同样可化简为

$$H_0^2 - h_i^2 = \frac{nQ}{\pi K}\ln\frac{R_j}{r^*} \tag{3.1.37}$$

$$r^* = \sqrt[n]{r_{i_1}r_{i_2}\cdots r_{i_n}} \tag{3.1.38}$$

下面介绍几种规则布井的干扰井群公式。它可直接由式(3.1.33)和式(3.1.37)经过简单变换得到。

(1) 相距为 L 的两口井,影响半径相等,两井的流量和降深 $s_{w_1} = s_{w_2} = s_w$ 相同,则有:

承压水井:

$$Q_1 = Q_2 = \frac{2\pi KMs_w}{\ln\dfrac{R^2}{r_w L}} \tag{3.1.39}$$

潜水井:

$$Q_1 = Q_2 = \frac{\pi K(H_0^2 - h_w^2)}{\ln\dfrac{R^2}{r_w L}} \tag{3.1.40}$$

(2) 布置在正方形(边长为 L)顶点的四口井,同样有:

承压水井:

$$Q_1 = Q_2 = Q_3 = Q_4 = \frac{2\pi KMs_w}{\ln\dfrac{R^4}{\sqrt{2}\,r_w L^3}} \tag{3.1.41}$$

潜水井:

$$Q_1 = Q_2 = Q_3 = Q_4 = \frac{\pi K(H_0^2 - h_w^2)}{\ln\dfrac{R^4}{\sqrt{2}\,r_w L^3}} \tag{3.1.42}$$

(3) 在半径为 r 的圆周均匀布置 n 口井。由图 3.1.9 中的几何关系知

$$r_w r_{1,2} r_{1,3} \cdots r_{1,n} = n r_w r^{n-1}$$

式中:$r_{1,2}, r_{1,3}, \cdots, r_{1,n}$ 为 1 号井至 2 号井、3 号井、$\cdots$、n 号井各井的距离。

因而有:

承压水井:

$$Q = \frac{2\pi KMs_w}{\ln\dfrac{R^n}{nr_w r^{n-1}}} \tag{3.1.43}$$

潜水井:

$$Q = \frac{\pi K(H_0^2 - h_w^2)}{\ln\dfrac{R^n}{nr_w r^{n-1}}} \tag{3.1.44}$$

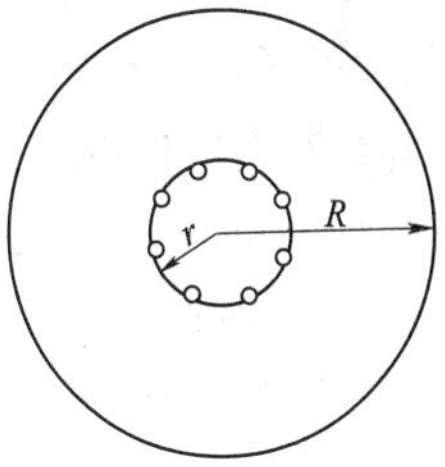

图 3.1.9 沿圆周分布的井群

(4) 补给边界对称分布的无限井排,如图 3.1.10(a) 所示。

设井距为 σ,等距分布,井排距两侧补给边界的距离相等,边界水头均为 H_0。如果各井半径相等,则可认为各井的降深和流量都相同,有:

第 3 章 井附近的地下水运动

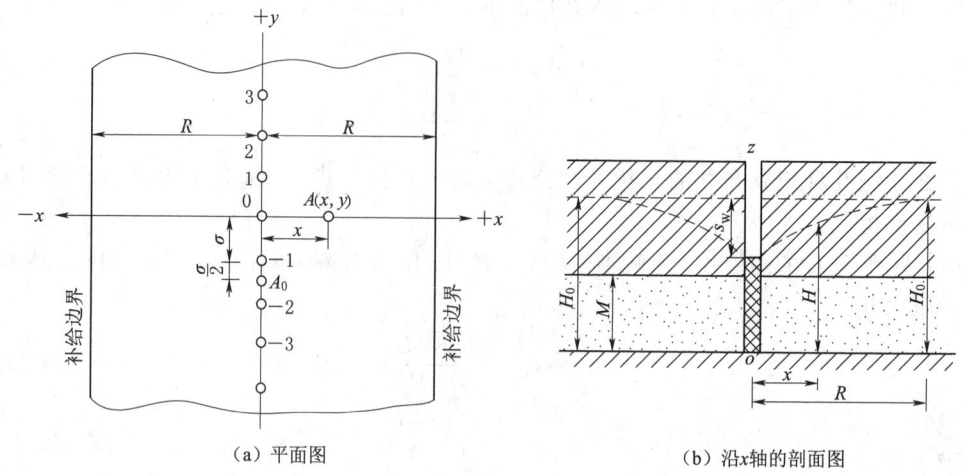

(a) 平面图   (b) 沿 x 轴的剖面图

图 3.1.10　补给边界对称分布的无限井排

承压水井：

$$Q = 2.73 \frac{KMs_w}{\ln\dfrac{\sigma}{\pi r_w} + \lg\left(\sinh\dfrac{\pi R}{\sigma}\right)} \tag{3.1.45}$$

潜水井：

$$Q = 1.366 \frac{K(2H_0 - s_w)s_w}{\ln\dfrac{\sigma}{\pi r_w} + \lg\left(\sinh\dfrac{\pi R}{\sigma}\right)} \tag{3.1.46}$$

3.1.6　井损与有效井径及其确定方法

在松散介质中打井时，为了使井壁稳定并增加出水量，常常在井中下过滤器并填砾，此时在过滤器内外将会产生水头损失。下面根据井内外降深的关系，介绍井损和有效井半径。为简单起见，以承压水完整井为代表加以介绍。图 3.1.11(a) 为打在基岩中的裸井，未下过滤器。这时的井半径 r_w 就是裸孔的半径。图 3.1.11(b) 为下了过滤器的井。在正常情况下，将过滤器的直径作为井径。但水位降深的情况要复杂些。当井管外面的水通过过滤器的孔眼进入井内时，有水头损失，同时在井管内部水向上运动至水泵吸水口的途中也有水头损失。这些水头损失，统称井损。因此，井管外面的水头高于井管内部的水头。图 3.1.11(c) 为过滤器周围填砾的井，井周围的降深要比未填砾时要小。此时，井损仍然存在，如井径仍用过滤器直径会造成较大的计算误差。因此，引进了有效井半径的概念。有效井半径是由井轴到井管外壁某一点的水平距离。在该点，按稳定流计算的理论降深正好等于过滤器外壁的实际降深。

在抽水井中测得的降深是多种原因造成的水头损失的叠加。用前面各节中公式计算的降深，仅仅代表地下水在含水层中向水井流动时所产生的水头损失。这部分水头损失 s_w 称为含水层损失。此外，还有井损 Δh。井损通常包括三部分：①水流通过过滤器时所产生的水头损失；②水流穿过过滤器时，由接近水平的运动变为滤水管内的垂向运动，因水流方向偏转所产生的水头损失；水流在滤水管内向上运动时，不断有水流入井内，因流量

3.1 地下水向完整井的稳定运动

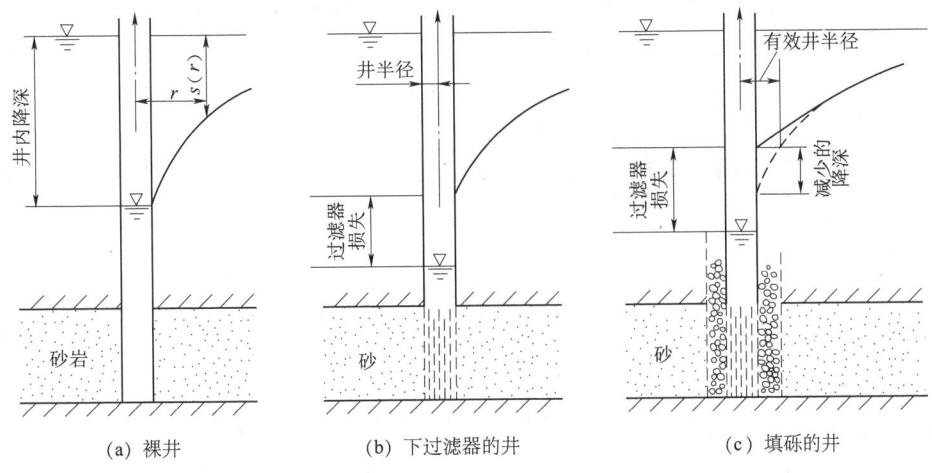

图 3.1.11 承压含水层中的水位降深和有效井径（Jacob，1950）

和流速不断增加所引起的水头损失；③水流在井管内向上运动至水泵吸水口的沿程水头损失。

Jacob 认为，井损值和抽水井流量 Q 的二次方成正比，即 $\Delta h = CQ^2$，C 称为井损常数。因此，总降深 $s_{t,w}$ 可表示为

$$s_{t,w} = s_W + CQ^2 = BQ + CQ^2 \tag{3.1.47}$$

式中：B 为系数，稳定流时按 Dupuit 公式有 $\ln(R/r_w)/(2\pi T)$；非稳定流时，记为 $B(r_w, t)$，是时间的函数。

M. I. Rorabangh 认为，在井附近和井内可能出现紊流，井损常数和 Q^n 成正比，n 可能不等于 2。于是式（3.1.47）可表示为更一般的形式：

$$s_{t,w} = BQ + CQ^n \tag{3.1.48}$$

稳定流时，井内的总降深和井损值随抽水井流量的变化的曲线，如图 3.1.12 所示。

迄今为止，我们都假定井半径 r_w 的大小对抽水井的降深影响不大，这主要是指 B 值。对 C 值是有相当影响的。因为水在井内的流速同井管截面积大小有关，而截面积又和井半径的平方成正比，所以井半径对井损有较大的影响。从图 3.1.12 可以看出，当流量较小时，井损很小，实际上可以忽略。但当大流量抽水时，井损在总降深中就占有相当大的比例。

井损值和有效半径，可通过抽水试验资料确定。多次降深的稳定抽水试验，要求有三次以上的降深和观测孔资料。将式（3.1.47）改写为

$$\frac{s_{t,w}}{Q} = B + CQ$$

由此可知，如以 $s_{t,w}/Q$ 为纵坐标，以 Q 为横坐标，将三次

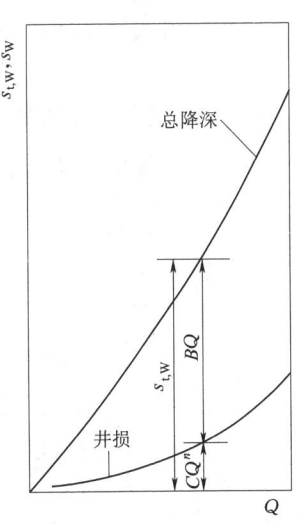

图 3.1.12 当 B 为常数时总降深和井损随流量的变化

以上稳定降深的抽水资料点绘在方格纸上,可绘出最佳的拟合直线。直线的斜率为 C,直线在纵坐标上的截距为 B。于是可求得井损

$$\Delta h = CQ^2 \tag{3.1.49}$$

再将根据观测孔资料求得的参数 T 和 R 代入式(3.1.50)中,便可以算出有效半径 r_w。

$$B = \frac{\ln\dfrac{R}{r_w}}{2\pi T} \tag{3.1.50}$$

当大流量抽水,$n \neq 2$ 时,将式(3.1.48)改写为

$$\frac{s_{t,w}}{Q} - B = CQ^{n-1} \tag{3.1.51}$$

式(3.1.51)包含 3 个待定常数 B、C 和 n,因而要用试算法。取一张双对数纸,假设一个 B 值,以 $\dfrac{s_{t,w}}{Q} - B$ 为纵坐标,以 Q 为横坐标作图,不断改变 B 值,直到各点在图上能连成一直线时为止。这时的 B 值即为要求的 B 值,直线在纵轴上的截距为 C,斜率为 $n-1$,求出 B、C 和 n 以后,按式(3.1.49)和式(3.1.50)就可以求得井损和有效半径。

3.2 地下水向完整井的非稳定运动

3.2.1 承压含水层中的完整井流

当承压含水层侧向边界离井很远,边界对研究区的水头分布没有明显影响时,可以把它看作是无边界补给的无限含水层。

3.2.1.1 定流量抽水时的 Theis 公式

承压含水层中单井流量抽水的数学模型是在下列假设条件下建立的:

(1) 含水层均质各向同性,等厚,侧向无限延伸,产状水平。

(2) 抽水前天然状态下水力坡度为零。

(3) 完整井定流量抽水,井径无限小。

(4) 含水层中水流服从 Darcy 定律。

(5) 水头下降引起的地下水贮存量的释放瞬时完成。

因此,抽水后将形成以井轴为对称轴的降落漏斗,令井轴为 z 轴(图 3.2.1),坐标原点在含水层底板抽水井的井轴处。此时,单井定流量的承压完

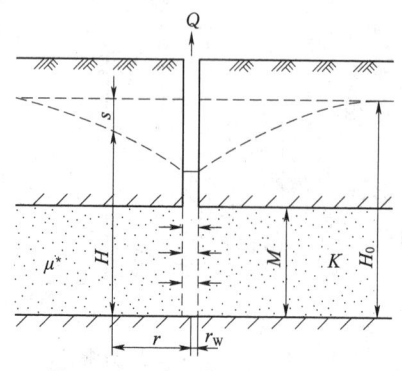

图 3.2.1 完整井承压水完整井

整井流数学模型为

$$\begin{rcases} \dfrac{\partial^2 s}{\partial r^2}+\dfrac{1}{r}\dfrac{\partial s}{\partial r}=\dfrac{\mu^*}{T}\dfrac{\partial s}{\partial t} & (t>0,\ 0<r<\infty) \\ s(r,0)=0 & (0<r<\infty) \\ s(\infty,t)=0,\ \left.\dfrac{\partial s}{\partial r}\right|_{r\to\infty}=0 & (t>0) \\ \lim\limits_{r\to 0} r\dfrac{\partial s}{\partial r}=-\dfrac{Q}{2\pi T} & \end{rcases} \quad (3.2.1)$$

式中：$s=s(r,t)=H_0-H$。

上述数学模型的解为

$$s=\dfrac{Q}{4\pi T}W(u) \quad (3.2.2)$$

其中

$$W(u)=\int_u^\infty \dfrac{\mathrm{e}^{-y}}{y}\mathrm{d}y \quad (3.2.3)$$

$$u=\dfrac{r^2\mu^*}{4Tt} \quad (3.2.4)$$

式中：$W(u)$为井函数；s为抽水影响范围内，任一点任一时刻的水位降深；Q为抽水井的流量；T为导水系数；t为自抽水开始到计算时刻的时间；r为计算点到抽水井的距离；μ^*为含水层的贮水系数。

式 (3.2.2) 为侧向无限延伸的承压含水层完整井定流量非稳定流计算公式，也就是Theis公式。为了计算方便，通常将$W(u)$展开成级数形式：

$$W(u)=\int_u^\infty \dfrac{1}{y}\mathrm{e}^{-y}\mathrm{d}y=-0.577216-\ln u+u-\sum_{n=2}^\infty (-1)^n \dfrac{u^n}{n\cdot n!}$$

并制成数值表（表3.2.1），只要求出u值，从表3.2.1中就可查出相应的$W(u)$值。

井函数$W(u)$的展开式的前三项之后的级数是一个交错级数。根据交错级数的性质可知，这个级数之和不超过u。也就是说，井函数$W(u)$用级数前两项$(-0.577216-\ln u)$代替时，其绝对误差不超过$2u$，因此，当$u\leqslant 0.01$（即$t\geqslant 25\dfrac{r^2\mu^*}{T}$）时，其相对误差$\left|\dfrac{2u}{-0.577216-\ln u}\right|$不超过0.25%；当$u\leqslant 0.05$（即$t\geqslant 5\dfrac{r^2\mu^*}{T}$）时，相对误差不超过2%；当$u\leqslant 0.1$（即$t\geqslant 2.5\dfrac{r^2\mu^*}{T}$）时，相对误差不超过5%。

一般生产上相对误差允许在5%左右。因此，当$u\leqslant 0.05$时，井函数可用级数的前两项代替，即

$$W(u)=-0.577216-\ln u=\ln\dfrac{2.25Tt}{r^2\mu^*}$$

于是，Theis公式可以近似地表示为Jacob公式：

$$s=\dfrac{Q}{4\pi T}\ln\dfrac{2.25Tt}{r^2\mu^*}=\dfrac{0.183Q}{T}\lg\dfrac{2.25Tt}{r^2\mu^*} \quad (3.2.5)$$

表 3.2.1　　　　　　　　　$W(u)$ 数值表

u 或 u_{xy} \ N	$N\times10^{-15}$	$N\times10^{-14}$	$N\times10^{-13}$	$N\times10^{-12}$	$N\times10^{-11}$	$N\times10^{-10}$	$N\times10^{-9}$	$N\times10^{-8}$
1.0	33.9616	31.6590	29.3564	27.0538	24.7512	22.4486	20.1460	17.8435
1.5	33.5561	31.2535	28.9509	26.6483	24.3458	22.0432	19.7406	17.4380
2.0	33.2684	30.9658	28.6632	26.3607	24.0581	21.7555	19.4529	17.1503
2.5	33.0453	30.7427	28.4401	26.1375	23.8349	21.5323	19.2298	16.9272
3.0	32.8629	30.5604	28.2578	25.9552	23.6526	21.3500	19.0474	16.7449
3.5	32.7088	30.4062	28.1036	25.8010	23.4985	21.1959	18.8933	16.5907
4.0	32.5753	30.2727	27.9701	25.6675	23.3649	21.0623	18.7598	16.4572
4.5	32.4575	30.1549	27.8523	25.5497	23.2471	20.9446	18.6420	16.3394
5.0	32.3521	30.0495	27.7470	25.4444	23.1418	20.8392	18.5366	16.2340
5.5	32.2568	29.9542	27.6516	25.3491	23.0465	20.7439	18.4413	16.1387
6.0	32.1698	29.8672	27.5646	25.2620	22.9595	20.6569	18.3543	16.0517
6.5	32.0898	29.7872	27.4846	25.1820	22.8794	20.5768	18.2742	15.9717
7.0	32.0156	29.7131	27.4105	25.1079	22.8053	20.5027	18.2001	15.8976
7.5	31.9467	29.6441	27.3415	25.0389	22.7363	20.4337	18.1311	15.8280
8.0	31.8821	29.5795	27.2769	24.9744	22.6718	20.3692	18.0666	15.7640
8.5	31.8215	29.5189	27.2163	24.9137	22.6112	20.3086	18.0060	15.7034
9.0	31.7643	29.4618	27.1592	24.8566	22.5540	20.2514	17.9488	15.6462
9.5	31.7103	29.4077	27.1051	24.8025	22.4999	20.1973	17.8948	15.5922

u 或 u_{xy} \ N	$N\times10^{-7}$	$N\times10^{-6}$	$N\times10^{-5}$	$N\times10^{-4}$	$N\times10^{-3}$	$N\times10^{-2}$	$N\times10^{-1}$	N
1.0	15.5409	13.2383	10.9357	8.6332	6.3315	4.0379	1.8229	0.2194
1.5	15.1354	12.8328	10.5303	8.2278	5.9266	3.6374	1.4645	0.1000
2.0	14.8477	12.5451	10.2426	7.9402	5.6394	3.3547	1.2227	0.04890
2.5	14.6246	12.3220	10.0194	7.7172	5.4167	3.1365	1.0443	0.02491
3.0	14.4423	12.1397	9.8371	7.5348	5.2349	2.9591	0.9057	0.01305
3.5	14.2881	11.9855	9.6830	7.3807	5.0813	2.8099	0.7942	0.006970
4.0	14.1546	11.8520	9.5495	7.2472	4.9482	2.6813	0.7024	0.003779
4.5	14.0368	11.7342	9.4317	7.1295	4.8310	2.5684	0.6253	0.002073
5.0	13.9314	11.6280	9.3263	7.0242	4.7261	2.4679	0.5598	0.001148
5.5	13.8361	11.5330	9.2310	6.9289	4.6313	2.3775	0.5034	0.0006409
6.0	13.7491	11.4465	9.1440	6.8420	4.5448	2.2953	0.4544	0.0003601
6.5	13.6691	11.3665	9.0640	6.7620	4.4652	2.2201	0.4115	0.0002034
7.0	13.5950	11.2924	8.9899	6.6879	4.3916	2.1508	0.3738	0.0001155
7.5	13.5260	11.2234	8.9209	6.6190	4.3231	2.0867	0.3403	0.0000658
8.0	13.4614	11.1589	8.8563	6.5545	4.2591	2.0269	0.3106	0.0000376
8.5	13.4008	11.0982	8.7957	6.4939	4.1990	1.9711	0.2840	0.0000216
9.0	13.3437	11.0411	8.7386	6.4368	4.1423	1.9187	0.2602	0.0000124
9.5	13.2896	10.9870	8.6845	6.3828	4.0887	1.8695	0.2387	0.0000071

3.2.1.2 流量变化时的公式

Theis 公式是在假定流量固定不变的情况下导出的。这种情况通常只有在抽水试验时才做得到。实际上，很多生产井的流量是季节性变化的。在这种情况下，怎样应用 Theis 公式？首先绘制井的流量过程线，$Q=f(t)$ 关系曲线。然后将流量过程线用阶梯形折线代替（图3.2.2）。注意阶梯形折线矩形面积应等于曲线与横坐标所围成的面积。其中，每一个阶梯差额都可视为定流量，应用 Theis 公式。把各阶梯差额流量产生的降深按叠加原理加起来，即得流量变化时水位降深的计算公式。

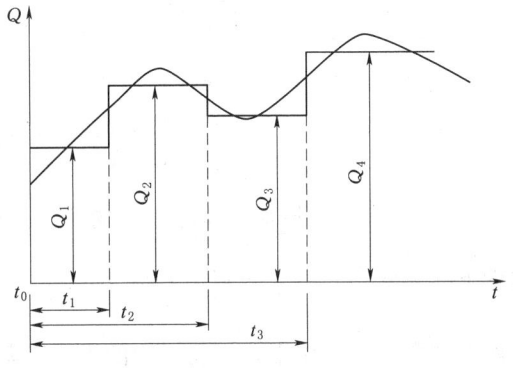

图 3.2.2 流量概化呈阶梯状变化图

当 $0<t<t_1$ 时，水位降深为

$$s=\frac{Q_1}{4\pi T}W\left(\frac{r^2\mu^*}{4Tt}\right)$$

当 $t_{i-1}<t<t_i$ 时，水位降深为

$$s=\frac{Q_1}{4\pi T}W\left(\frac{r^2\mu^*}{4Tt}\right)+\frac{Q_2-Q_1}{4\pi T}W\left[\frac{r^2\mu^*}{4T(t-t_1)}\right]+\cdots+\frac{Q_i-Q_{i-1}}{4\pi T}W\left[\frac{r^2\mu^*}{4T(t-t_{i-1})}\right]$$

t 时刻经历若干个阶梯流量后产生的总水位降深为

$$s=\frac{1}{4\pi T}\sum_{i=1}^{n}(Q_i-Q_{i-1})W\left[\frac{r^2\mu^*}{4T(t-t_{i-1})}\right] \quad (3.2.6)$$

$$t_{i-1}<t<t_i$$

式中，设 $t_0=0$，相应的 $Q_0=0$。

流量阶梯状变化时，若 $u_i\leqslant 0.01$，即 $(t-t_i)\geqslant 25\dfrac{r^2\mu^*}{T}(i=1,2,\cdots,n)$，式（3.2.6）用 Jacob 公式可近似地表示为

$$s=\frac{0.183}{T}\sum_{i=1}^{n}(Q_i-Q_{i-1})\lg\frac{2.25T(t-t_{i-1})}{r^2\mu^*} \quad (3.2.7)$$

3.2.1.3 对 Theis 公式和与之有关几个问题的讨论

1. 降深变化规律

Theis 公式［式（3.2.2）］表明，同一时刻随径向距离 r 增大，降深 s 变小，当 $r\to\infty$ 时，$s\to 0$，这一点符合假设条件。同一断面（即 r 固定），s 随 t 的增大而增大，当 $t=0$ 时，$s=0$ 符合实际情况。当 $t\to\infty$ 时，实际上 s 不能趋向无穷大。因此，降落漏斗随时间的延长，逐渐向远处扩展。这种永不稳定的规律是符合实际的，恰好反映了抽水时没有外界补给、完全消耗贮存能量时的典型动态。

从式（3.2.2）或式（3.2.5）还可以看出，同一时刻的径向距离 r 相同的地点，降深相同。这说明抽水后形成的等水头线（$s=$ 常数）是一些同心圆，圆心在井轴。当 $u\leqslant$

0.05 时，可直接由式（3.2.5）导出描述它们的方程式为

$$x^2 + y^2 = \frac{2.25Tt}{\mu^*} e^{-\frac{4\pi Ts}{Q}} \tag{3.2.8}$$

2. 水头下降速度

将式（3.2.2）对 t 求导数，得

$$\frac{\partial s}{\partial t} = \frac{\partial}{\partial u}\left(\frac{Q}{4\pi T}\int_u^\infty \frac{e^{-u}}{u}du\right)\frac{\partial u}{\partial t} = \frac{Q}{4\pi T}\frac{1}{t}e^{-\frac{r^2\mu^*}{4Tt}} \tag{3.2.9}$$

式（3.2.9）表明，抽水初期随着 r 的增大，$e^{-\frac{r^2\mu^*}{4Tt}}$ 值减小。因此，近水头处下降速度大，远处下降速度小。当 r 一定时，式（3.2.9）又表明，由于 $\frac{1}{t}$ 和 $e^{-\frac{r^2\mu^*}{4Tt}}$ 两个因素起着增、减两个方向相反的作用，不同时刻的水头下降速度 $\frac{\partial s}{\partial t}$ 不是 t 的单调函数。

当抽水时间足够长时，$t > 25\frac{r^2\mu^*}{T}$（即 $u = \frac{r^2\mu^*}{4Tt} < 0.01$，$e^{-\frac{r^2\mu^*}{4Tt}} = 0.99 \approx 1$），式（3.2.9）变为

$$\frac{\partial s}{\partial t} \approx \frac{Q}{4\pi T}\frac{1}{t} \tag{3.2.10}$$

式（3.2.10）表明，t 足够大时，在抽水井周围一定范围内下降基本上是相同的，与 r 无关。

3. 流量和渗流速度变化规律

将式（3.2.2）对 r 求导数，得

$$\frac{\partial s}{\partial r} = \frac{\partial}{\partial u}\left(\frac{Q}{4\pi T}\int_u^\infty \frac{e^{-u}}{u}du\right)\frac{\partial u}{\partial r}$$

$$r\frac{\partial s}{\partial r} = -\frac{Q}{2\pi T}e^{-\frac{r^2\mu^*}{4Tt}} \tag{3.2.11}$$

又根据 Darcy 定律，可以写出 r 处过水断面的流量：

$$Q_r = -2\pi KMr\frac{\partial s}{\partial r}$$

将式（3.2.11）代入上式，得

$$Q_r = Qe^{-\frac{r^2\mu^*}{4Tt}} \tag{3.2.12}$$

因为 $\frac{r^2\mu^*}{4Tt}$ 恒取正值，所以 $e^{-\frac{r^2\mu^*}{4Tt}} < 1$，因而 $Q_r < Q$，当 $r \to 0$ 时，$Q_r \to Q$。

式（3.2.12）说明，通过不同过水断面的流量是不等的；r 值越小，即离抽水井越近的过水断面流量越大。这一点与稳定流理论无垂向水量交换条件下通过任何断面的流量都是相等的结论不同，它反映了地下水在流向抽水井的过程中不断得到贮存量的补给。当抽水延续时间 t 大到一定程度以后$\left(\text{如 } t \geq 25\frac{r^2\mu^*}{T}\text{，} e^{-\frac{r^2\mu^*}{4Tt}} = 0.99 \approx 1\right)$，则 $Q_r = Q_0$。这时在该断面范围内释放出的水量（$Q - Q_r$）就微不足道了。

由式（3.2.11）还可知，水井抽水时地下水渗流速度为

$$v = -K\frac{\partial s}{\partial r} = \frac{Q}{2\pi Mr}e^{-\frac{r^2\mu^*}{4Tt}} \quad (3.2.13)$$

式中：负号表示速度与 r 的正方向相反；$\frac{Q}{2\pi Mr}$ 为抽水达到稳定时的渗流速度。

由于沿途含水层的释水作用，使得渗流速度小于稳定状态的渗流速度。但随着时间的增加，$e^{-\frac{r^2\mu^*}{4Tt}}$ 逐渐趋于 1，又接近稳定渗流速度。当 $\frac{r^2\mu^*}{4Tt}=0.01$ 时，与稳定流速相差只有 1% 了。这时可以认为达到相对稳定（似稳定）。在距离 r 处，似稳定出现的时间为

$$t = 25\frac{r^2\mu^*}{T}$$

4. 关于"影响半径"的问题

Theis 公式本身不包含"影响半径"的概念，因此，理论上讲，在无限延伸的无越流补给的承压含水层中是不存在"影响半径"的。但把式（3.2.5）稍加改变，即可写为

$$s = \frac{Q}{2\pi T}\ln\frac{1.5(Tt/\mu^*)^{1/2}}{r}$$

和 Dupuit 公式比较，有人定义影响半径为

$$R = 1.5\left(\frac{Tt}{\mu^*}\right)^{1/2} \quad (3.2.14)$$

它能近似地说明某一时刻的相对影响范围。

经过长时间 $\left(t = 25\frac{r^2\mu^*}{T}\right)$ 抽水，由式（3.2.5）可得某一时刻离井 r_1 和 r_2 两点的降深分别为

$$s_1 = \frac{Q}{4\pi T}\ln\frac{2.25Tt}{r_1^2\mu^*}$$

$$s_2 = \frac{Q}{4\pi T}\ln\frac{2.25Tt}{r_2^2\mu^*}$$

两式相减得

$$s_1 - s_2 = \frac{Q}{2\pi T}\ln\frac{r_2}{r_1} \quad (3.2.15)$$

这和稳定流的 Thiem 公式[式(3.1.6)]完全相同。

5. 关于井径 $r_w \to 0$ 的假设

要求 $r_w \to 0$ 是为了不必考虑井筒中的水量，可以把井当作汇点或源点来处理。实际上，井径 r_w 总是个有限值，这样一个假设条件对 Theis 公式的应用有什么限制呢？由式（3.2.11）可以直接看出，在边界条件中使用了这个假设，是为了得到

$$\lim_{r \to 0}\left(r\frac{\partial s}{\partial r}\right) = \lim_{r \to 0}\left(-\frac{Q}{2\pi T}e^{-\frac{r^2\mu^*}{4Tt}}\right) = -\frac{Q}{2\pi T}$$

即 $e^{-\frac{r^2\mu^*}{4Tt}} \to 1$。我们知道 $e^{-0.01} = 0.99$，可近似地等于 1，误差不超过 1%，所以只要

$\dfrac{r^2\mu^*}{4Tt}\leqslant 0.01\left(\text{或 } t\geqslant 25\dfrac{r^2\mu^*}{T}\right)$，上述假设所引起的误差不超过 1%。实际上，要满足上述要求并不困难，在抽水早期就能满足。

3.2.1.4 利用 Theis 公式确定水文地质参数

Theis 公式既可以用于水位预测，也可以用于求参数。当含水层水文地质参数已知时，可进行水位预测，也可以预测在允许降深条件下井的涌水量。反之，可根据抽水试验资料来确定含水层的参数。这里着重介绍下列几种求参数的方法。

1. 配线法

对式 (3.2.2) 和式 (3.2.4) 两端取对数：

$$\lg s = \lg W(u) + \lg \dfrac{Q}{4\pi T}$$

$$\lg \dfrac{t}{r^2} = \lg \dfrac{1}{u} + \lg \dfrac{\mu^*}{4T}$$

两式右边第二项在同一次抽水试验中都是常数。因此，在双对数坐标系内，对于定流量抽水 $s-\dfrac{t}{r^2}$ 曲线和 $W(u)-\dfrac{1}{u}$ 标准曲线在形状上是相同的，只是纵横坐标平移了 $\dfrac{Q}{4\pi T}$ 和 $\dfrac{\mu^*}{4T}$ 的距离而已。只要将两曲线重合，任选一匹配点，记下对应的坐标值，代入式 (3.2.2)、式 (3.2.4) 即可确定有关参数。此法称为降深-时间距离配线法。

同理，由实际资料绘制的 $s-t$ 曲线和 $s-r^2$ 曲线，分别与 $W(u)-\dfrac{1}{u}$ 和 $W(u)-u$ 标准曲线有相同的形状。因此，可以利用一个观测孔不同时刻的降深值，在双对数纸上绘出 $s-t$ 曲线和 $W(u)-\dfrac{1}{u}$ 曲线，进行拟合，此法称为降深-时间配线法。如果有 3 个以上的观测孔，可以取 t 为定值，利用所有观测孔的降深值，在双对数纸上绘出 $s-r^2$ 实际资料曲线与 $W(u)-u$ 标准曲线并进行拟合，称为降深-距离配线法，其计算的步骤如下：

(1) 在双对数坐标纸上绘制 $W(u)-\dfrac{1}{u}$ 的标准曲线。

(2) 在另一张模数相同的透明双对数纸上绘制实测的 $s-t/r^2$ 曲线或 $s-t$ 曲线。

(3) 将实际曲线置于标准曲线上，在保持对应坐标轴彼此平行的条件下相对平移，直至两曲线重合为止（图 3.2.3）。

(4) 任取一匹配点（在曲线上或曲线外均可），记下匹配点的对应坐标值 [$W(u)$、$\dfrac{1}{u}$、s 和 $\dfrac{s}{r^2}$（或 t）]，代入式 (3.2.2)、式 (3.2.4)，分别计算有关参数。

$$T = \dfrac{Q}{4\pi[s]}[W(u)], \quad \mu^* = \dfrac{4T}{\left[\dfrac{1}{u}\right]}\left[\dfrac{t}{r^2}\right]$$

配线法的最大优点是可以充分利用抽水的试验全部资料，避免个别资料的偶然误差，提高计算精度。但也存在一定的缺点：①抽水初期实际曲线常与标准曲线不符，因此，非稳定抽水试验时间不宜过短；②当抽水后期曲线比较平缓时，同标准曲线不容易拟合准

3.2 地下水向完整井的非稳定运动

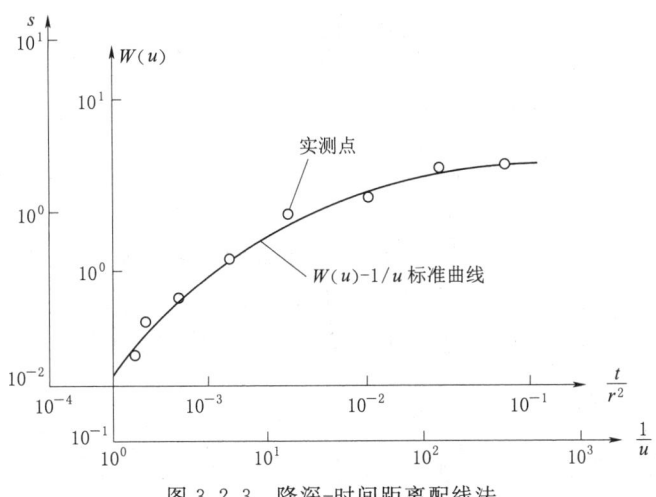

图 3.2.3 降深-时间距离配线法

确,常因个人判断不同而引起误差,因此在确定抽水延续时间和观测精度时,应考虑所得资料能绘出 s-t 或 s-t/r^2 曲线的弯曲部分,便于拟合。如果后期实测数据偏离标准曲线,则可能是含水层外围边界的影响或含水层岩性发生了变化等。这就需要把试验数据和具体水文地质条件结合起来分析。

2. Jacob 直线图解法

当 $u \leqslant 0.01$ 时,可利用 Jacob 公式[式(3.2.5)]计算参数,首先把它改写成下列形式:

$$s = \frac{2.3Q}{4\pi T} \lg \frac{2.25T}{\mu^*} + \frac{2.3Q}{4\pi T} \lg \frac{t}{r^2}$$

上式表明,s 与 $\lg \frac{t}{r^2}$ 呈线性关系,斜率为 $\frac{2.3Q}{4\pi T}$。利用斜率可求出导水系数 T:

$$T = \frac{2.3Q}{4\pi i}$$

式中:i 为直线的斜率,此直线在零降深线上的截距为 $\frac{t}{r^2}$。

把截距代入式(3.2.5),有

$$0 = \frac{2.3Q}{4\pi T} \lg \frac{2.25T}{\mu^*} \frac{t}{r^2}$$

因此

$$\lg \frac{2.25T}{\mu^*} \frac{t}{r^2} = 0, \quad \frac{2.25T}{\mu^*} \frac{t}{r^2} = 1$$

于是得

$$\mu^* = 2.25 T \frac{t}{r^2}$$

以上是利用综合资料(多孔长时间观测资料)求参数,称为 s-$\lg \frac{t}{r^2}$ 直线图解法。同理，由式（3.2.5）还可看出，$s-\lg t$ 和 $s-\lg r$ 均呈线性关系，直线的斜率分别为 $\dfrac{2.3Q}{4\pi T}$ 和 $-\dfrac{2.3Q}{2\pi T}$。因此，如果只有一个观测孔，可利用 $s-\lg t$ 直线的斜率求导水系数 T，利用该直线在零降深线上截距 t_0 值求贮水系数 μ^*。如果有三个以上观测孔资料，可利用 $s-\lg r$ 直线的值求 μ^*。

这种方法的优点是，既可以避免配线法的随意性，又能充分利用抽水后期的所有资料。但是，必须满足 $u \leqslant 0.01$ 或放宽精度要求 $u \leqslant 0.05$，即只有在 r 较小，而 t 值较大的情况下才能使用；否则，抽水时间短，直线斜率小，截距值小，所得的 T 值偏大，而 μ^* 值偏小。

3. 水位恢复法

如不考虑水头惯性滞后动态，水井以流量 Q 持续抽水 t_p 时间后停抽恢复水位，那么在时刻 t（$t > t_p$）的剩余降深 s'（原始水位与停抽后某时刻水位之差），可理解为以流量 Q 继续抽水一直延续到时刻 t 的降深和从停抽时刻起以流量 Q 注水 $t-t_p$ 时间的水位抬升的叠加。两者均可用 Theis 公式计算。故有

$$s' = \dfrac{Q}{4\pi T}\left[W\left(\dfrac{r^2\mu^*}{4Tt}\right) - W\left(\dfrac{r^2\mu^*}{4Tt'}\right)\right] \tag{3.2.16}$$

其中

$$t' = t - t_p$$

当 $\dfrac{r^2\mu^*}{4Tt'} \leqslant 0.01$ 时，式（3.2.16）可简化为

$$s' = \dfrac{2.3Q}{4\pi T}\left(\lg\dfrac{2.25Tt}{r^2\mu^*} - \lg\dfrac{2.25Tt'}{r^2\mu^*}\right) = \dfrac{2.3Q}{4\pi T}\lg\dfrac{t}{t'} \tag{3.2.17}$$

式（3.2.17）表明，s' 与 $\lg\dfrac{t}{t'}$ 呈线性关系，$i = \dfrac{2.3Q}{4\pi T}$ 为直线斜率。利用水位恢复资料绘出 $s'-\lg\dfrac{t}{t'}$ 曲线，求得其直线段斜率 i，由此可以计算参数 T。

$$T = 0.183\dfrac{Q}{i}$$

如已知停抽时刻的水位降深 s_P，则停抽后任一时刻的水位上升值 s^* 可写成

$$s^* = s_P - \dfrac{2.3Q}{4\pi T}\lg\dfrac{t}{t'}$$

或

$$s^* = \dfrac{2.3Q}{4\pi T}\lg\dfrac{2.25Tt_P}{\mu^* r^2} - \dfrac{2.3Q}{4\pi T}\lg\dfrac{t}{t'} \tag{3.2.18}$$

式（3.2.18）表明，s^* 与 $\lg\dfrac{t}{t'}$ 呈线性关系，斜率为 $-\dfrac{2.3Q}{4\pi T}$。如根据水位恢复试验资料绘出 $s^*-\lg\dfrac{t}{t'}$ 曲线，求出其直线段斜率，也可计算 T 值。

又根据 $s_P = \frac{2.3Q}{4\pi T}\lg\frac{2.25Tt_P}{\mu^* r^2}$，将求出的 $T = -\frac{2.3Q}{4\pi i}$ 代入，可得贮水系数 μ^*。

3.2.1.5 定降深井流的计算

在侧向无限延伸的承压含水层中抽水，如果在整个抽水期间保持井水中水头 h_W 或降深 s_W 不变，那么抽水量 Q 将随着抽水时间的延续而逐渐减少；除了抽水井本身以外，含水层中任一点的水头 H 也将随着时间的延续而逐渐降低。当 $t\to\infty$ 时，$Q\to 0$，$s(r)\to s_W$。一口顶盖封闭住的自流井，会保持原来水头。在打开井盖的瞬间，水从井中溢出，水位迅速降低到井口附近。在一定时间内，自流井内保持一定的水位，流量则逐渐减少。自流井基本上属于这种定降深变流量问题（图 3.2.4）。坑道放钻孔也类似于这种情况。如果其他条件同推导 Theis 公式的假设一样，则该定解问题的数学模型为

$$\left.\begin{aligned}&\frac{1}{r}\frac{\partial}{\partial r}\left(r\frac{\partial s}{\partial r}\right)=\frac{\mu^*}{T}\frac{\partial s}{\partial t} &&(t>0,\ 0<r<\infty)\\&s(r,0)=0 &&(0<r<\infty)\\&s(\infty,t)=0 &&(t>0)\\&s(0,t)=s_W &&(t>0)\end{aligned}\right\} \quad (3.2.19)$$

通过 Laplace 变换求得这个数学模型的解为

$$s = s_W A(\lambda,\bar{r}) \quad (3.2.20)$$

式中：s_W 为井中降深；$A(\lambda,\bar{r})$ 为以 λ 和 $\bar{r}$ 为变量的函数，称为无越流补给承压含水层定降深井流的降深函数；$\bar{r}$ 为无量纲径向距离，$\bar{r} = \frac{r}{r_W}$；λ 为无量纲时间，$\lambda = \frac{Tt}{r_W^2 \mu^*}$。

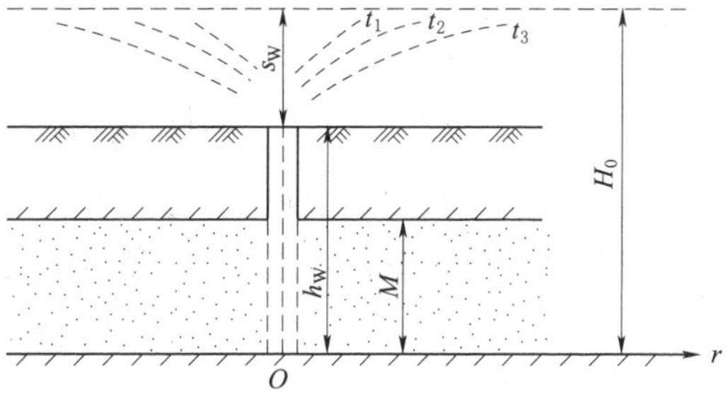

图 3.2.4 承压含水层中定降深抽（放）水试验示意图

将式 (3.2.20) 对 r 求导数并代入 Darcy 定律，得

$$Q = 2\pi T s_W G(\lambda) \quad (3.2.21)$$

式中：Q 为随时间变化的流量；$G(\lambda)$ 为无越流补给承压含水层定降深井流的流量函数。

如果在双对数坐标纸上绘制 $G(\lambda)$-λ 曲线，可以看出，随时间的增加，λ 增大，$G(\lambda)$ 减小，Q 流量也随着减小。

$A(\lambda,\bar{r})$ 是一个小于 1 的函数。由式 (3.2.20) 可以看出，各点降深等于自流井或放水井的降深乘以一个小于 1 的函数。这个函数在同一时刻随着 $\bar{r}$ 的增加而减小；在同一断面上随着时间增加而增大。这是符合实际情况的。

3.2.2 有越流补给的完整井流

3.2.2.1 Hantush 公式

由第 1 章知，在越流含水层中抽水会发生越流。有时，人们把这种系统［包括越流含水层、弱透水层和相邻的含水层（如果有的话）］称为越流系统。3.1 节中探讨了这种情况下的稳定运动（图 3.1.7）。现在探讨这种情况下的非稳定运动。研究时采用了和研究

稳定运动时相同的地质模型（图 3.1.7）和假设，如下：

（1）越流系统中每一层都是均质各项同性，无限延伸的；含水层底部水平，含水层和弱透水层都是等厚的。

（2）含水层中水流服从 Darcy 定律。

（3）虽然发生越流，但相邻含水层在抽水过程中水头保持不变（这在径流条件比较好的含水层中不难达到）。

（4）弱透水层本身的弹性释水可以忽略，通过弱透水层的水流可视为垂直一维流。

（5）抽水含水层天然水力坡度为零，抽水后为平面径向流。

（6）抽水井为完整井，井径无限小，定流量抽水。

在上述假设条件下，根据微分方程式（1.5.18），把水头化为以降深表示，并改用柱坐标，于是有越流补给的抽水含水层中地下会运动的基本方程为

$$\frac{\partial^2 s}{\partial r^2}+\frac{1}{r}\frac{\partial s}{\partial r}-\frac{s}{B^2}=\frac{\mu^*}{T}\frac{\partial s}{\partial t} \tag{3.2.22}$$

相应的定解条件为

$$s\big|_{t=0}=0 \quad (0<r<\infty) \tag{3.2.23}$$

$$s\big|_{r\to\infty}=0 \quad (t>0) \tag{3.2.24}$$

$$\lim_{r\to 0}\left(r\frac{\partial s}{\partial r}\right)=-\frac{Q}{2\pi T} \quad (t>0) \tag{3.2.25}$$

对方程式（3.2.22）施行 Hankel 变换，于是原定解问题变为常微分方程的初值问题，可以很容易地求得它的特解。再施行逆变换可求得其解为

$$s=\frac{Q}{4\pi T}W\left(u,\frac{r}{B}\right) \tag{3.2.26}$$

其中

$$W\left(u,\frac{r}{B}\right)=\int_u^\infty \frac{1}{y}e^{-y-\frac{r^2}{4B^2 y}}\,dy \tag{3.2.27}$$

$$u=\frac{r^2\mu^*}{4Tt} \tag{3.2.28}$$

式（3.2.26）为 Hantush 和 Jacob 于 1955 年建立的有越流补给的承压水完整井公式。其中，$W\left(u,\frac{r}{B}\right)$ 为不考虑相邻弱透水层弹性释水时越流系统的井函数，其值列于表 3.2.2 中。

表 3.2.2　　　　　　　　$W(u,r/B)$ 或 $W(u',a)$ 数值表

r/B 或 a / u 或 u'	0.01	0.015	0.03	0.05	0.075	0.10	0.15	0.2	0.3
0.000001									
0.000005	9.4413								
0.00001	9.4176	8.6313							
0.00005	8.8827	8.4533	7.2450						
0.0001	8.3983	8.1414	7.2122	6.2882	5.4228				

3.2 地下水向完整井的非稳定运动

续表

u 或 u' \ r/B 或 a	0.01	0.015	0.03	0.05	0.075	0.10	0.15	0.2	0.3
0.0005	6.9750	6.9152	6.6219	6.0821	5.4062	4.8530			
0.001	6.3069	6.2765	6.1202	5.7965	5.3078	4.8292	4.0595	3.5054	
0.005	4.7212	4.7152	4.6829	4.6084	4.4713	4.2960	3.8821	3.4567	2.7428
0.01	4.0356	4.0326	4.0167	3.9795	3.9091	3.8150	3.5725	3.2875	2.7104
0.05	2.4675	2.4670	2.4642	2.4576	2.4448	2.4271	2.3776	2.3110	2.1371
0.1	1.8227	1.8225	1.8213	1.8184	1.8128	1.8050	1.7829	1.7527	1.6704
0.5	0.5598	0.5597	0.5596	0.5594	0.5588	0.5581	0.5561	0.5532	0.5453
1.0	0.2194	0.2194	0.2193	0.2193	0.2191	0.2190	0.2186	0.2179	0.2161
5.0	0.0011	0.0011	0.0011	0.0011	0.0011	0.0011	0.0011	0.0011	0.0011

u 或 u' \ r/B 或 a	0.4	0.5	0.6	0.7	0.8	0.9	1.0	1.5	2.0	2.5
0.000001										
0.000005										
0.00001										
0.00005										
0.0001										
0.0005										
0.001										
0.005	2.2290									
0.01	2.2253	1.8486	1.5550	1.3210	1.1307					
0.05	1.9283	1.7075	1.4927	1.2955	1.1210	0.9700	0.8409			
0.1	1.5644	1.4422	1.3115	1.1791	1.0505	0.9297	0.8190	0.4217	0.2278	
0.5	0.5344	0.5206	0.5044	0.4860	0.4658	0.4440	0.4210	0.3007	0.1944	0.1174
1.0	0.2135	0.2103	0.2065	0.2020	0.1970	0.1914	0.1855	0.1509	0.1139	0.0803
5.0	0.0011	0.0011	0.0011	0.0011	0.0011	0.0011	0.0011	0.0010	0.0010	0.0009

根据表3.2.2，绘制 $W\left(u, \dfrac{r}{B}\right) - \dfrac{1}{u}$ 曲线（图3.2.5）。该曲线反映出，有越流补给的 $s-t$ 关系可分为以下3个阶段。

（1）抽水早期，降深曲线同 Theis 曲线一致。这表明越流尚未进入主含水层，抽水量几乎全部来自主含水层的弹性释水。在理论上，相当于 $\dfrac{K_1}{m_1}=0$ 或 $B \to \infty$，$W\left(u, \dfrac{r}{B}\right) \to W(u)$，其中，$K_1$ 为弱透水层渗透系数，m_1 为弱透水层厚度。此时和 Theis 曲线一致。

（2）抽水中期，因水位下降变缓而开始偏离 Theis 曲线，说明越流已经开始进入抽水含水层。这时，抽水量由两部分组成，一是抽水含水层的弹性释水，二是越流补给，$\dfrac{r^2}{4yB^2}$ 值由零进入有限值，即

$$W\left(u, \dfrac{r}{B}\right) = \int_u^\infty \dfrac{1}{y} e^{-y-\dfrac{r^2}{4B^2 y}} dy < \int_u^\infty \dfrac{1}{y} e^{-y} dy = W(u)$$

(3) 因此，越流含水层的降深小于无越流含水层降深，而且随着 $\dfrac{K_1}{m_1}$ 的增大，即 $\dfrac{r}{B}$ 越大，越流含水层的降深比无越流含水层的降深小得越多。

抽水后期，曲线趋于水平直线，抽水量与越流补给量平衡，表示非稳定流已转化为稳定流。此时，当 $t \to \infty$，$u \to 0$ 时，式 （3.2.26） 可化简成式 （3.1.27），即

$$s = \dfrac{Q}{2\pi T} K_0 \left(\dfrac{r}{B} \right)$$

式中：$K_0 \left(\dfrac{r}{B} \right)$ 为虚宗量第二类 Bessel 函数。

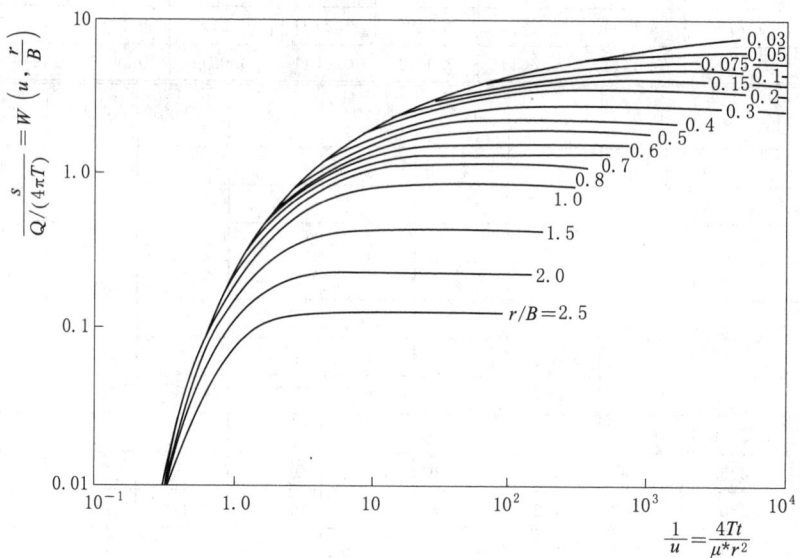

图 3.2.5　越流含水层的标准曲线

3.2.2.2　用抽水试验资料确定越流系统的参数

1. 配线法

用定流量抽水试验实测的 s-t 曲线与 $W\left(u, \dfrac{r}{B}\right)$ - $\dfrac{1}{u}$ 标准曲线的形状是相同的，只是其纵坐标、横坐标彼此平移了 $\lg \dfrac{Q}{4\pi T}$ 和 $\lg \dfrac{r^2 u^*}{4T}$ 而已。下面仅简单写出配线法计算步骤：

(1) 在双对数坐标纸上绘制 $W\left(u, \dfrac{r}{B}\right)$ - $\dfrac{1}{u}$ 标准曲线。

(2) 在另一同模数的透明双对数坐标纸上，绘制 s-t 实测曲线。

(3) 在保持对应坐标轴彼此平行的前提下，相对移动两坐标纸；在一组 $\dfrac{r}{B}$ 标准曲线中找出最优重合曲线 （图 3.2.6）。

(4) 两曲线重合以后，任选一匹配点，记下相应的 4 个坐标值 $\left[\dfrac{1}{u}\right]$、$\left[W\left(u, \dfrac{r}{B}\right)\right]$、$[t]$、$[s]$。将它们分别代入式 （3.2.26） 和式 （3.2.28），可以计算含水层参数 T 和

μ^*,即

$$T=\frac{Q}{4\pi[s]}\left[W\left(u,\frac{r}{B}\right)\right], \quad \mu^*=\frac{4T[t]}{r^2\left[\frac{1}{u}\right]}$$

(5) 已知 $\frac{r}{B}$ 和 r,可计算出 B 值和 $\frac{K_1}{m_1}$ 值,即

$$B=\frac{r}{\left[\frac{r}{B}\right]}, \quad \frac{K_1}{m_1}=\frac{T}{B^2}$$

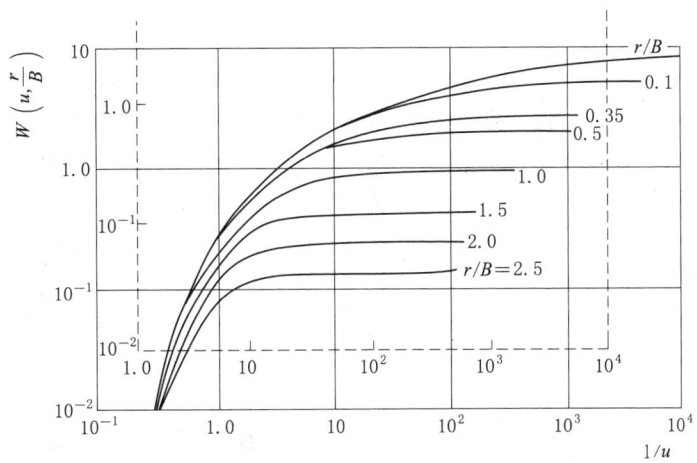

图 3.2.6 越流含水层配线图

2. 拐点法

(1) 取式 (3.2.26) 对 $\lg t$ 的导数,即

$$\frac{\partial s}{\partial t}=\frac{\partial s}{\partial \lg t}\frac{\mathrm{d}\lg t}{\mathrm{d}t}=\frac{Q}{4\pi T}\frac{1}{t}e^{-\frac{r^2\mu^*}{4Tt}-\frac{Tt}{\mu^* B^2}}$$

故有

$$\frac{\partial s}{\partial \lg t}=\frac{2.3Q}{4\pi T}e^{-\frac{r^2\mu^*}{4Tt}-\frac{Tt}{\mu^* B^2}} \tag{3.2.29}$$

从式 (3.2.29) 可看出,同一观测孔的 s-$\lg t$ 曲线的斜率变化规律是由小到大,又由大变到小,存在着拐点。可以通过 s 对 $\lg t$ 的二阶导数等于零来确定其位置。设拐点为 P,则

$$\frac{\partial^2 s}{\partial(\lg t)^2}=\frac{(2.3)^2 Q}{4\pi T}e^{-\frac{r^2\mu^*}{4Tt}-\frac{Tt}{\mu^* B^2}}\left(\frac{r^2\mu^*}{4Tt_P}-\frac{Tt_P}{\mu^* B^2}\right)=0$$

故拐点处有

$$\frac{r^2\mu^*}{4Tt_P}-\frac{Tt_P}{\mu^* B^2}=0$$

解得拐点处的时间 t_P 为

$$t_P = \frac{\mu^* Br}{2T} \tag{3.2.30}$$

相应的 u_P 为

$$u_P = \frac{r^2 \mu^*}{4T t_P} = \frac{r}{2B} \tag{3.2.31}$$

将式（3.2.31）代回式（3.2.29），得拐点处切线的斜率，为

$$i_P = \frac{2.3Q}{4\pi T} e^{-\frac{r}{B}} \tag{3.2.32}$$

（2）求拐点处降深。把式（3.2.31）代入式（3.2.26），得

$$s_P = \frac{Q}{4\pi T} \int_{\frac{r}{2B}}^{\infty} \frac{1}{y} e^{-y-\frac{r^2}{4B^2 y}} dy \tag{3.2.33}$$

根据式（3.2.26），拐点处降深又可写成

$$s_P = \frac{Q}{4\pi T} \left(\int_0^{\infty} \frac{1}{y} e^{-y-\frac{r^2}{4B^2 y}} dy - \int_0^{u_P} \frac{1}{y} e^{-y-\frac{r^2}{4B^2 y}} dy \right)$$

进行变量代换，设

$$\xi = \frac{r^2}{4B^2 y}, \quad y = \frac{r^2}{4B^2 \xi}, \quad dy = \frac{r^2}{4B^2 \xi^2} d\xi$$

当 $y=0$ 时，$\xi=\infty$；当 $y=u_P$ 时，$\xi = \frac{r^2}{4B^2 u_P} = \frac{r}{2B}$。则

$$s_P = \frac{Q}{2\pi T} K_0\left(\frac{r}{B}\right) - \frac{Q}{4\pi T} \int_{\frac{r}{2B}}^{\infty} \frac{1}{\xi} e^{-\xi - \frac{r^2}{4B^2 \xi}} d\xi \tag{3.2.34}$$

将式（3.2.33）和式（3.2.34）相加，得

$$s_P = \frac{Q}{2\pi T} K_0\left(\frac{r}{B}\right) = \frac{1}{2} s_{\max} \tag{3.2.35}$$

式（3.2.35）表明，拐点处降深等于最大降深的一半（图3.2.7）。

（3）建立拐点 P 处降深 s_P 与斜率 i_P 之间的关系。用式（3.2.32）除式（3.2.35），得

$$\frac{2.3 s_P}{i_P} = K_0\left(\frac{r}{B}\right) e^{\frac{r}{B}} \tag{3.2.36}$$

应用上述原理，根据某一观测孔的观测资料绘出 $s - \lg t$ 曲线，就可计算有关参数。

这里仅介绍有一个观测孔时的方法。计算步骤如下：

（1）在单对数坐标纸上绘制 $s - \lg t$ 曲线，用外推法确定最大深度 $s_{\max}$（图3.2.7），并用式（3.2.35）计算拐点出降深 s_P。

（2）根据 s_P 确定拐点位置，并从图上读出拐点出现的时间 t_P。

（3）作拐点 P 处曲线的切线，并从图上确定拐点 P 处切线的斜率 i_P。

（4）根据式（3.2.36）求出有关数据后，查表确定 $\frac{r}{B}$ 值和 $e^{\frac{r}{B}}$ 值。

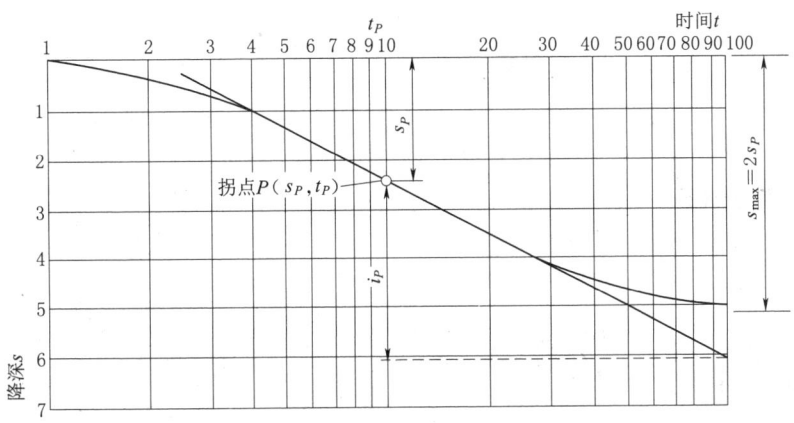

图 3.2.7 $s-\lg t$ 曲线

(5) 根据 $\dfrac{r}{B}$ 值求 B 值。

$$B=\dfrac{r}{\left[\dfrac{r}{B}\right]}$$

按式 (3.2.32) 和式 (3.2.30) 分别计算 T 和 μ^* 值:

$$T=\dfrac{2.3Q}{4\pi i_P}e^{-\frac{r}{B}},\qquad \mu^*=\dfrac{2Tt_P}{Br},\qquad \dfrac{K_1}{m_1}=\dfrac{T}{B^2}$$

验证,因为图解出 $s_{\max}$ 和 s_P 常有较大随意性而引起误差,所以进行验证是必要的。将所求得的参数代入式 (3.2.26),并给出不同的 t 值,计算理论降深。然后把它同实测降深比较,如果不吻合,则应重新图解计算,直到一致。

3.2.3 单向流实验及参数确定

3.2.3.1 单向流模型及其解析解

假设实验开始以前试样柱体饱和、水头处处相等(为 H_1),试样柱体下侧水头降低某一定值 φ,而试样上侧水位不变,同时测定上、下侧流量随时间的变化。这时试样为垂直单向流,取如图 3.2.8 所示的坐标系,试样的水流模型为

$$\left.\begin{array}{l} a\dfrac{\partial^2 u}{\partial z^2}=\dfrac{\partial u}{\partial t}\quad(t>0,\ 0<u<l)\\ u(z,0)=0\quad(0<z<l)\\ u(0,t)=\varphi\quad(t>0)\\ u(l,t)=0\quad(t>0) \end{array}\right\} \quad (3.2.37)$$

式中: $u(z,t)$ 为试样 z 点 t 时刻的水位变化值, $u(z,t)=H_1-h(z,t)$; $h(z,t)$ 为试样 z 点 t 时刻的水位; φ 为柱体下侧水位降深; l 为试样厚度; $a=K/\mu_s$ 为试样传导系数, K 为试样渗透系数; μ_s 为试样贮

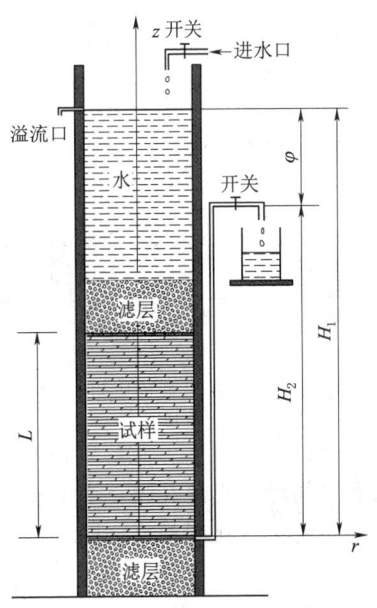

图 3.2.8 单向流实验示意图

水率。

对于试样水流模型,经分离变量和傅里叶变换得

$$u = \varphi\left(1 - \frac{z}{l}\right) - \frac{2\varphi}{\pi}\sum_{n=1}^{\infty}\frac{1}{n}e^{-\frac{n^2\pi^2 a}{l^2}t}\sin\frac{n\pi z}{l} \qquad (3.2.38)$$

3.2.3.2 流量解析解

t 时刻通过 z 点单位水平面积的流量

$$\begin{aligned}
q(z,t) &= KJ(z,t) \\
&= K\frac{\partial u}{\partial z} \\
&= -\frac{1}{l}K\varphi - \frac{2}{l}K\varphi\sum_{n=1}^{\infty}e^{-\frac{n^2\pi^2 a}{l^2}t}\cos\frac{n\pi z}{l}
\end{aligned} \qquad (3.2.39)$$

无量纲化得

$$\begin{aligned}
\overline{q}(\overline{z},\overline{t}) &= \frac{1}{\varphi K}q(z,t) \\
&= -1 - 2\sum_{n=1}^{\infty}e^{-n^2\pi^2\overline{t}}\cos n\pi\overline{z}
\end{aligned} \qquad (3.2.40)$$

其中,$\overline{q}(\overline{z},\overline{t})$ 为无量纲流量,而 $\overline{z}=\frac{z}{l}$ 和 $\overline{t}=\frac{a}{l^2}t=\frac{1}{\tau_0}t$ 为无量纲位置和时间;$\tau_0=\frac{l^2}{a}$ 为与试样性质和厚度有关参数,称为滞后指数。

式(3.2.40)反映的试样底面($\overline{z}=0$)和顶面($\overline{z}=1$)单位水平面积流量(取正值,不考虑流量方向)变化如图 3.2.9 和图 3.2.10 所示。

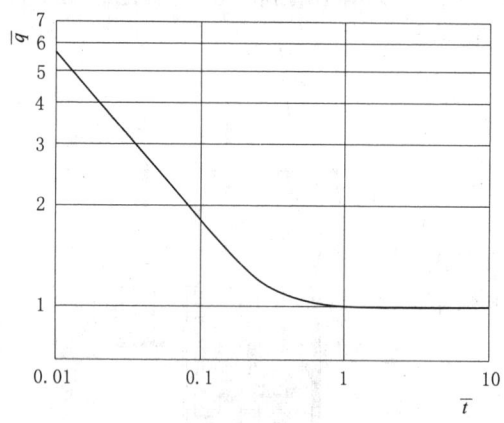

图 3.2.9 $\overline{z}=0$ 截面流量 $\overline{q}$-$\overline{t}$ 标准曲线

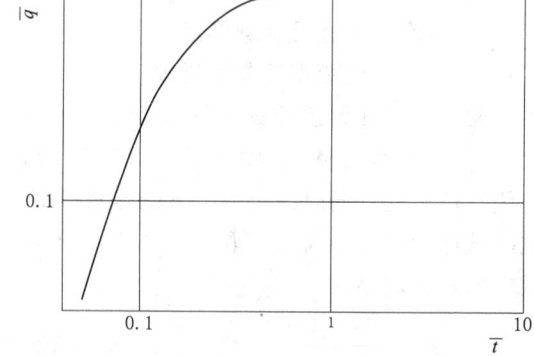

图 3.2.10 $\overline{z}=1$ 截面流量 $\overline{q}$-$\overline{t}$ 标准曲线

从试样底面($\overline{z}=0$)单位水平面积流量变化(图 3.2.9)看出,起初时刻流量最大并随着时间增大迅速衰减,当 $\overline{t}\geqslant 1$ 即 $t\geqslant\tau_0$ 后,流量趋于定值 $\overline{q}=1$。顶面($\overline{z}=1$)单位水平面积流量变化则相反(图 3.2.10),起初时刻流量为 0,并随着时间增大迅速增大,当 $\overline{t}=0.7$ 以后增速趋缓;当 $\overline{t}\geqslant 1$ 即 $t\geqslant\tau_0$ 后,流量也趋于定值 $\overline{q}=1$。

3.2.3.3 参数确定

$\overline{t}$ 时刻通过位置 $\overline{z}=0$ 单位水平面积的流量

$$\bar{q}(0,\bar{t})=\frac{1}{\varphi K}q(0,t) \tag{3.2.41}$$

其中

$$\bar{t}=\frac{a}{l^2}t \tag{3.2.42}$$

对式 (3.2.41) 和式 (3.2.42) 两边同时取对数，有

$$\lg\bar{q}(0,\bar{t})=\lg q(0,t)+\lg\frac{l}{\varphi K} \tag{3.2.43}$$

$$\lg\bar{t}=\lg t+\lg\frac{a}{l^2} \tag{3.2.44}$$

式 (3.2.43)、式 (3.2.44) 两式右边的第二项都是常数，因此在双对数坐标系内，实验获得的 $q(0,t)-t$ 曲线和 $\bar{z}=0$ 截面 $\bar{q}-\bar{t}$ 标准曲线（图 3.2.10）在形状上是相同的，只是纵坐标、横坐标平移了 $\frac{l}{\varphi K}$ 和 $\frac{a}{l^2}$。采用配线法，将二曲线重叠，任选一匹配点，记下对应的坐标值 $[\bar{q}]$、$[q]$、$[\bar{t}]$ 和 $[t]$，代入式 (3.2.41) 和式 (3.2.42) 可得到渗透系数、贮水率等。

渗透系数

$$K=\frac{[q]l}{[\bar{q}]\varphi} \tag{3.2.45}$$

传导系数

$$a=\frac{[\bar{t}]}{[t]}l^2 \tag{3.2.46}$$

贮水率

$$\mu_s=\frac{K}{a} \tag{3.2.47}$$

当 $t=\tau_0$ 或 $t\rightarrow\infty$ 时试样流量趋于稳定。这时顶、底面单位时间流入量与流出量相等，记为 q_y，由式 (3.2.39) 同样可得渗透系数

$$K=\frac{l}{\varphi}q_y \tag{3.2.48}$$

另外，由式 (3.2.40)，$\bar{t}$ 时刻通过位置 $\bar{z}=1$ 单位水平面积的流量

$$\bar{q}(1,\bar{t})=\frac{1}{\varphi K}q(l,t) \tag{3.2.49}$$

其中

$$\bar{t}=\frac{a}{l^2}t \tag{3.2.50}$$

对式 (3.2.49) 和式 (3.2.50) 两边同时取对数，有

$$\lg\bar{q}(1,\bar{t})=\lg q(l,t)+\lg\frac{1}{\varphi K} \tag{3.2.51}$$

$$\lg\bar{t}=\lg t+\lg\frac{a}{l^2} \tag{3.2.52}$$

在双对数坐标系中，将 $z=1$ 截面对应的实测 q-t 曲线与 $\bar{z}=1$ 截面对应的 $\bar{q}$-$\bar{t}$ 标准曲线（图 3.2.10）匹配，采用配线法可确定上述参数。

3.2.3.4 计算实例

待测渗透参数的试样为粉质黏土层，厚 20cm，下部填充反滤层，上部滤层加水。试验前试样与上、下滤层的水头都相等。开始试验时，将下部滤层中的水头突然降低 $\varphi=1.2$m，并保持不变。观测下部溢流槽出口处的流量，观测资料见表 3.2.3，持续观测 1760min。

表 3.2.3　　　　　　　　单位面积流量观测资料

t/min	$q/(\times 10^{-2}$ cm/min)	t/min	$q/(\times 10^{-2}$ cm/min)	t/min	$q/(\times 10^{-2}$ cm/min)	t/min	$q/(\times 10^{-2}$ cm/min)
3	2.496	56	0.873	154	0.679	420	0.591
7	1.966	65	0.829	165	0.635	480	0.599
9	1.737	75	0.803	181	0.644	600	0.608
13	1.543	85	0.758	210	0.652	720	0.599
17	1.323	96	0.785	225	0.626	820	0.608
22	1.243	105	0.723	240	0.626	1415	0.573
27	1.137	115	0.705	270	0.626	1440	0.582
35	1.049	125	0.697	300	0.608	1560	0.582
45	0.943	135	0.688	361	0.599	1760	0.573

在双对数坐标系中作 $q(0,t)$-t 实测曲线（图 3.2.11 中圈点）与 $\bar{q}$-$\bar{t}$ 标准曲线（图 3.2.11 中实线）配线，使两条曲线重叠（图 3.2.11）。任选一匹配点，记下对应的坐标值，$[\bar{q}]=2$、$[q]=0.0115$、$[\bar{t}]=0.1$ 和 $[t]=32$，代入式（3.2.45）、式（3.2.46）和式（3.2.47）得

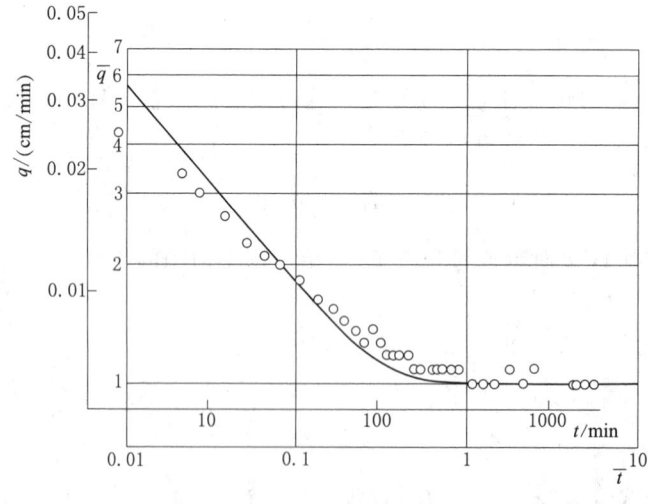

图 3.2.11　单向流配线法图

渗透系数

$$K=\frac{[q]l}{[\bar{q}]\varphi}=\frac{0.0115\times 20}{2\times 120}=9.583\times 10^{-4}(\text{cm/min})=1.378\times 10^{-2}\text{m/d}$$

传导系数

$$a^2 = \frac{[t]}{[\bar{t}]}l^2 = \frac{0.1}{32} \times 20^2 = 1.25 (\text{cm}^2/\text{min}) = 0.18 \text{m}^2/\text{d}$$

贮水率

$$\mu_s = \frac{K}{a^2} = \frac{0.01378}{0.18} = 7.65 \times 10^{-2} (1/\text{m})$$

同样，采用式（3.2.48）可求得渗透系数。由表 3.2.3 取 $t = \tau_0 (t = 300\text{min})$ 附近对应的实验流量 $q = 0.608 \times 10^{-2}\text{cm/min}$，因此有

$$K = \frac{l}{\varphi}q_y = \frac{20 \times 0.608 \times 10^{-2}}{120} = 1.013 \times 10^{-3} (\text{cm/min})$$

与采用式（3.2.45）求得的渗透系数的相对误差仅为 5.5%。

3.2.4 潜水完整井流的 Boulton 模型

3.2.4.1 概述

潜水井流与承压水井流不同，它的上界面是一个随时间而变化的浸润曲面（自由面）。因而它的运动与承压含水层中的情况不同，主要表现在下列几点：

（1）潜水井流的导水系数（$T = Kh$）随距离 r 和时间 t 而变化，而承压水井流的导水系数（$T = KM$）与 r、t 无关。

（2）当潜水井流降深较大时，垂向分速度不可忽略，在井附近为三维流。而水平含水层中的承压水井流垂向分速度可忽略，一般为二维流或可近似地当二维流来处理。

（3）从潜水井抽出的水主要来自含水层重力疏干，重力疏干不能瞬时完成，而是逐渐被排放出来，因而出现明显地迟后于水位下降的现象。潜水面虽然下降了，但潜水面以上的非饱和带内的水继续向下不断地补给潜水。因此，测出的给水度在抽水期间是以一个递减的速率逐渐增大的值。只有抽水时间足够长时，给水度才实际上趋于一个常数。承压水井流则不同，抽出的水来自含水层贮存量的释放，接近于瞬时完成，贮水系数是常数。

到目前为止，还没有同时考虑上述三种情况的潜水井流公式。

在一定条件下，也可将承压水完整井流公式应用于潜水完整井流的近似计算。如果满足 3.2.1 节承压水完整井流公式前面的四个假设条件，条件（5）虽然不同，但当抽水相当长时间以后，迟后排水现象已不明显，可近似地认为已满足条件（5）。因此，潜水完整井在降深不大的情况下，即 $s \leq 0.1H_0$，H_0 为抽水前潜水流的厚度，可用承压水井流公式作近似计算。此时，潜水流厚度可近似地用 $H_m = \frac{1}{2}(H_0 + H)$ 来代替。于是承压水井公式 [式（3.2.2）] 中的 $2Ms$ 用 $H_0^2 - H^2$ 代替，则有

$$H_0^2 - H^2 = \frac{Q}{2\pi K}W(u), \quad u = \frac{r^2\mu}{4T't} (T' = KH_m) \tag{3.2.53}$$

也可采用修正降深值，直接利用 Theis 公式：

$$s' = s - \frac{s^2}{2H_0} = \frac{Q}{4\pi T}W(u), \quad u = \frac{r^2\mu}{4Tt} (T = KH_0) \tag{3.2.54}$$

式中：s' 为修正降深；s 为实际观测降深；H_0 为潜水流初始厚度。

用于计算潜水完整井流的模型主要有：①考虑井附近流速垂直分量的 Boulton 第一潜水井流模型；②考虑迟后排水的 Boulton 第二潜水井流模型；③既考虑流速的垂直分量又考虑潜水含水层弹性释水的 Neuman 模型。这里简单地介绍考虑迟后排水的 Boulton 模型。

3.2.4.2 考虑迟后疏干的 Boulton 模型

1. 降深-时间曲线分析

Boulton 假设：①潜水含水层均质、各向同性、隔水底板水平且无限延伸；②初始自由水面水平；③完整井，井径无限小，降深 $s \ll H_0$（潜水流初始厚度），定流量抽水；④水流服从 Darcy 定律；⑤抽水时水位下降，含水层中的水不能瞬时排出，存在着迟后现象。

Boulton 分析潜水完整井抽水时的降深-时间曲线，明显地看到三个阶段：

第一个阶段：抽水早期（也许只有几分钟），降深-时间曲线与承压水完整井抽水时的 Theis 曲线一致，主要表现为潜水位下降了。但含水介质不能立即通过重力排水把其中的水排出，而只是由于压力降低引起水的瞬时释放，即弹性释水。含水层的反应和一个贮水系数小的承压含水层相似。一般来说，水流主要是水平运动。

第二个阶段：降深-时间曲线的斜率减小，明显地偏离 Theis 曲线，有的甚至出现短时间的假稳定。它反映疏干排水的作用，含水层得到了补给，使水位下降速度明显减缓。含水层的反应类似于一个受到越流补给的承压含水层。但降落漏斗仍以缓慢速度扩展着。

第三个阶段：这个阶段的降深-时间曲线又与 Theis 曲线重合。说明重力排水已跟得上水位下降，迟后疏干影响逐渐变小，可以忽略不计。抽水量来自重力排水，降落漏斗扩展速度增大。此时，给水度所起的作用相当于承压含水层的贮水系数。决定于含水层的条件，这一阶段可以从抽水后的几分钟到几天后开始。

2. 数学模型及其求解

Boulton 根据抽水过程中降深-时间曲线的特征提出了考虑迟后疏干的计算方法。考虑迟后疏干的 Boulton 模型如下：设抽水开始后的时间 τ 和 $\tau+\Delta\tau$ 之间潜水面下降了 Δs，此时含水层排出水量由以下两部分组成：

(1) 弹性释放出的水量。水位下降 Δs 时，单位面积含水层的弹性释水量为 $\mu^* \Delta s \times 1$。

(2) 迟后疏干排水量。降深为 Δs 时，单位水平面积含水层于 t 时刻 $(t>\tau)$ 排出的重力水量假设为 $\Delta s \alpha \mu e^{-\alpha(t-\tau)} \times 1$。其中，$\mu$ 为给水度；α 为一经验系数。

假设是有一定道理的，原因如下：

(1) 迟后疏干排水量 $\Delta s \alpha \mu e^{-\alpha(t-\tau)}$ 与 $t-\tau$ 的关系如图 3.2.12 所示，符合一般经验。

(2) 在 τ 时刻以后，单位水平面积含水层内降深为一个单位时，迟后重力排水的总体积为

$$\int_\tau^\infty \alpha \mu e^{-\alpha(t-\tau)} dt = \mu$$

它等于含水层的给水度。因此，在水量均衡上没有矛盾，符合实际，假设是合理的。

(3) 在 τ 和 t 区间迟后排水总量为

$$\int_\tau^t \Delta s \alpha \mu e^{-\alpha(t-\tau)} dt = \Delta s \mu [1 - e^{-\alpha(t-\tau)}]$$

由上式可了解 α 的意义。若 α 大，则 τ 到 t 时间内排出的水量大，即迟后性小；或者说，$1/\alpha$ 小，迟后性小。因此，称 $1/\alpha$ 为延迟指数。

如果只考虑贮存水的释放，不考虑迟后重力排水，并假设降深很小（$s \ll H_0$），T 值保持不变，则潜水非稳定径向运动的偏微分方程可写为

$$T\left(\frac{\partial^2 s}{\partial r^2}+\frac{1}{r}\frac{\partial s}{\partial r}\right)=\mu^*\frac{\partial s}{\partial t}$$

如果考虑迟后重力排水，则方程式的右边还要加上一项，即在 t 时刻单位水平面积含水层中单位时间内迟后重力排水的体积。这个值求解过程如下。

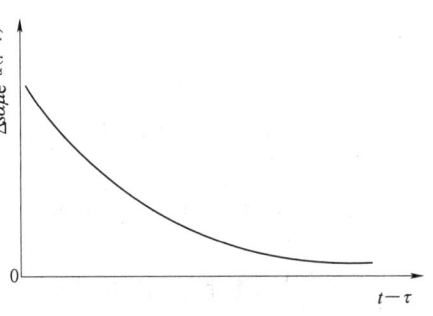

图 3.2.12 迟后疏干排水过程

将 0 到 t 这一时间段分成 n 个小时间段，$\Delta\tau_i=\tau_i-\tau_{i-1}(i=1,2,\cdots,n-1,n$，而 $\tau_0=0$），每个小时间段 $\Delta\tau_i$ 对应的降深为 $\Delta s_i(i=1,2,\cdots,n-1,n)$。

由上述假设知，在 t 时刻由 Δs_i 引起的排水量为 $\Delta s_i \alpha\mu e^{-\alpha(t-\tau_i)}$。显然，由于迟后排水，$t$ 时刻以前的每一个 Δs_i 都会排水到达 t 时刻的潜水面。在 t 时刻单位水平面积的潜水面上，单位时间接受的迟后排水总量为

$$\sum_{i=1}^n \Delta s_i \alpha\mu e^{-\alpha(t-\tau_i)}=\sum_{i=1}^n \frac{\Delta s_i}{\Delta \tau_i}\alpha\mu e^{-\alpha(t-\tau_i)}\Delta\tau_i$$

当 $n\to\infty$，$\Delta\tau_i\to 0$ 时，$\frac{\Delta s_i}{\Delta\tau_i}\to\frac{\partial s}{\partial \tau}$，则等式右边可表示为 $\int_0^t \frac{\partial s}{\partial \tau}\alpha\mu e^{-\alpha(t-\tau)}d\tau$。

因此，考虑迟后重力排水时，流向潜水完整井非稳定运动的偏微分方程为

$$T\left(\frac{\partial^2 s}{\partial r^2}+\frac{1}{r}\frac{\partial s}{\partial r}\right)=\mu^*\frac{\partial s}{\partial t}+\alpha\mu\int_0^t \frac{\partial s}{\partial \tau}e^{-\alpha(t-\tau)}d\tau \quad (3.2.55)$$

相应的定解条件为

$$s(r,0)=0 \quad (3.2.56)$$

$$s(\infty,t)=0 \quad (t>0) \quad (3.2.57)$$

$$\lim_{r\to 0}\left(r\frac{\partial s}{\partial r}\right)=-\frac{Q}{2\pi T} \quad (t>0) \quad (3.2.58)$$

Boulton 求得上述定解问题的解，对应降深-时间曲线 3 个阶段为：

抽水早期：

$$s=\frac{Q}{4\pi T}W\left(u_a,\frac{\gamma}{D}\right) \quad (3.2.59)$$

抽水中期：

$$s=\frac{Q}{2\pi T}K_0\left(\frac{r}{D}\right) \quad (3.2.60)$$

抽水晚期：

$$s=\frac{Q}{4\pi T}W\left(u_y,\frac{r}{D}\right) \quad (3.2.61)$$

其中

$$u_a = \frac{r^2 \mu^*}{4Tt} \tag{3.2.62}$$

$$u_y = \frac{r^2 \mu}{4Tt} \tag{3.2.63}$$

式中：$W\left(u_a, \dfrac{\gamma}{D}\right)$ 为无压含水层中完整井流 A 组井函数；$W\left(u_y, \dfrac{r}{D}\right)$ 为无压含水层中完整井流 B 组井函数；D 为疏干因素，$D = \sqrt{\dfrac{T}{\alpha\mu}}$；$\mu^*$ 为贮水系数；μ 为给水度；$\dfrac{1}{\alpha}$ 为延迟指数；$K_0\left(\dfrac{r}{D}\right)$ 为虚宗量第二类 Bessel 函数。

3.2.4.3 Boulton 模型的应用

在含水层水文地质参数已知的情况下，应用 Boulton 模型，根据抽水井的流量可以预测含水层不同位置的水位或降深值；同样，也可根据定流量非稳定流抽水试验资料确定含水层的水文地质参数。

1. 配线法

（1）根据表 3.2.4 在双对数纸上绘制标准曲线（图 3.2.13）。

（2）根据试验资料，在模数和标准曲线相同的透明双对数纸上，绘制 s-t 曲线。

（3）把 s-t 曲线叠置在标准曲线上，保持对应坐标轴平行，使 s-t 曲线尽可能多地与某一条 A 组曲线重合。任选一匹配点，取坐标 $[s]$、$[t]$、$\left[W\left(u_a, \dfrac{r}{D}\right)\right]$、$\left[\dfrac{1}{u_a}\right]$ 和重合曲线的 $\dfrac{r}{D}$ 值，代入有关公式计算参数：

$$T = \frac{Q}{4\pi[s]}\left[W\left(u_a, \frac{r}{D}\right)\right], \quad \mu^* = \frac{4T[t]}{r^2\left[\dfrac{1}{u_a}\right]}$$

（4）使 s-t 曲线的剩余部分尽可能地与 B 组曲线重合，$\dfrac{r}{D}$ 值不变。任选匹配点，将坐标值 s、t、$W\left(u_y, \dfrac{r}{D}\right)$、$\dfrac{1}{u_y}$ 代入有关公式计算参数：

$$T = \frac{Q}{4\pi[s]}\left[W\left(u_y, \frac{r}{D}\right)\right], \quad \mu^* = \frac{4T[t]}{r^2\left[\dfrac{1}{u_y}\right]}$$

$$\eta = \frac{\mu^* + \mu}{\mu^*}$$

$$\frac{1}{\alpha} = \frac{4t}{\left(\dfrac{r}{D}\right)^2 \left(\dfrac{1}{u_y}\right)} \tag{3.2.64}$$

把 μ 的表达式代入 D 的表达式，即可得式（3.2.64）。

（5）上述计算是在假设降深 s 与含水尽厚度 H_0 之比比较小的情况下，以 T 值不变为前提的。但实际上，T 在改变，随着含水层被疏干，厚度减小，相应的 T 值也减小。为减小这方面的误差，需用式（3.2.54）对观测降深进行校正。

3.2 地下水向完整井的非稳定运动

表 3.2.4　　$W(u_a, r/D), W(u_y, r/D)$ 数值表

$1/u_a = N \times 10^n$

r/D=0.01			r/D=0.1			r/D=0.2			r/D=0.316			r/D=0.4			r/D=0.6		
N	n	$W(u_a, \frac{r}{D})$	N	n	$W(u_a, \frac{r}{D})$	N	n	$W(u_a, \frac{r}{D})$	N	n	$W(u_a, \frac{r}{D})$	N	n	$W(u_a, \frac{r}{D})$	N	n	$W(u_a, \frac{r}{D})$
1	1	1.82	1	1	1.80	5	0	1.19	1	0	0.216	1	0	0.213	1	0	0.206
1	2	4.04	5	1	3.24	1	1	1.75	2	0	0.544	2	0	0.534	2	0	0.504
1	3	6.31	1	2	3.81	5	1	2.95	5	0	1.153	5	0	1.114	5	0	0.996
5	3	7.82	2	2	4.30	1	2	3.29	1	1	1.655	1	1	1.564	1	1	1.311
1	4	8.40	5	2	4.71	5	2	3.50	5	1	2.504	2	1	2.181	1	1	1.493
1	5	9.42	1	3	4.83	1	3	3.51	1	2	2.623	5	1	2.225	5	1	1.553
1	6	9.44	1	4	4.85				1	3	2.648	1	3	2.229	1	2	1.555

r/D=0.8			r/D=1.0			r/D=1.5			r/D=2.0			r/D=2.5			r/D=3.0		
N	n	$W(u_a, \frac{r}{D})$	N	n	$W(u_a, \frac{r}{D})$	N	n	$W(u_a, \frac{r}{D})$	N	n	$W(u_a, \frac{r}{D})$	N	n	$W(u_a, \frac{r}{D})$	N	n	$W(u_a, \frac{r}{D})$
5	−1	0.046	5	−1	0.0444	5	−1	0.0394	3.33	−1	0.0100	5	−1	0.0271	5	−1	0.0210
1	0	0.197	1	0	0.1855	1	0	0.1509	5	−1	0.0335	1	0	0.0803	1	0	0.0534
2	0	0.466	2	0	0.421	1.25	0	0.199	1	0	0.144	1.25	0	0.0961	1.25	0	0.0607
5	0	0.857	5	0	0.715	2	0	0.301	1.25	0	0.114	2	0	0.1174	2	0	0.0681
1	1	1.050	1	1	0.819	5	0	0.413	2	0	0.194	5	0	0.1247	5	0	0.0695
2	1	1.121	2	1	0.841	1	1	0.427	5	0	0.227	1	1	0.1247	1	1	0.0695
5	1	1.131	5	1	0.842	2	1	0.428	1	1	0.228						

续表

$1/u_y = N \times 10^n$

r/D=0.01			r/D=0.1			r/D=0.2			r/D=0.316			r/D=0.4			r/D=0.6		
N	n	$W\left(u_y, \dfrac{r}{D}\right)$	N	n	$W\left(u_y, \dfrac{r}{D}\right)$	N	n	$W\left(u_y, \dfrac{r}{D}\right)$	N	n	$W\left(u_y, \dfrac{r}{D}\right)$	N	n	$W\left(u_y, \dfrac{r}{D}\right)$	N	n	$W\left(u_y, \dfrac{r}{D}\right)$
4	2	9.45	4	0	4.86	4	−1	3.51	4	−1	2.66	1	−1	2.23	4.44	−1	1.586
4	3	9.54	4	1	4.95	4	0	3.54	4	0	2.74	1	0	2.26	4.22	0	1.707
4	4	10.23	4	2	5.64	2	1	3.69	4	1	3.38	5	0	2.40	4.44	0	1.844
4	5	12.31	4	3	7.72	4	1	3.85	4	2	5.42	1	1	2.55	1.67	1	2.448
4	6	14.61	4	4	10.01	1.5	2	4.55	4	3	7.72	3.75	1	3.20	4.44	1	3.255
						4	2	5.42				1	2	4.05			

r/D=0.8			r/D=1.0			r/D=1.5			r/D=2.0			r/D=2.5			r/D=3.0		
N	n	$W\left(u_y, \dfrac{r}{D}\right)$	N	n	$W\left(u_y, \dfrac{r}{D}\right)$	N	n	$W\left(u_y, \dfrac{r}{D}\right)$	N	n	$W\left(u_y, \dfrac{r}{D}\right)$	N	n	$W\left(u_y, \dfrac{r}{D}\right)$	N	n	$W\left(u_y, \dfrac{r}{D}\right)$
2.5	−2	1.133	4	−2	0.844	7.11	−2	0.444	4	−2	0.239	2.56	−2	0.1321	1.78	−2	0.0743
2.5	−1	1.158	4	−1	0.901	3.55	−1	0.509	2	−1	0.283	1.28	−1	0.1617	8.89	−2	0.0939
1.25	0	1.264	4	0	1.356	7.11	−1	0.587	4	−1	0.337	2.56	−1	0.1988	1.78	−1	0.1189
2.5	0	1.387	4	1	3.140	2.67	0	0.963	1.5	0	0.614	9.6	−1	0.3990	6.67	−1	0.2618
9.37	0	1.938				7.11	0	1.569	4	0	1.111	2.56	0	0.7977	1.78	0	0.5771
2.5	1	2.704															

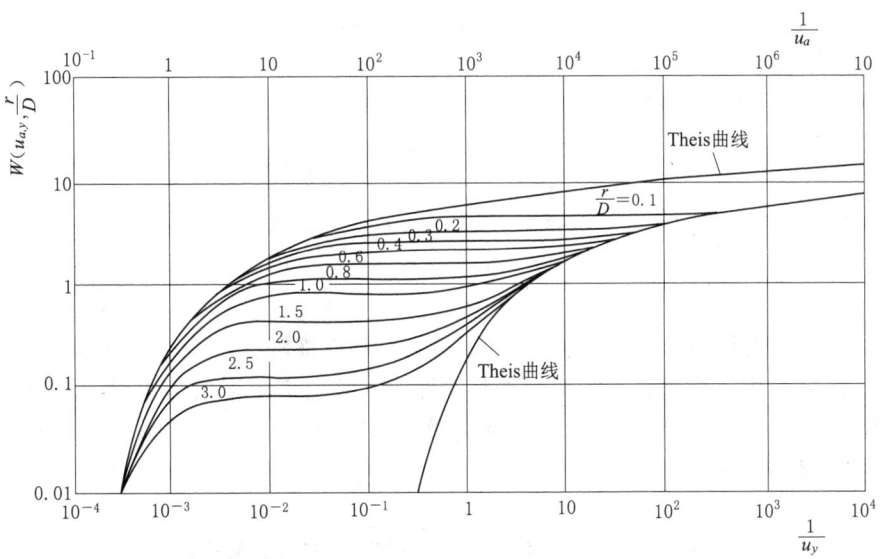

图 3.2.13 Boulton 潜水完整井流标准曲线

（6）由标准曲线图可以看出，随着 $\dfrac{1}{u_y}$ 的增加，B 组曲线逐渐向 Theis 曲线靠近，最终两者非常靠近而重合。这个使 B 组曲线变为 Theis 曲线的时间 $t_{w,t}$，是迟后重力排水对降深影响基本结束的时间。将配合点的 $\dfrac{1}{u_y}$ 值代入式（3.2.64），可得

$$\alpha t_{w,t} = \frac{1}{4}\left(\frac{r}{D}\right)^2 \frac{1}{u_y}$$

上式反映 $\dfrac{r}{D}$ 与 $\alpha t_{w,t}$ 有对应关系，故可作出 $\alpha t_{w,t}$ - $\dfrac{r}{D}$ 曲线（图 3.2.14）。然后，根据前面求得的 $\dfrac{r}{D}$，由图 3.2.15 得 $\alpha t_{w,t}$，再把 $\dfrac{1}{\alpha}$ 值代入，即可求出 $t_{w,t}$。

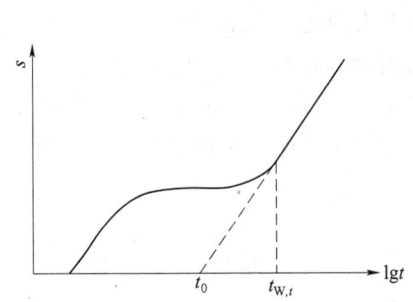

图 3.2.14 潜水完整井抽水的 s - $\lg t$ 曲线（Boulton，1973）

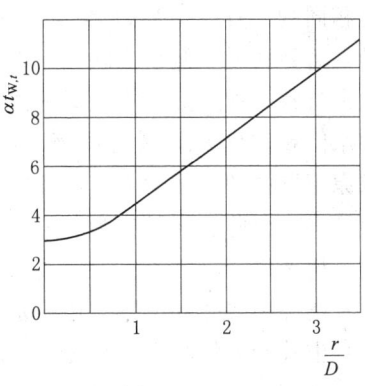

图 3.2.15 计算 $t_{w,t}$ 的关系曲线

2. 直线图解法

抽水持续足够长时间后,迟后重力排水影响消除,s-$\lg t$ 关系与无越流补给的承压完整井一样呈线性关系,故可利用直线图解法计算参数。

绘制 s-$\lg t$ 曲线,如图 3.2.14 所示。由式（3.2.5）得

$$s = \frac{2.30}{4\pi T}\lg\frac{2.25T}{r^2\mu} + \frac{2.30}{4\pi T}\lg t$$

运用和本章前面所讲述的直线图解法相同的方法,可得

$$T = \frac{2.3Q}{4\pi i}, \quad \mu = \frac{2.25Tt_0}{r^2}$$

式中:i、t_0 分别为从图 3.2.14 上读得的直线斜率和在横轴（$s=0$）上的截距。

Boulton 法考虑了潜水含水层的弹性释水性质,并引进了迟后重力排水的假设,有一经验系数 α,虽有一定道理,但其物理意义并不十分明确。因此,考虑迟后疏干的 Boulton 法仍是一种不完善的方法。

3.3 地下水向边界附近完整井的运动

在自然界中,任何含水层的分布都是有限的。当边界距抽水井较远,且抽水时间较短,在抽水过程中降落漏斗没有扩展到边界,因此边界对抽水井不发生明显影响,就可当作无限含水层来处理。但当井打在边界附近,或在长期抽水情况下,边界对水流产生明显影响时,就必须考虑边界的存在。

边界一般分为补给边界（供水边界）和隔水边界（不透水边界）两类。实际的边界常常是弯曲的、不规则的。为便于计算,常把它简化成直线或折线,并把含水层的分布范围简化成规则的几何形状。

3.3.1 镜像法原理及直线边界附近的井流

3.3.1.1 镜像法原理

如在平面镜前放一物体,镜中就有一虚像存在。物体和虚像的位置对镜子是对称的,形状是相同的。直线边界也类似一面镜子,若边界附近存在工作的真实井（称为实井）,相应地在边界的另一侧设想映出一口虚构的井（称为虚井）。这样,把边界的影响用虚井的影响来代替,把实际上有边界的渗流区化为虚构的无边界的渗流区,把求解边界附近的单井抽水问题,化为求解无限含水层中实井和虚井同时抽（注）水的问题。利用叠加原理,求原问题的解（数学上可以证明这是合理的）。这种方法叫镜像法或映射法。

为了将有界井流问题化为无界井流问题,且变化后保持原问题的边界性质不变,虚井应满足下列条件:

(1) 虚井和实井的位置对边界是对称的。

(2) 虚井的流量和实井相等。

(3) 虚井性质取决于边界性质,对于定水头补给边界,虚井性质和实井相反;如实井为抽水井,则虚井为注水井;对于隔水边界,虚井和实井性质相同,都是抽水井。

(4) 虚井的工作时间和实井相同。

3.3 地下水向边界附近完整井的运动

3.3.1.2 直线边界附近的井流

1. 稳定流

(1) 直线补给边界附近的稳定井流。先考虑承压水井。设抽水井的流量为 Q，井中心至边界的垂直距离为 a，则在边界的另一侧 $-a$ 的位置上映出一口流量为 $-Q$ 的注水井（图 3.3.1）。因为承压水的降深 s 为线性函数，故可进行叠加。

$$s = s_1 + (-s_2) = \frac{Q}{2\pi T}\ln\frac{R}{r_1} - \frac{Q}{2\pi T}\ln\frac{R}{r_2} = \frac{Q}{2\pi T}\ln\frac{r_2}{r_1} \tag{3.3.1}$$

式中：s 为边界附近任一点 $p(x,y)$ 的降深值；s_1 为由实井引起的降深；s_2 为由虚井引起的降深；r_1 为研究点至实井的距离，$r_1=\sqrt{(x-a)^2+y^2}$；r_2 为研究点至虚井的距离，$r_2=\sqrt{(x+a)^2+y^2}$。

相应的流网表示在图 3.3.1(d) 中。

对于潜水含水层，s 不是线性函数，不能进行叠加。但 $\frac{1}{2}h^2$ 是线性函数，故有

$$\Delta h^2 = H_0^2 - h^2 = \Delta h_1^2 + (-\Delta h_2^2) = \frac{Q}{\pi K}\ln\frac{R}{\gamma_1} + \frac{-Q}{\pi K}\ln\frac{R}{\gamma_2} = \frac{Q}{\pi K}\ln\frac{r_2}{r_1} \tag{3.3.2}$$

为了便于计算，把研究点移至抽水井井壁，即 $r_1=r_w$，$r_2=2a$，则得承压水：

$$Q = 2\pi\frac{KMs_w}{\ln\dfrac{2a}{r_w}} \tag{3.3.3}$$

潜水：

$$Q = \pi K\frac{(2H_0-s_w)s_w}{\ln\dfrac{2a}{r_w}} \tag{3.3.4}$$

式中：r_w 为水井半径；H_0 为承压含水层的初始水头或潜水含水层的初始厚度。

上述推导的前提是 $2a<R$，式中 R 为影响半径。否则，边界在抽水过程中不发生影响，如果仍用式 (3.3.3) 和式 (3.3.4) 计算，将会产生不合理的结果。

(2) 直线隔水边界附近的稳定井流。根据镜像法原理，在边界的另一侧映出一个流量也是 Q 的虚井（图 3.3.2）。对于承压含水层，该情况下降深等于实井和虚井的叠加。

$$s = \frac{Q}{2\pi T}\ln\frac{R}{r_1} + \frac{Q}{2\pi T}\ln\frac{R}{r_2} = \frac{Q}{2\pi T}\ln\frac{R^2}{r_1 r_2} \tag{3.3.5}$$

对于潜水含水层，有

$$H_0^2 - h^2 = \frac{Q}{\pi K}\ln\frac{R^2}{r_1 r_2} \tag{3.3.6}$$

为了便于计算，把研究点 $p(x,y)$ 移至抽水井井壁，即 $r_1=r_w$，$r_2\approx 2a$，得

承压水：

$$Q = 2\pi T\frac{s_w}{\ln\dfrac{R^2}{2ar_w}} \tag{3.3.7}$$

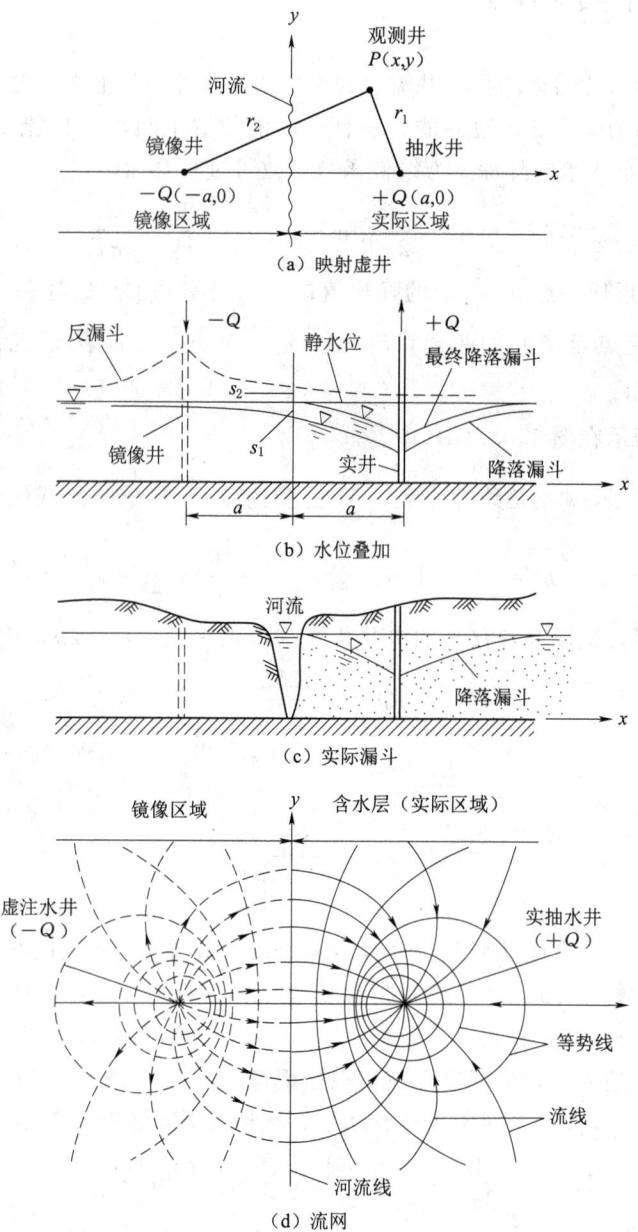

图 3.3.1 直线补给边界附近的稳定井流

潜水:

$$Q=\pi K \frac{(2H_0-s_\mathrm{W})s_\mathrm{W}}{\ln\dfrac{R^2}{2ar_\mathrm{W}}} \quad (3.3.8)$$

式中符号同前。同理,以上各式也适用于 $a<R_0/2$ 的情况。

3.3 地下水向边界附近完整井的运动

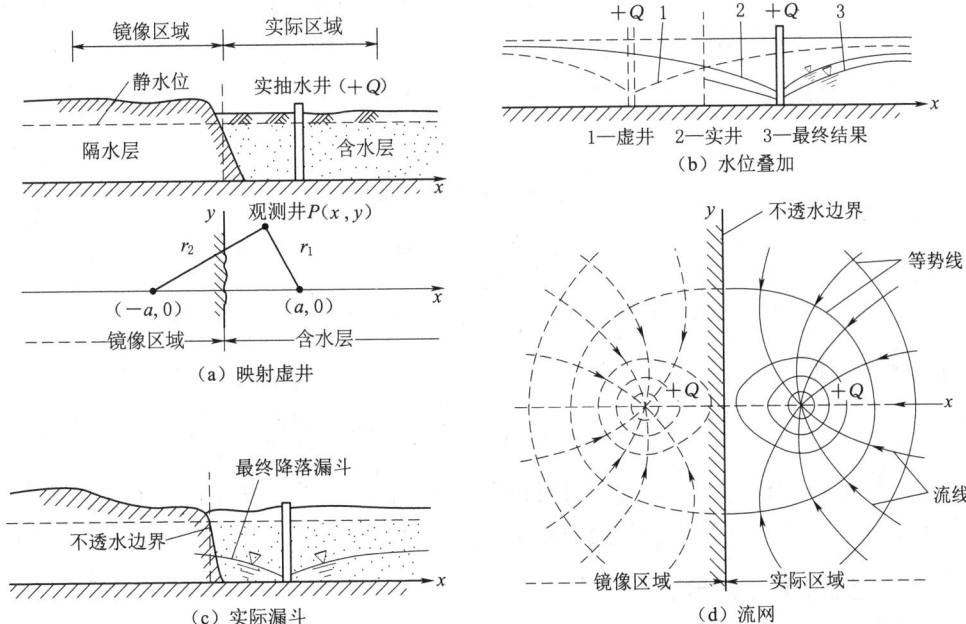

图 3.3.2 直线隔水边界附近的稳定井流

2. 非稳定流

(1) 直线补给边界附近的非稳定井流。和稳定流的情况相似,虚井是流量为 $-Q$ 的注水井,利用叠加原理,对承压水井可得

$$s = \frac{Q}{4\pi T}[W(u_1) - W(u_2)] \tag{3.3.9}$$

式中

$$u_i = \frac{r_i^2 \mu^*}{4Tt} \quad (i = 1, 2)$$

当抽水时间 t 延长到一定程度,u_1 和 u_2 均小于 0.01 时,可用 Jacob 近似公式,于是式 (3.3.9) 变为

$$s = \frac{Q}{4\pi T}\left(\ln\frac{2.25Tt}{r_1^2 \mu^*} - \ln\frac{2.25\pi t}{r_2^2 \mu^*}\right) = \frac{Q}{2\pi T}\ln\frac{r_2}{r_1} \tag{3.3.10}$$

对于潜水,当降深不大时,忽略三维流的影响,类似地可得

$$H_0^2 - h^2 = \frac{Q}{2\pi K}[W(u_1) - W(u_2)] \tag{3.3.11}$$

其中,$u_i = \frac{r_i^2 \mu}{4Tt}$ $(i=1,2)$;μ 为给水度;$T = Kh_m$ 为导水系数;h_m 为平均厚度。当 $u \leqslant 0.01$ 时有

$$H_0^2 - h^2 = \frac{Q}{\pi K}\ln\frac{r_2}{r_1} \tag{3.3.12}$$

式（3.3.10）和式（3.3.12）都没有包含时间因素 t，和稳定流公式式（3.3.1）和式（3.3.2）完全相同，表示存在补给边界时，抽水一定时间以后降深能达到稳定。

（2）直线隔水边界附近的非稳定井流。该情况下虚井是抽水井，对承压水井利用叠加原理得

$$s = \frac{Q}{4\pi T}[W(u_1) + W(u_2)] \tag{3.3.13}$$

随着抽水时间的延长，u_1 和 u_2 都变得小于 0.01 以后，式（3.3.13）变为

$$s = \frac{Q}{4\pi T}\left(\ln\frac{2.25Tt}{r_1^2\mu^*} + \ln\frac{2.25Tt}{r_2^2\mu^*}\right) = 0.366\frac{Q}{T}\lg\frac{2.25Tt}{r_1 r_2 \mu^*} \tag{3.3.14}$$

对于潜水，则有

$$H_0^2 - h^2 = \frac{Q}{2\pi K}[W(u_1) + W(u_2)] = 0.732\frac{Q}{K}\lg\frac{2.25Tt}{r_1 r_2 \mu} \tag{3.3.15}$$

由式（3.3.14）或式（3.3.15）可看出，随着 t 的增大，降深 s 也增大。因此，隔水边界附近的井流如果没有其他的补给源，不可能达到稳定。

3.3.2 扇形含水层中的井流

两个会聚边界可组成扇形含水层。对扇形含水层使用镜像法时，除了要满足上面提到的一般规则以外，还要满足下列条件：

（1）扇形含水层有两条边界，对于某一边界而言，不仅映出井的像，而且也映出另一条边界的像。这样就要连续映射，直到虚井和虚边界布满整个平面为止。

（2）水井必须是整数，所以在扇形含水层应用镜像法时，对其夹角有一定的要求，即 $360°$ 必须能被扇形的夹角 θ 所整除。当含水层中只有一口实井时，平面上的总井数为 $n = \frac{360°}{\theta}$，虚井数为 $n_{im} = \frac{360°}{\theta} - 1$。

（3）实井和虚井在平面上位置的轨迹为一个圆，圆心在扇形的顶点，半径等于从水井至扇形顶点的距离。

（4）对扇形含水层应用镜像法时，其夹角和边界性质的组合还必须满足一定的条件。如两边界都是补给边界或都是隔水边界时，则 θ 必须能整除 $180°$；如两边界一个是补给边界，另一个是隔水边界，则 θ 必须能整除 $90°$。如不能满足这个条件，应用镜像法的结果将出现矛盾。θ 为 $120°$ 时是一个特殊情况，只有当两条边界都是隔水边界，而且抽水井位于 θ 角的平分线上时，才能应用镜像法。

当然自然界中的扇形含水层不可能正好具有上述夹角。只要夹角相近，应用镜像法不至于引起很大的误差，可以用来进行近似的计算。

3.3.2.1 象限含水层（$\theta = 90°$）

象限含水层的几种情况如图 3.3.3 所示。下面分别讨论其稳定流和非稳定流的计算。

1. 稳定流计算

当两边界都是隔水边界时，三口虚井都是抽水井（图 3.3.3），边界的影响相当于含水层中有四口井同时抽水。假设影响半径 R 相当大，利用叠加原理，可得承压含水层中任一点的降深为

3.3 地下水向边界附近完整井的运动

$$s = s_1 + s_2 + s_3 + s_4 = \frac{Q}{2\pi T} \ln \frac{R_0^4}{r_1 r_2 r_3 r_4}$$

式中：r_1、r_2、r_3、r_4 为任意点至各井的距离。

如果考虑抽水井的降深，则有

$$r_1 = r_w, \quad r_2 = 2a, \quad r_3 = 2b, \quad r_4 = 2\sqrt{a^2 + b^2}$$

$$s_w = \frac{Q}{2\pi T} \ln \frac{R^4}{8 r_w ab \sqrt{a^2 + b^2}} \tag{3.3.16}$$

或

$$Q = \frac{2\pi K M s_w}{\ln \dfrac{R^4}{8 r_w ab \sqrt{a^2 + b^2}}} \tag{3.3.17}$$

类似地，对于潜水井有

$$Q = \frac{\pi K (H_0^2 - h_w^2)}{\ln \dfrac{R^4}{8 r_w ab \sqrt{a^2 + b^2}}} \tag{3.3.18}$$

当两边界都是补给边界时（图 3.3.3），井 2、井 3 为注水井，井 1、井 4 为抽水井。根据叠加原理有

$$Q = \frac{2\pi K M s_w}{\ln \dfrac{2ab}{r_w \sqrt{a^2 + b^2}}} \tag{3.3.19}$$

同理，对于潜水井有

$$Q = \frac{\pi K (H_0^2 - h_w^2)}{\ln \dfrac{2ab}{r_w \sqrt{a^2 + b^2}}} \tag{3.3.20}$$

当一个边界为补给边界，另一个边界为隔水边界时，井 1、井 3 为抽水井，井 2、井 4 为注水井（图 3.3.3）。读者可自行推导有关公式。

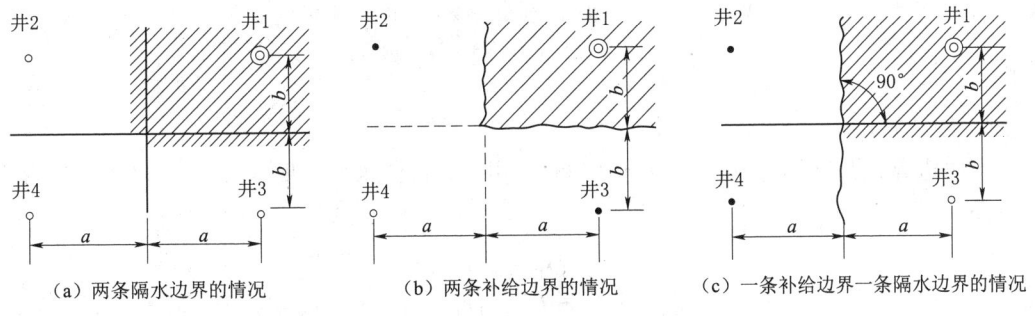

图 3.3.3 象限含水层中的镜像法

▨▨▨—隔水边界；〜〜〜—补给边界；◎—实抽水井；○—虚抽水井；●—虚注水井

2. 非稳定流计算

先考虑两条隔水边界的情况，对于承压含水层中任一点有

$$s = \frac{Q}{4\pi T}[W(u_1) + W(u_2) + W(u_3) + W(u_4)]$$

式中，$u_i = \frac{r_i^2 \mu^*}{4Tt}, i = 1, 2, 3, 4$；$W(u_i)$ 为关于 u_i 的 Theis 井流函数（表 3.2.1）。

当时间 t 足够长，使 $u_i < 0.01$ 时，利用 Jacob 近似公式可得

$$s = \frac{Q}{\pi T} \ln \frac{2.25 Tt}{\sqrt{r_1 r_2 r_3 r_4 \mu^*}} \tag{3.3.21}$$

在单对数纸上，s-$\lg t$ 直线的斜率为

$$i = \frac{2.3Q}{\pi T} = 4 \times \frac{2.3Q}{4\pi T} \tag{3.3.22}$$

表明在象限含水层的情况下，在抽水时间足够长，两隔水边界充分影响以后，单对数纸上 s-$\lg t$ 直线的斜率为无限含水层的 4 倍。两边都是补给边界或一边为补给边界，一边为隔水边界时，处理类似，读者可自行推导。

3.3.2.2 其他角度的扇形含水层

下面仅以夹角为 60°的扇形含水层为例加以说明。当抽水井位于分角线上时，虚、实井的分布如图 3.3.4 所示。

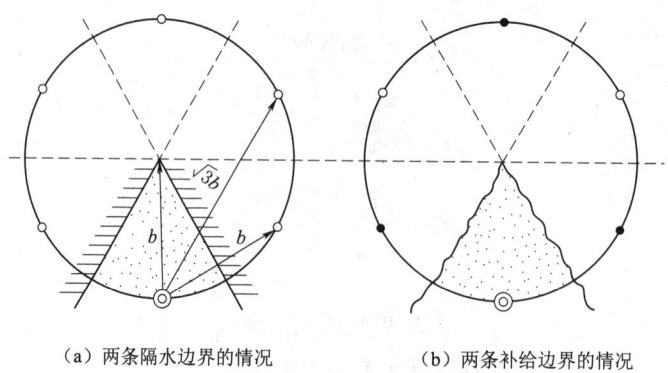

(a) 两条隔水边界的情况　　(b) 两条补给边界的情况

图 3.3.4　夹角为 60°的扇形含水层中的镜像法
◎—实抽水井；○—虚抽水井；●—虚注水井

1. 稳定流计算

当两边界都是补给边界时，应有 3 口抽水井、3 口注水井（图 3.3.4）。对于承压含水层中任一点有

$$s = \frac{Q}{2\pi T} \ln \frac{r_2 r_4 r_6}{r_1 r_3 r_5} \tag{3.3.23}$$

对抽水井有

$$Q = \frac{2\pi KM s_w}{\ln \frac{2b}{3 r_w}} \tag{3.3.24}$$

3.3 地下水向边界附近完整井的运动

对潜水井有

$$Q = \frac{\pi K(H_0^2 - h_W^2)}{\ln\dfrac{2b}{3r_W}} \tag{3.3.25}$$

2. 非稳定流计算

当两边界都是补给边界时,有

$$s = \frac{Q}{4\pi T}[W(u_1) - W(u_2) + W(u_3) - W(u_4) + W(u_5) - W(u_6)] \tag{3.3.26}$$

当抽水相当长时间以后,代入 Jacob 近似公式得

$$s = \frac{Q}{4\pi T}\ln\left(\frac{r_2 r_4 r_6}{r_1 r_3 r_5}\right)^2 = \frac{Q}{2\pi T}\ln\frac{r_2 r_4 r_6}{r_1 r_3 r_5}$$

该式表明该情况下抽水已经达到稳定。推论到一般情况,当存在补给边界时,在抽水相当长时间以后是能够达到稳定的。

3.3.3 条形含水层中的井流

两条平行边界中间的含水层为条形含水层,应用镜像法时,因为同时要映射出另一边界的像,如此重复,一共要映射无穷多次。这样,条形含水层中的一口井就变成了无穷含水层中的一个无穷井排(图 3.3.5)。

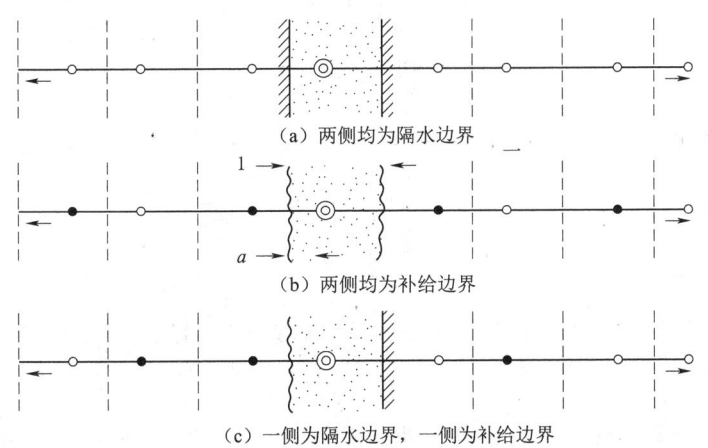

(a) 两侧均为隔水边界

(b) 两侧均为补给边界

(c) 一侧为隔水边界,一侧为补给边界

图 3.3.5 条形含水层的镜像法

▨—隔水边界; ～—补给边界; ◎—实抽水井; ○—虚抽水井; ●—虚注水井

为实用目的,一般只要映射 3～5 次就够了,然后用非稳定流或稳定流的单井计算公式,进行叠加即可。也可用下面推导的公式进行计算。

1. 稳定流

为一般化起见,设水井不位于含水层的中部,映出的水井分布如图 3.3.6 所示。应用叠加原理,可得任一点 $A(x,y)$ 的降深为

$$s = \frac{Q}{4\pi T} \ln \left[\frac{\cosh \frac{\pi y}{l} - \cos \frac{\pi(x+a)}{l}}{\cosh \frac{\pi y}{l} - \cos \frac{\pi(x-a)}{l}} \right] \qquad (3.3.27)$$

式中：l 为条形含水层的宽度，即两平行边界之间的垂直距离；a 为实井至纵轴的距离（纵轴沿边界取）。

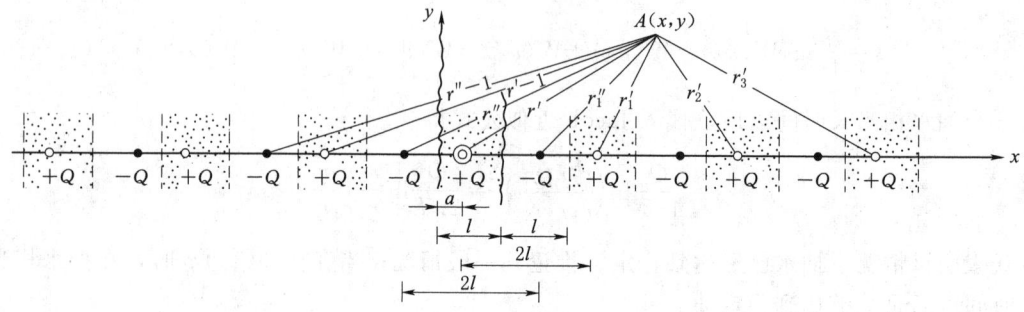

图 3.3.6　两平行补给边界附近的抽水井
◎—实抽水井；○—虚抽水井；●—虚注水井

把 A 点移到抽水井的井壁上（$x = a - r_w$；$y = 0$），经化简得

$$Q = \frac{2\pi K M s_w}{\ln\left(\frac{2l}{\pi r_w} \sin \frac{\pi a}{l}\right)} \qquad (3.3.28)$$

对于潜水含水层有

$$Q = \frac{\pi K (H_0^2 - h^2)}{\ln\left(\frac{2l}{\pi r_w} \sin \frac{\pi a}{l}\right)} \qquad (3.3.29)$$

类似地，可以导出两隔水边界情况下和一个边界为补给边界，另一边界为隔水边界时的计算公式。

当抽水井位于条形含水层的中央，即 $a = \frac{l}{2}$ 时，式 (3.3.26)、式 (3.3.27) 可以简化。当两边界均为补给边界时，对于承压水有

$$Q = \frac{2\pi K M s_w}{\ln \frac{2l}{\pi r_w}} \qquad (3.3.30)$$

2. 非稳定流

条形含水层具有两个或一个补给边界时，抽水能达到稳定，可用相应的稳定流公式进行计算。当两边都是隔水边界时，可用积分变换求得任一点的解。当抽水时间足够长时，可采用下列近似表达式：

$$s = \frac{Q}{4\pi T}\left\{\frac{4\pi}{l}\sqrt{\frac{Tt}{\mu^*}}f(\lambda) + \frac{e^{\frac{2\pi y}{l}}}{4\left[\cosh\frac{\pi y}{l} - \cos\frac{\pi(x+a)}{l}\right]\left[\cosh\frac{\pi y}{l} - \cos\frac{\pi(x-a)}{l}\right]}\right\}$$
(3.3.31)

对于抽水井井壁的降深，式 (3.3.31) 可化简为

$$s = \frac{Q}{4\pi T}\left[\frac{4\pi}{l}\sqrt{\frac{Tt}{\mu^*}}f(\lambda) + 2\ln\left(\frac{l}{2\pi r_w}\frac{1}{\sin\frac{\pi a}{l}}\right)\right] \quad (3.3.32)$$

式中，$f(\lambda) = i\operatorname{erfc}(\lambda) = \frac{e^{-\lambda^2}}{\sqrt{\pi}} - \lambda\operatorname{erfc}(\lambda)$，其数值列于图 3.3.9 的曲线图中；$\operatorname{erfc}(\lambda)$ 为 λ 的余误差函数；$\lambda = \sqrt{\frac{y^2\mu^*}{4Tt}}$。

3.4 地下水向不完整井的运动

3.4.1 地下水向不完整井运动的特点

在含水层很厚或埋藏较深的地区，由于受经济技术条件限制或因含水层部分厚度能满足需水量要求，常采用不完整井开采地下水。不完整井在供水或人工降低水位时都有应用。

按过滤器在含水层中的部位不同，不完整井可分为井底进水、井壁进水和井底、井壁同时进水 3 类（图 3.4.1）。本节主要研究前两类不完整井，并以井壁进水不完整井为重点。

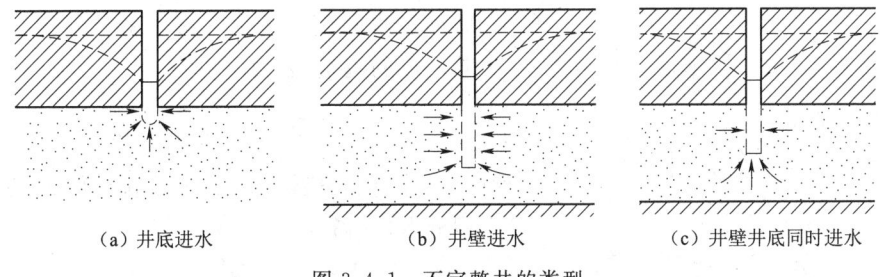

(a) 井底进水　　　　(b) 井壁进水　　　　(c) 井壁井底同时进水

图 3.4.1　不完整井的类型

地下水流向不完整井的水流形式与完整井水流形式有所不同。以承压水井为例，地下水流向完整井的水流为平面径向流，流线是对称井轴的径向直线；流向不完整井的水流，由于受井的不完整性的影响，流线在井附近有很大的弯曲，垂向分速度不可忽略，因而流向不完整井的地下水流为三维流。

通过实验发现，在含水层厚度和径向距离的比值 $r/M < 1.5 \sim 2.0$ 的区段内，流线有明显的弯曲，而且离不完整井越近，弯曲的越厉害，形成三维流区。但在 $r/M > 1.5 \sim 2.0$ 的地方，流线趋于平行层面，垂向分速度很小，由三维流逐渐过渡为平面径向流。因

此，研究地下水向不完整井的运动规律的重点应是井附近的三维流区，并往往采用分为两段的研究方法。

地下水向不完整井的另一特点是，在其他条件相同时，不完整井的流量小于完整井的流量。这是由于流线弯曲、阻力大的缘故。

设 l 为不完整井过滤器的长度，M 为含水层的厚度。试验结果表明，不完整井的流量随比值 l/M 的增大而增大，随 l/M 值的减小而减小。当 $l/M=1$ 时，变成完整井，流量达到该情况下的最大值。

研究不完整井的第 3 个特点是，必须考虑过滤器在含水层中的位置和顶、底板对水流状态的影响。如果含水层很厚，则可近似地忽略隔水底板对水流的影响，按半无限厚含水层来研究；否则，应当同时考虑顶、底板的影响，作有限含水层来处理。

3.4.2 地下水向不完整井的稳定运动

1. 井底进水的承压水不完整井

如井底刚好揭穿承压含水层的顶板，就构成井底进水的不完整井（图 3.4.2）。如含水层厚度很大，则其底板对井流的影响可以忽略不计。这时，如井底形状为半球形，则流线为径向直线，等水头面是个同心球面。在球坐标系中则为一维流。这种不完整井流可用空间汇点来求解。

在均质含水层中，如果渗流以一定强度从各个方面沿径向流向一点，并被该点吸收，则称该点为汇点。反之，渗流由一点沿径向流出，则称该点为源点。空间汇点，可以理解为直径无限小的球形过滤器，渗流沿半径方向流入球形过滤器而被吸收掉。

设离汇点距离为 ρ 的任意点 A 的降深为 s，球形过水断面面积为 $4\pi\rho^2$。按 Darcy 定律，流向汇点的流量 Q' 为

$$Q' = -K \frac{ds}{d\rho} \times 4\pi\rho^2$$

分离变量后，在 ρ 和影响半径 R 的区域内积分上式，得

$$s = \frac{Q'}{4\pi K}\left(\frac{1}{\rho} - \frac{1}{R}\right)$$

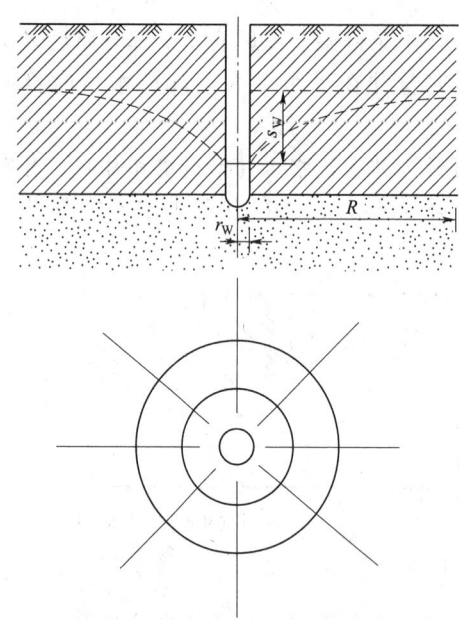

图 3.4.2 井底进水的承压水不完整井

通常，$R \gg \rho$，$\frac{1}{R}$ 很小，可以忽略不计，故有

$$s = \frac{Q'}{4\pi K}\frac{1}{\rho} \tag{3.4.1}$$

式 (3.4.1) 为空间汇点的降深表达式，即在空间汇点作用下任意点的降深。

现在回过来再研究半球形井底进水的不完整井。设想在井轴和含水层顶板交界处放一

空间汇点来代替井的作用，则空间汇点流量的一半相当于井的流量，即 $Q'=2Q$，半径为 r_w 的半球形等水头面可视为进水的井底，即令 $\rho=r_w$，$s=s_w$。将这些条件代入式 (3.3.1)，即得井底进水的承压不完整井公式：

$$Q=2\pi K r_w s_w \tag{3.4.2}$$

式中：s_w 为井中水位降深，$s_w=H_0-H_w$，H_0 为抽水前的初始水头，H_w 为抽水井中的动水位。

2. 井壁进水的承压水不完整井

井壁进水的圆柱状过滤器不是一个点，其作用不能直接用空间汇点代替。但是，可用无数个空间汇点组成的空间汇线来近似代替过滤器的作用，如图 3.4.3 所示。

假设流量 Q 沿长度为 l 的汇线均匀分布。在汇线上取一微小汇线段 $\Delta\eta_i$ 视为空间的汇点，流向该点的流量 ΔQ 可用下式来表示：

$$\Delta Q_i=\frac{Q}{z_2-z_1}\Delta\eta_i$$

在此汇点作用下，相距 ρ_1 的 A 点所产生的降深为 Δs_i，按式 (3.4.1) 有

$$\Delta s_i=\frac{\Delta Q_i}{4\pi K\rho_1}=\frac{Q}{4\pi K\rho_1(z_2-z_1)}\Delta\eta_i$$

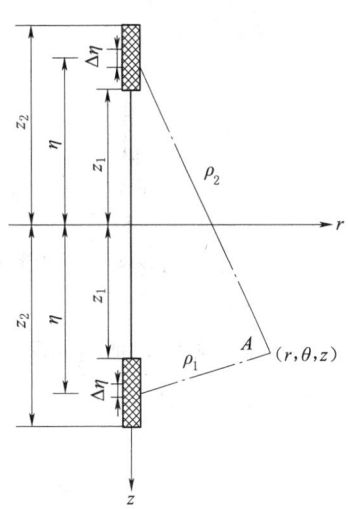

图 3.4.3 空间汇线示意图

对于隔水顶板附近的汇点，为了考虑隔水顶板对汇点的影响，可用镜像法在顶板上方的对称位置上映出一个等强度的虚汇点（图 3.4.3）。这时，A 点的降深 Δs_i 应等于实汇点和虚汇点分别产生的降深的叠加，即

$$\Delta s_i=\frac{Q}{4\pi K(z_2-z_1)}\left(\frac{1}{\rho_1}+\frac{1}{\rho_2}\right)\Delta\eta_i$$

将 ρ_1 和 ρ_2 用柱坐标表示：

$$\rho_1=\sqrt{(z-\eta)^2+r^2}, \quad \rho_2=\sqrt{(z+\eta)^2+r^2}$$

代入 Δs_i 计算式，即得距隔水边界为 η 的汇点在 A 点产生的降深：

$$\Delta s_i=\frac{Q}{4\pi K(z_2-z_1)}\left[\frac{1}{\sqrt{(z-\eta)^2+r^2}}+\frac{1}{\sqrt{(z+\eta)^2+r^2}}\right]\Delta\eta_i$$

汇线是由无数个汇点组成的。所以汇线对 A 点产生的总降深 s，显然等于上式无限次叠加的结果。由于汇点沿汇线是均匀连续分布的，故无限叠加可用沿汇线长度的积分来代替，得

$$s=\frac{Q}{4\pi K(z_2-z_1)}\lim\sum_1^n\left[\frac{1}{\sqrt{(z-\eta)^2+r^2}}+\frac{1}{\sqrt{(z+\eta)^2+r^2}}\right]\Delta\eta_i$$

$$=\frac{Q}{4\pi K(z_2-z_1)}\int_{z_1}^{z_2}\left[\frac{1}{\sqrt{(z-\eta)^2+r^2}}+\frac{1}{\sqrt{(z+\eta)^2+r^2}}\right]d\eta$$

当过滤器和隔水底板相接时（图 3.4.4），相对于汇线两端坐标 $z_1=0$，$z_2=l$，代入

上式有

$$s = \frac{Q}{4\pi Kl} \int_0^l \left[\frac{1}{\sqrt{(z-\eta)^2+r^2}} + \frac{1}{\sqrt{(z+\eta)^2+r^2}} \right] d\eta$$

$$= \frac{Q}{4\pi Kl}\left(\operatorname{arcsinh}\frac{z+l}{r} + \operatorname{arcsinh}\frac{l-z}{r}\right) \quad (3.4.3)$$

这是半无限承压含水层中流量为 Q 的与隔水顶板相接的空间汇线作用于任意点的降深。分析上式可知，它所反映的等降深面是对称于 z 轴的半旋转椭球面。如果选一与上述等降深面形状相同的半旋转椭球面作为假想过滤器，显然可用式（3.4.3）计算它的降深。如在选择假想过滤器时，使它的水头与真实井壁的动水位相等，把它同不完整井真实过滤器套在一起时，将在坐标（r_w, z_0）处相交，则由式（3.4.3）可得

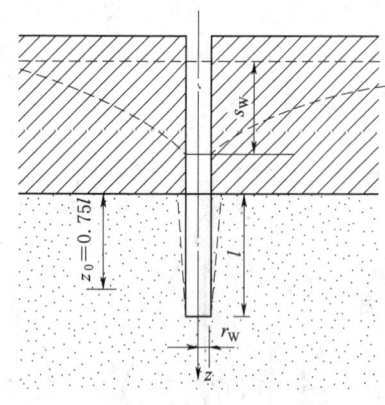

图 3.4.4 井壁进水不完整井

$$s = \frac{Q}{4\pi Kl}\left(\operatorname{arcsinh}\frac{z_0+l}{r_w} + \operatorname{arcsinh}\frac{l-z_0}{r_w}\right) \quad (3.4.4)$$

式中：s_w 为真实井壁的降深；r_w 为真实过滤器的半径；z_0 为待定坐标。

为了能用式（3.4.4）计算，还要确定 z_0 值，使计算出的流量和通过真实过滤器的流量相等。显然，z_0 值应在 $0\sim l$ 区间变化。经 в.Д. БабуШкИН 的大量实验证实，当 $z_0 = 0.75l$ 时，按式（3.4.4）计算出的流量才与真实不完整井的流量相等。将这个条件代入式（3.4.4），最后得井壁进水不完整井的流量为

$$Q = \frac{4\pi Kls_w}{\operatorname{arcsinh}\dfrac{0.25l}{r_w} + \operatorname{arcsinh}\dfrac{1.75l}{r_w}} = \frac{2\pi Kls_w}{\ln\dfrac{1.32l}{r_w}} \quad (3.4.5)$$

导出上述结果时，利用了下列关系式，即 $x \gg 1$ 时，$\operatorname{arcsinh} x = \ln(\sqrt{x^2+1}+x) \approx \ln(2x)$。因此，应用式（3.4.5）时，应满足上述假设。通常要求是 $l/r_w > 5$。

理论上导出式（3.4.5）的条件是半无限厚含水层。但在实际上，在 $l < 0.3M$ 的有限厚含水层中，当 $R \leqslant (5-8)M$ 时，仍可应用，误差只有 10%。根据假想过滤器与真实过滤器表面积相等的原则，将半椭球面换算成圆柱面后，也得到类似的公式：

$$Q = \frac{2\pi Kls_w}{\ln\dfrac{1.6l}{r_w}} \quad (3.4.6)$$

其差别是系数不同。但将 1.32 和 1.6 取对数后，数值相近，实际上不影响计算精度。

3. 井壁进水的潜水不完整井

实验研究潜水向不完整井的运动发现，流线有明显的对称弯曲。在过滤器上下两端流线的弯曲程度较大，当从两端移向过滤器中线时，流线弯曲逐渐变缓，流线与过滤器中线 $N—N$ 近似重合，流面几乎是水平面，如图 3.4.5 所示。

根据流面上水头的法向导数为零的特点，N—N 流面可视为不透水面。它把过滤器被淹没的潜水不完整井分成上下两段。上段可视为潜水不完整井，下段看成半无限厚含水层中的承压水不完整井。而潜水不完整井的流量，应等于上下两段之和。这样计算所得的上段流量偏大些，下段流量偏小些。但两段流量之和可以抵消部分误差。

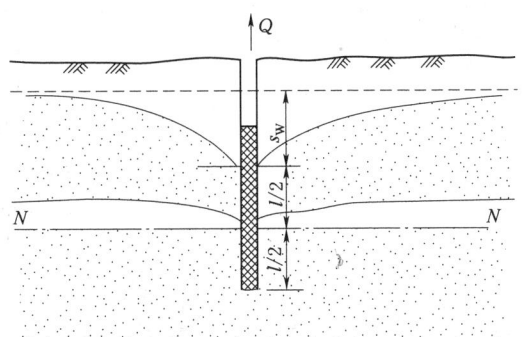

图 3.4.5　潜水不完整井

上段按潜水完整井计算，根据 Dupuit 公式有

$$Q_1 = \frac{\pi K [(s_w + 0.5l)^2 - (0.5l)^2]}{\ln \frac{R}{r_w}} = \frac{\pi K (s_w + l) s_w}{\ln \frac{R}{r_w}}$$

下段，当 $l/2 < 0.3 m_0$（m_0 为由 N—N 中线到隔水底板的距离）时，可以认为含水层厚度是无限的。按式（3.4.5）有

$$Q_2 = \frac{2\pi K (0.5l) s_w}{\ln \frac{1.32(0.5l)}{r_w}} = \frac{\pi K l s_w}{\ln \frac{0.66l}{r_w}}$$

于是，当过滤器埋藏相对较浅，$l/2 < 0.3 m_0$ 时，潜水不完整井流量为

$$Q = Q_1 + Q_2 = \pi K s_w \left[\frac{s_w + l}{\ln \frac{R}{r_w}} + \frac{l}{\ln \frac{0.66l}{r_w}} \right] \tag{3.4.7}$$

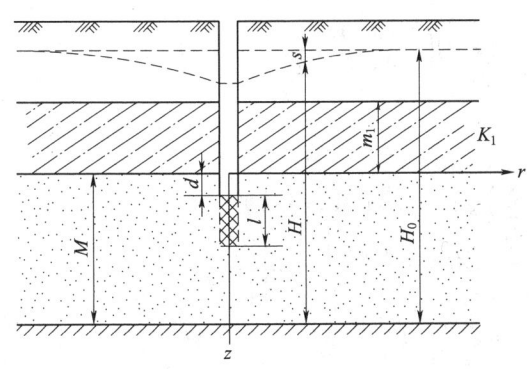

图 3.4.6　越流承压含水层中的不完整井

3.4.3　地下水向不完整井的非稳定运动

由于地下水向不完整井的非稳定运动非常复杂，这里仅给出表示该问题的基本方程。

设不完整井所在的承压含水层符合推导 Theis 公式时用的假设条件，并有上覆潜水含水层通过弱透水层发生越流补给。忽略弱透水层的弹性释水，上下含水层水头一致。柱坐标系的取法如图 3.4.6 所示。

为了研究方便，将越流补给量等效地看作是随坐标变化的含水层内的垂向补给量，这样就可把上覆透水层视为隔水层。在这些假设条件下，由式（1.4.17）可知，地下水向不完整井的运动满足下列方程：

$$\frac{\partial^2 s}{\partial r^2} + \frac{1}{r} \frac{\partial s}{\partial r} + \frac{\partial^2 s}{\partial z^2} - \frac{s}{B_2} = \frac{\mu^*}{T} \frac{\partial s}{\partial t} \tag{3.4.8}$$

相应的定解条件为

$$s(r,z,0)=0 \tag{3.4.9}$$

$$\left.\frac{\partial s}{\partial z}\right|_{z=0}=0 \tag{3.4.10}$$

$$\left.\frac{\partial s}{\partial z}\right|_{z=M}=0 \tag{3.4.11}$$

$$s(r,\infty,t)=0 \tag{3.4.12}$$

$$\lim_{r\to 0}\left(\ln\frac{\partial s}{\partial r}\right)=\begin{cases}0 & (0<z<d)\\ -\dfrac{Q}{2\pi K} & (d<z<l+d)\\ 0 & (l+d<z<M)\end{cases} \tag{3.4.13}$$

式中：B 为越流因素；l 为过滤器长度；d 为含水层顶板至过滤器顶部的距离。

Hantush 给出了上述定解问题的解。对于过滤器与顶板相接（$d=0$）的情况，Hantush 给出了以下几个解。

(1) 越流含水层中的非稳定流。

$$s(r,z,t)=\frac{Q}{4\pi T}\left\{W\left(u,\frac{r}{B}\right)+\frac{2M}{\pi l}\sum_{n=1}^{\infty}\frac{1}{n}\cos\frac{n\pi z}{M}\sin\frac{n\pi l}{M}W_n\left[u,\sqrt{\left(\frac{n\pi r}{M}\right)^2+\left(\frac{r}{B}\right)^2}\right]\right\} \tag{3.4.14}$$

式中：$u=\dfrac{r^2\mu^*}{4Tt}$；$W(u,B)=\displaystyle\int_u^{\infty}\frac{1}{y}e^{-y-\frac{r^2}{4B^2y}}dy$；$w(u,\lambda)=\displaystyle\int_u^{\infty}\frac{1}{y}e^{-y-\frac{\lambda^2}{4y}}dy$；$\lambda=\sqrt{\left(\dfrac{n\pi r}{M}\right)^2+\left(\dfrac{r}{B}\right)^2}$。

式中含有 z 值，实用时常沿过滤器长度积分，取平均值的方法消去 z，即取平均降深作为降深的近似值，则有

$$s(r,t)=\frac{Q}{4\pi T}\left[W\left(u,\frac{r}{B}\right)+\xi_a\left(u,\frac{l}{M},\frac{r}{M},\frac{r}{B}\right)\right] \tag{3.4.15}$$

其中

$$\xi_a\left(u,\frac{l}{M},\frac{r}{M},\frac{r}{B}\right)=\frac{2M^2}{\pi^2 l^2}\sum_{n=1}^{\infty}\frac{\sin^2\left(\dfrac{n\pi l}{M}\right)}{n^2}W_n(u,\lambda) \tag{3.4.16}$$

(2) 承压含水层中的非稳定流。当 $B\to\infty$，无越流补给时，由式（3.4.14）得

$$s(r,z,t)=\frac{Q}{4\pi T}\left[W(u)+\frac{2M}{\pi l}\sum_{n=1}^{\infty}\frac{1}{n}\cos\frac{n\pi z}{M}\sin\frac{n\pi l}{M}W_n\left(u,\frac{n\pi r}{M}\right)\right] \tag{3.4.17}$$

消去 z，采用平均降深，由式（3.4.15）得

$$s(r,t)=\frac{Q}{4\pi T}\left[W(u)+\xi_b\left(u,\frac{l}{M},\frac{r}{M}\right)\right] \tag{3.4.18}$$

式中

$$\xi_b\left(u,\frac{l}{M},\frac{r}{M}\right)=\frac{2M^2}{\pi^2 l^2}\sum_{n=1}^{\infty}\frac{\sin^2\left(\dfrac{n\pi l}{M}\right)}{n^2}W_n\left(u,\frac{n\pi r}{M}\right) \tag{3.4.19}$$

(3) 越流含水层中的稳定流。当抽水时间很长，趋于稳定流时，在理论上可设 $t\to$

∞，因而 $u \to 0$。这时，可有下列近似关系：

$$W\left(u, \frac{r}{B}\right) = \int_u^\infty \frac{1}{y} e^{-y - \frac{r^2 y}{4B^2}} dy \approx 2K_0\left(\frac{r}{B}\right)$$

$$W_n(u, \lambda) = W_n\left[u, \sqrt{\left(\frac{n\pi r}{M}\right)^2 + \left(\frac{r}{B}\right)^2}\right] \approx 2K_0\left[\sqrt{\left(\frac{n\pi r}{M}\right)^2 + \left(\frac{r}{B}\right)^2}\right]$$

把上述结果代入式（3.4.14），不难得出稳定流条件下的相应表达式，代入式（3.4.15），则得近似表达式。

$$s(r, t) = \frac{Q}{2\pi T}\left[K_0\left(\frac{r}{B}\right) + \xi\left(\frac{l}{M}, \frac{r}{M}, \frac{r}{B}\right)\right] \tag{3.4.20}$$

其中

$$\xi\left(\frac{l}{M}, \frac{r}{M}, \frac{r}{B}\right) = \frac{2M^2}{\pi^2 l^2} \sum_{n=1}^\infty \frac{\sin^2\left(\frac{n\pi l}{M}\right)}{n^2} K_0\left[\sqrt{\left(\frac{n\pi r}{M}\right)^2 + \left(\frac{r}{B}\right)^2}\right] \tag{3.4.21}$$

上述各式表明，在非稳定流情况下，降深也由两部分组成，前者代表相应的完整井降深，后者表示由抽水井不完整性引起的由抽水井附近流线弯曲所造成的附加降深，它是 z 的函数。其值除与井流量、导水系数有关外，还与过滤器长度 l、不完整程度 $\frac{l}{M}$ 和计算断面到抽水井的相对距离 $\frac{r}{M}$ 有关。式（3.4.16）、式（3.4.19）和式（3.4.21）所代表的附加阻力称为附加阻力系数，其值随 r 的增大而减小。如 Hantush 指出的，从实用角度看，当 $r \geqslant 1.5M$ 时，这些阻力系数可忽略不计，简化为相应的完整井公式。对于各向异性含水层，这个范围按 $r \geqslant 1.5M\sqrt{K_z/K_r}$ 确定。

当承压含水层的厚度很大时，允许忽略隔水底板的影响。当 $M \to \infty$ 时，由式（3.4.18）可导出半无限厚含水层中不完整井非稳定流的相应表达式。

当抽水时间很长，趋于稳定时，只要 $u = \frac{r^2 \mu^*}{4Tt} \leqslant 0.01$，就可利用近似关系式：

$$W(u) \approx \ln \frac{2.25 Tt}{r^2 \mu^*} = 2\ln \frac{R}{r}$$

式中，$R = \sqrt{\frac{Tt}{\mu^*}}$，即影响半径。

同时，在 t 很大，$u \to 0$ 时有

$$W_n\left(u, \frac{n\pi r}{M}\right) \approx 2K_0\left(\frac{n\pi r}{M}\right)$$

把这些关系代入式（3.4.18）、式（3.4.19），便得承压含水层中不完整井稳定流表达式：

$$s(r) = \frac{Q}{2\pi T}\left[\ln \frac{R}{r} + \xi\left(\frac{l}{M}, \frac{r}{M}\right)\right] \tag{3.4.22}$$

其中

$$\xi\left(\frac{l}{m}, \frac{r}{m}\right) = \frac{2M^2}{\pi^2 l^2} \sum_{n=1}^\infty \frac{\sin^2\left(\frac{n\pi l}{M}\right)}{n^2} K_0\left(\frac{n\pi r}{M}\right)$$

第4章 裂隙介质中的地下水运动

4.1 裂隙介质渗流基本理论

4.1.1 单个裂隙内的水流运动规律

在裂隙岩体内，由于岩块本身的渗透系数很小，可以忽略不计，因而水仅在裂隙内流动。水在裂隙内流动和在孔隙介质中流动一样，有层流和紊流之分，线性流和非线性之分。

对于水在光滑、等宽度裂隙中的线性流，根据水力坡度与黏滞力平衡的原则可得裂隙内平均流速的理论解：

$$v_f = \frac{g\delta^2}{12\nu_w} J = K_f J \tag{4.1.1}$$

式中：g 为重力加速度；J 为与裂隙平面平行的水力坡度；δ 为裂隙的宽度；ν_w 为水的运动黏度；K_f 为裂隙的渗透系数。

对比 Darcy 定律，得裂隙的渗透系数公式：

$$K_f = \frac{g\delta^2}{12\nu_w} \tag{4.1.2}$$

显然，通过光滑裂隙的单宽流量公式应为

$$q = v_f \delta = \frac{g\delta^3}{12\nu_w} J \tag{4.1.3}$$

对于粗糙和非等宽裂隙中的层流运动，可在室内做水力试验，将水力坡度和流量代入光滑裂隙的公式［式（4.1.3）］中，求出裂隙的等效平行板宽度 e，将 e 代入式（4.1.2），得粗糙和非等宽裂隙的层流渗透系数：

$$K_f = \frac{ge^2}{12\nu_w}$$

紊流时，水头损失与流速呈非线性关系，一般用下式表示：

$$v_f^m = K_f' J \tag{4.1.4}$$

式中：K_f' 为紊流时的渗透系数；m 为紊流时的非线性指数，其变化范围为 1～2。

光滑裂隙中紊流公式应为

$$q^m = v_f^m \delta^m = K_f' J \delta^m \tag{4.1.5}$$

从而得

$$\lg J = \lg \frac{1}{K_f' \delta^m} + m \lg q \tag{4.1.6}$$

通过室内水力试验可得以 $\lg J$ 与 $\lg q$ 为坐标的关系直线，所得直线的斜率为 m。已知 m 后代入式 (4.1.5) 即可求出 K'_f。

4.1.2 裂隙介质渗流及渗透系数张量

忽略岩块的渗透系数后，水虽仅在裂隙内流动，这时，裂隙介质可按连续或不连续介质来处理。当岩体的裂隙数量很少时，在查清每条裂隙的空间方位的基础上，可根据裂隙内水流的基本公式，按岩体是一不连续介质来分析其渗透问题。利用流入和流出各裂隙交叉点水量相等以及任何闭合环路上水头损失之和等于零的原则建立一代数方程组，解这方程组即可求得各裂隙交叉点的水头值。

岩体由于构造作用而形成几个裂隙组。每一裂隙组的裂隙数量往往很多，这时可把裂隙岩体假想为一连续介质，按岩体是一连续介质来分析其渗透问题。水在裂隙内的流动速度变为假想的连续地充满整个岩体的流动速度。

Ferrandon(1948) 首先提出了渗透系数张量的概念。其后，Snow(1965) 和 Pomm(1966) 提出了裂隙岩体的渗透系数张量。水流服从 Darcy 定律，裂隙介质作为连续性多孔介质时，裂隙介质内各向异性的渗透性可用渗透系数张量来描述。

裂隙介质的渗透系数张量是建立在一个裂隙内的水流运动规律的基础上的。将裂隙介质当作连续性多孔介质考虑时，亦即假定水在整个岩体内流动。水在裂隙内的流动速度转换成假想的连续地充满裂隙岩体的流动速度，即当量渗流速度。若有一组裂隙，各裂隙光滑、宽度相等，间隔相同，水力坡度与裂隙面平行，如图 4.1.1 所示，则其当量渗流速度为

$$\vec{v}_e = K_f \frac{\delta}{l} \vec{J} = \frac{g\delta^3}{12\nu_w l} \vec{J} = K_e \vec{J} \tag{4.1.7}$$

式中：$\vec{v}_e$ 为当量渗流速度；K_e 为裂隙组的当量渗透系数；l 为裂隙的间距。

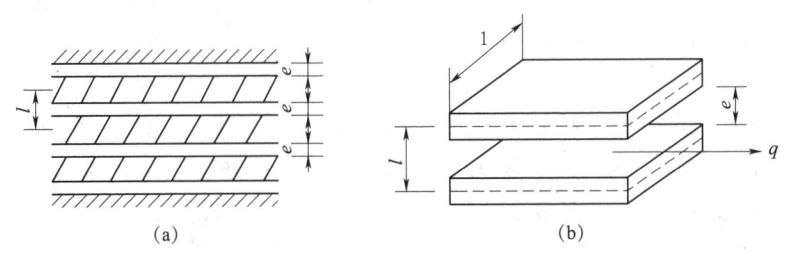

图 4.1.1 水力坡度与裂隙面平行渗透示意图

e—裂隙的开度，两个裂隙面之间的垂直距离

一般来说，渗流场的水力坡度 $\vec{J}$ 并不与裂隙面平行。由于裂隙内水流速度仅与平行于裂隙面的水力坡度 $\vec{J}_f$ 有关，因此，我们把 $\vec{J}$ 分成平行于裂隙面分矢量 $\vec{J}_f$ 与垂直于裂隙面的分矢量 $\vec{J}_n$ (图 4.1.2)，它们的关系为

$$\vec{J}_f = \vec{J} - \vec{J}_n \tag{4.1.8}$$

$\vec{J}_n$ 可用下式表示

第 4 章 裂隙介质中的地下水运动

$$\vec{J}_n = (\vec{J} \cdot \vec{n}_f)\vec{n}_f \qquad (4.1.9)$$

式中：$\vec{n}_f$ 为垂直于裂隙面的单位矢量。

在渗流场内设有直角坐标系 $oxyz$，$\vec{e}_1$、$\vec{e}_2$、$\vec{e}_3$ 分别是坐标轴上的单位矢量。假定单位矢量 $\vec{n}_f$ 与坐标轴夹角的余弦分别为 $\cos\alpha_1$、$\cos\alpha_2$、$\cos\alpha_3$，则有

$$\vec{n}_f = \cos\alpha_1 \vec{e}_1 + \cos\alpha_2 \vec{e}_2 + \cos\alpha_3 \vec{e}_3 \qquad (4.1.10)$$

而 $\vec{J}$ 在3个坐标轴上的投影定义为 J_1、J_2、J_3，则

$$\vec{J} = J_1 \vec{e}_1 + J_2 \vec{e}_2 + J_3 \vec{e}_3 \qquad (4.1.11)$$

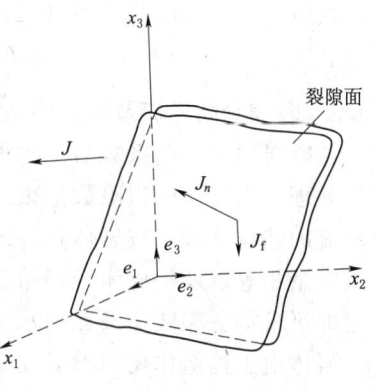

图 4.1.2 水力坡度与裂隙面不平行渗透示意图

将式（4.1.8）～式（4.1.11）代入式（4.1.7）得

$$\begin{aligned}
\vec{v}_e &= K_e \vec{J}_f = K_e(\vec{J} - \vec{J}_n) = K_e[\vec{J} - (\vec{J} \cdot \vec{n}_f)\vec{n}_f] \\
&= K_e\{[J_1(1-\cos\alpha_1\cos\alpha_1) - J_2\cos\alpha_2\cos\alpha_1 - J_3\cos\alpha_3\cos\alpha_1]\vec{e}_1 \\
&\quad + [-J_1\cos\alpha_1\cos\alpha_2 + J_2(1-\cos\alpha_2\cos\alpha_2) - J_3\cos\alpha_3\cos\alpha_2]\vec{e}_2 \\
&\quad + [-J_1\cos\alpha_1\cos\alpha_3 - J_2\cos\alpha_2\cos\alpha_3 + J_3(1-\cos\alpha_3\cos\alpha_3)]\vec{e}_3\} \qquad (4.1.12)
\end{aligned}$$

由式（4.1.12）可看出，$\vec{v}_e$ 在3个轴上的投影分别为

$$\left.\begin{aligned}
v_1 &= K_e[J_1(1-\cos\alpha_1\cos\alpha_1) - J_2\cos\alpha_2\cos\alpha_1 - J_3\cos\alpha_3\cos\alpha_1] \\
v_2 &= K_e[-J_1\cos\alpha_1\cos\alpha_2 + J_2(1-\cos\alpha_2\cos\alpha_2) - J_3\cos\alpha_3\cos\alpha_2] \\
v_3 &= K_e[-J_1\cos\alpha_1\cos\alpha_3 - J_2\cos\alpha_2\cos\alpha_3 + J_3(1-\cos\alpha_3\cos\alpha_3)]
\end{aligned}\right\} \qquad (4.1.13)$$

根据张量的定义，可知式（4.1.13）中的 $K_e(1-\cos\alpha_1\cos\alpha_1)$、$-K_e\cos\alpha_2\cos\alpha_1$、$-K_e\cos\alpha_3\cos\alpha_1$、$-K_e\cos\alpha_1\cos\alpha_2$ 等9个量即为张量，而且显然是对称张量。这里称为渗透系数张量并以 $\boldsymbol{K}$ 表示，为书写简便，式中 $\cos\alpha$ 用 α 表示，$\boldsymbol{K}$ 中的各分量用 K_{11}、K_{22} … 表示，得

$$\boldsymbol{K} = \begin{bmatrix} K_e(1-\alpha_1\alpha_1) & -K_e\alpha_2\alpha_1 & -K_e\alpha_3\alpha_1 \\ -K_e\alpha_1\alpha_2 & K_e(1-\alpha_2\alpha_2) & -K_e\alpha_3\alpha_2 \\ -K_e\alpha_1\alpha_3 & -K_e\alpha_2\alpha_3 & K_e(1-\alpha_3\alpha_3) \end{bmatrix} = \begin{bmatrix} K_{11} & K_{12} & K_{13} \\ K_{21} & K_{22} & K_{23} \\ K_{31} & K_{32} & K_{33} \end{bmatrix} \qquad (4.1.14)$$

因此，式（4.1.12）可写成

$$\vec{v}_e = \boldsymbol{K}\vec{J} \qquad (4.1.15)$$

某组裂隙面的单位矢量和坐标轴之间的夹角余弦唯一地反映了该组裂隙的走向、倾向和倾角，因此式（4.1.15）也就表示了具有一组裂隙的裂隙岩体作为多孔连续介质考虑时，渗流场内当量渗流速度 $\vec{v}_e$、水力坡度 $\vec{J}$ 和某组裂隙产状（走向、倾向、倾角）、裂隙宽度及间距之间的关系。

当裂隙岩体发育有几组不同产状的裂隙时，同理可得

$$\vec{v}_e = \sum_{i=1}^{n} \vec{v}_{ei} = \sum_{i=1}^{n} K_{ei}[\vec{J} - (\vec{J} \cdot \vec{n}_{fi})\vec{n}_{fi}]$$

$$= \begin{bmatrix} \sum_{i=1}^{n} K_{ei}(1-\alpha_{1i}\alpha_{1i}) & -\sum_{i=1}^{n} K_{ei}\alpha_{2i}\alpha_{1i} & -\sum_{i=1}^{n} K_{ei}\alpha_{3i}\alpha_{1i} \\ -\sum_{i=1}^{n} K_{ei}\alpha_{1i}\alpha_{2i} & \sum_{i=1}^{n} K_{ei}(1-\alpha_{2i}\alpha_{2i}) & -\sum_{i=1}^{n} K_{ei}\alpha_{3i}\alpha_{2i} \\ -\sum_{i=1}^{n} K_{ei}\alpha_{1i}\alpha_{3i} & -\sum_{i=1}^{n} K_{ei}\alpha_{2i}\alpha_{3i} & \sum_{i=1}^{n} K_{ei}(1-\alpha_{3i}\alpha_{3i}) \end{bmatrix} \vec{J}$$

$$= \sum_{i=1}^{n} K_{ei} \begin{bmatrix} (1-\alpha_{1i}\alpha_{1i}) & -\alpha_{2i}\alpha_{1i} & -\alpha_{3i}\alpha_{1i} \\ -\alpha_{1i}\alpha_{2i} & (1-\alpha_{2i}\alpha_{2i}) & -\alpha_{3i}\alpha_{2i} \\ -\alpha_{1i}\alpha_{3i} & -\alpha_{2i}\alpha_{3i} & (1-\alpha_{3i}\alpha_{3i}) \end{bmatrix} \vec{J}$$

$$= \sum_{i=1}^{n} \mathbf{K}_i \vec{J} = \mathbf{K}\vec{J} \qquad (4.1.16)$$

式中：i 为第 i 组裂隙的编号；n 为岩体中裂隙发育的总组数。

若取直角坐标系的 3 个轴 ox、oy、oz 分别为正北、正东和铅直向上，则裂隙面法向单位矢与坐标轴的夹角余弦和裂隙面产状：倾向 β、倾角 γ 之间有如下关系：

$$\alpha_1 = \cos\beta\sin\gamma$$
$$\alpha_2 = \sin\beta\sin\gamma$$
$$\alpha_3 = \cos\gamma$$

代入式（4.1.16）得

$$\mathbf{K} = \sum_{i=1}^{n} K_{ei} \begin{bmatrix} 1-\cos^2\beta_i\sin^2\gamma_i & -\sin\beta_i\sin^2\gamma_i\cos\beta_i & -\cos\beta_i\sin\gamma_i\cos\gamma_i \\ -\sin\beta_i\cos\beta_i\sin^2\gamma_i & 1-\sin^2\beta_i\sin^2\gamma_i & -\sin\beta_i\sin\gamma_i\cos\gamma_i \\ -\cos\beta_i\sin\gamma_i\cos\gamma_i & -\sin\beta_i\sin\gamma_i\cos\gamma_i & 1-\cos^2\gamma_i \end{bmatrix}$$

$$\qquad (4.1.17)$$

对于岩体中某组非等宽度和非等间距的裂隙，式（4.1.16）或式（4.1.17）仍然成立，只是渗透系数张量中各分量的计算方法不同而已，例如图 4.1.3 所示情况，有

$$K_{e1} = \frac{g(\delta_{11})^3}{12\nu_w L\cos\theta_1} + \frac{g(\delta_{12})^3}{12\nu_w L\cos\theta_1} + \cdots + \frac{g(\delta_{1m})^3}{12\nu_w L\cos\theta_1}$$

$$= \frac{g\sum_{i=1}^{m}(\delta_{1i})^3}{12\nu_w L\cos\theta_1} \qquad (4.1.18)$$

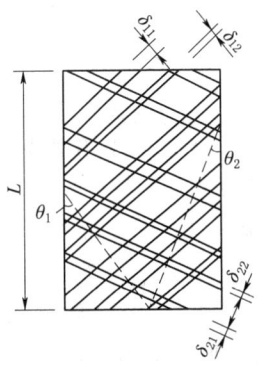

图 4.1.3 非等宽度和
非等间距的裂隙
L—参考长度；
δ_{11}、δ_{12}、δ_{21}、δ_{22}—裂隙宽度

式中：i 为第 1 组第 i 条裂隙的编号；m 为第 1 组裂隙总的个数。

由于有 n 组裂隙，故可得 K_{e1}，…，K_{en}，将以上各值代入式（4.1.16）或式（4.1.17）中，即得该岩体的渗透系数张量。

4.1.3 渗透系数张量的主轴与主渗透性

从式（4.1.16）中可看出渗透系数张量与所取坐标系有关，在不同的坐标系中，各裂隙面法向单位矢量与坐标轴的夹角余弦不同，所得渗透系数张量也不同。在实际岩体渗流

问题求解中，若能确定出渗透系数张量的主轴与主渗透性，可以改变原定解问题中水流控制方程的复杂形式，从而大大简化计算工作的难度，往往起到事半功倍的作用。

设有一直角坐标系 $oxyz$，其相应的渗透系数张量为 $\boldsymbol{K}$。因为，渗透系数张量是一对称张量，因此转动坐标系必能找到一新的直角坐标系 $ox'y'z'$，使渗透系数张量成一对角张量，亦即在新坐标系 $ox'y'z'$ 中 $\vec{J'}$ 与 $\vec{v'}$ 的关系应为

$$\vec{v'} = \boldsymbol{K'}\vec{J'} = \begin{bmatrix} K_x & 0 & 0 \\ 0 & K_y & 0 \\ 0 & 0 & K_z \end{bmatrix} \vec{J'} \tag{4.1.19}$$

式中：K_x、K_y、K_z 为渗透系数张量的 3 个主渗透系数，而新坐标系的 3 个轴称为主轴。

为了确定主渗透系数和主渗透系数的方向，由式（4.1.14），设 $\boldsymbol{K}$ 的特征方程为

$$\begin{vmatrix} K_{xx}-\lambda & K_{xy} & K_{xz} \\ K_{yx} & K_{yy}-\lambda & K_{yz} \\ K_{zx} & K_{zy} & K_{zz}-\lambda \end{vmatrix} = 0 \tag{4.1.20}$$

展开后得

$$\lambda^3 - A\lambda^2 + B\lambda - C = 0 \tag{4.1.21}$$

其中

$$A = K_{xx} + K_{yy} + K_{zz} \tag{4.1.22}$$

$$B = \begin{vmatrix} K_{xx} & K_{xy} \\ K_{yx} & K_{yy} \end{vmatrix} + \begin{vmatrix} K_{yy} & K_{yz} \\ K_{zy} & K_{zz} \end{vmatrix} + \begin{vmatrix} K_{xx} & K_{xz} \\ K_{zx} & K_{zz} \end{vmatrix} \tag{4.1.23}$$

$$C = \begin{vmatrix} K_{xx} & K_{xy} & K_{xz} \\ K_{yx} & K_{yy} & K_{yz} \\ K_{zx} & K_{zy} & K_{zz} \end{vmatrix} \tag{4.1.24}$$

令

$$\lambda = y + \frac{A}{3} \tag{4.1.25}$$

则式（4.1.21）化为如下标准形式，即

$$y^3 + py + q = 0 \tag{4.1.26}$$

其中：

$$p = B - \frac{A^2}{3}, \quad q = \frac{AB}{3} - \frac{2A^3}{27} - C$$

因为 $\boldsymbol{K}$ 为实对称正定矩阵，故式（4.1.26）有 3 个实根（当 $p<0$ 时）：

$$\left.\begin{aligned} y_1 &= 2\sqrt[3]{r}\cos\theta \\ y_2 &= 2\sqrt[3]{r}\cos\left(\theta + \frac{2}{3}\pi\right) \\ y_3 &= 2\sqrt[3]{r}\cos\left(\theta + \frac{4}{3}\pi\right) \end{aligned}\right\} \tag{4.1.27}$$

其中：

$$r = \sqrt{-\left(\frac{p}{3}\right)^3} \tag{4.1.28}$$

$$\theta = \frac{1}{3}\arccos\left(-\frac{q}{2r}\right) \tag{4.1.29}$$

故 3 个特征根为

$$\left.\begin{aligned} \lambda_1 &= \frac{A}{3} + 2\sqrt[3]{r}\cos\theta \\ \lambda_2 &= \frac{A}{3} + 2\sqrt[3]{r}\cos\left(\theta + \frac{2}{3}\pi\right) \\ \lambda_3 &= \frac{A}{3} + 2\sqrt[3]{r}\cos\left(\theta + \frac{4}{3}\pi\right) \end{aligned}\right\} \tag{4.1.30}$$

求得特征根后，接着可求出特征矢量。

设特征矢量为 $\boldsymbol{a}_1(a_{11}, a_{12}, a_{13})$、$\boldsymbol{a}_2(a_{21}, a_{22}, a_{23})$、$\boldsymbol{a}_3(a_{31}, a_{32}, a_{33})$。则对于 $\boldsymbol{a}_1$ 有

$$\left.\begin{aligned} (K_{xx} - \lambda_1)a_{11} + K_{xy}a_{12} + K_{xz}a_{13} &= 0 \\ K_{yx}a_{11} + (K_{yy} - \lambda_1)a_{12} + K_{yz}a_{13} &= 0 \\ K_{zx}a_{11} + K_{zy}a_{12} + (K_{zz} - \lambda_1)a_{13} &= 0 \\ a_{11}^2 + a_{12}^2 + a_{13}^2 &= 1 \end{aligned}\right\} \tag{4.1.31}$$

方程组（4.1.31）中的最后一式表示方向余弦平方之和等于 1。方程组（4.1.31）可化为

$$\left.\begin{aligned} (K_{xx} - \lambda_1 + K_{zx})a_{11} + (K_{xy} + K_{zy})a_{12} + (K_{xz} + K_{zz} - \lambda_1)a_{13} &= 0 \\ (K_{yx} + K_{zx})a_{11} + (K_{yy} - \lambda_1 + K_{zy})a_{12} + (K_{yz} + K_{zz} - \lambda_1)a_{13} &= 0 \\ a_{11}^2 + a_{12}^2 + a_{13}^2 &= 1 \end{aligned}\right\} \tag{4.1.32}$$

式（4.1.32）可简化成

$$\left.\begin{aligned} c_{11}a_{11} + c_{12}a_{12} + c_{13}a_{13} &= 0 \\ c_{21}a_{11} + c_{22}a_{12} + c_{23}a_{13} &= 0 \\ a_{11}^2 + a_{12}^2 + a_{13}^2 &= 1 \end{aligned}\right\} \tag{4.1.33}$$

方程组（4.1.33）的解为

$$\left.\begin{aligned} a_{11} &= \frac{r_{11}}{R} \\ a_{12} &= \frac{r_{12}}{R} \\ a_{13} &= \frac{r_{13}}{R} \end{aligned}\right\} \tag{4.1.34}$$

其中：

$$r_{11} = \begin{vmatrix} c_{12} & c_{13} \\ c_{22} & c_{23} \end{vmatrix}, \quad r_{12} = -\begin{vmatrix} c_{11} & c_{13} \\ c_{21} & c_{23} \end{vmatrix}, \quad r_{13} = \begin{vmatrix} c_{11} & c_{12} \\ c_{21} & c_{22} \end{vmatrix}$$

$$R = \sqrt{r_{11}^2 + r_{12}^2 + r_{13}^2}$$

同理，可求出 a_{21}、a_{22}、a_{23}、a_{31}、a_{32} 和 a_{33}。因此，3 个渗透主轴的大小和方向为

$$\left.\begin{array}{l}\lambda_1\boldsymbol{a}_1=\lambda_1(a_{11},a_{12},a_{13})\\ \lambda_2\boldsymbol{a}_2=\lambda_2(a_{21},a_{22},a_{23})\\ \lambda_3\boldsymbol{a}_3=\lambda_3(a_{31},a_{32},a_{33})\end{array}\right\} \quad (4.1.35)$$

3 个渗透主轴 $\boldsymbol{a}_1$、$\boldsymbol{a}_2$、$\boldsymbol{a}_3$ 的方向即为 $ox'y'z'$ 3 个新坐标轴的方向。而渗透系数张量的主值为

$$\left.\begin{array}{l}K_x=\lambda_1\\ K_y=\lambda_2\\ K_z=\lambda_3\end{array}\right\} \quad (4.1.36)$$

对于平面问题可写成

$$\vec{v}'=\boldsymbol{K}'\vec{J}'=\begin{bmatrix}K_x & 0\\ 0 & K_y\end{bmatrix}\vec{J}' \quad (4.1.37)$$

为简化问题,现以平面问题为例说明 $\boldsymbol{K}$ 与 $\boldsymbol{K}'$ 之间的关系。平面上有一任意点 M(图 4.1.4),对于旧坐标系来说,其坐标是 (x,y);对于新坐标系来说,则为 (x',y')。它们之间的关系用矩阵表示为

$$\begin{Bmatrix}x'\\ y'\end{Bmatrix}=\begin{bmatrix}\cos\alpha & \cos\beta\\ -\cos\beta & \cos\alpha\end{bmatrix}\begin{Bmatrix}x\\ y\end{Bmatrix}=\boldsymbol{Q}\begin{Bmatrix}x\\ y\end{Bmatrix} \quad (4.1.38)$$

其中

$$\boldsymbol{Q}=\begin{bmatrix}\cos\alpha & \cos\beta\\ -\cos\beta & \cos\alpha\end{bmatrix}$$

称为方向余弦的变换矩阵,其逆矩阵 $\boldsymbol{Q}^{-1}$ 和其转置矩阵 $\boldsymbol{Q}^{\mathrm{T}}$ 是相等的。

由式(4.1.38),直角坐标系由 $oxyz$ 变为 $ox'y'z'$,式(4.1.37)中的速度矢量投影在新、旧两坐标系中的关系应为

$$\begin{Bmatrix}v'_x\\ v'_y\end{Bmatrix}=\boldsymbol{Q}\begin{Bmatrix}v_x\\ v_y\end{Bmatrix} \quad (4.1.39)$$

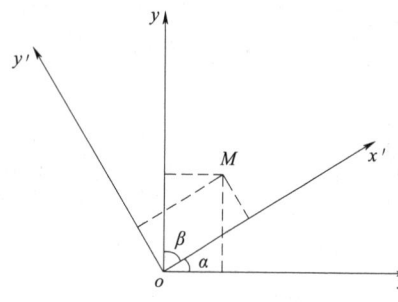

图 4.1.4 新旧坐标系变换

同理,水力坡度矢量投影在新、旧两坐标系中的关系为

$$\begin{Bmatrix}J'_x\\ J'_y\end{Bmatrix}=\boldsymbol{Q}\begin{Bmatrix}J_x\\ J_y\end{Bmatrix} \quad (4.1.40)$$

将式(4.1.39)、式(4.1.40)代入式(4.1.37),得

$$\vec{v}=\boldsymbol{Q}^{-1}\boldsymbol{K}'\boldsymbol{Q}\vec{J}=\boldsymbol{Q}^{\mathrm{T}}\boldsymbol{K}'\boldsymbol{Q}\vec{J} \quad (4.1.41)$$

因而得

$$\boldsymbol{K}=\boldsymbol{Q}^{\mathrm{T}}\boldsymbol{K}'\boldsymbol{Q} \quad (4.1.42)$$

若已知坐标系 oxy 中渗透张量的各分量,则根据式(4.1.42)可得直角坐标系转动 α 角后的主轴坐标系 $ox'y'$ 以及主渗透系数,即

$$\left.\begin{aligned}K_x &= \left(\frac{K_{xx}+K_{yy}}{2}\right) + \left(\frac{K_{xx}-K_{yy}}{2}\right)\cos2\alpha + K_{xy}\sin2\alpha \\ K_y &= \left(\frac{K_{xx}+K_{yy}}{2}\right) - \left(\frac{K_{xx}-K_{yy}}{2}\right)\cos2\alpha - K_{xy}\sin2\alpha\end{aligned}\right\} \quad (4.1.43)$$

而

$$\alpha = \frac{1}{2}\arctan\frac{2K_{xy}}{K_{xx}-K_{xy}} \quad (4.1.44)$$

同样，若主轴方向及主渗透系数 K_x 及 K_y 已知，则根据式（4.1.43）可得与主轴成 α 角坐标系中渗透系数张量各分量：

$$\left.\begin{aligned}K_{xx} &= K_x\cos2\alpha + K_y\sin2\alpha = \frac{1}{2}(K_x+K_y) + \frac{1}{2}(K_x-K_y)\cos2\alpha \\ K_{yy} &= K_x\sin2\alpha + K_y\cos2\alpha = \frac{1}{2}(K_x+K_y) - \frac{1}{2}(K_x-K_y)\cos2\alpha \\ K_{xy} &= K_{yx} = \frac{1}{2}(K_x-K_y)\sin2\alpha\end{aligned}\right\} \quad (4.1.45)$$

如有 3 个互相正交的裂隙组 [图 4.1.5(a)]，它们的交线互相垂直。取直角坐标系 $oxyz$ 与裂隙组的交线方向一致。这样，根据各裂隙组的裂隙平面法向单位矢和坐标轴之间的夹角余弦和其当量渗透系数 K_e 代入式（4.1.16），得其渗透系数张量为

$$\boldsymbol{K} = \begin{bmatrix} K_{ex}+K_{ey} & 0 & 0 \\ 0 & K_{ex}+K_{ez} & 0 \\ 0 & 0 & K_{ey}+K_{ez} \end{bmatrix} \quad (4.1.46)$$

从式（4.1.46）可看出，$K_{ex}+K_{ey}$、$K_{ex}+K_{ez}$、$K_{ey}+K_{ez}$ 也就是渗透系数张量 $\boldsymbol{K}$ 的主渗透系数，所取的直角坐标系 $oxyz$ 的方向就是主轴方向。

同理，对于两个互相正交的裂隙组的情况，按式（4.1.16）可算得其渗透系数张量为

$$\boldsymbol{K} = \begin{bmatrix} K_{ex}+K_{ey} & 0 & 0 \\ 0 & K_{ex} & 0 \\ 0 & 0 & K_{ey} \end{bmatrix} \quad (4.1.47)$$

主轴方向如图 4.1.5(b) 所示。

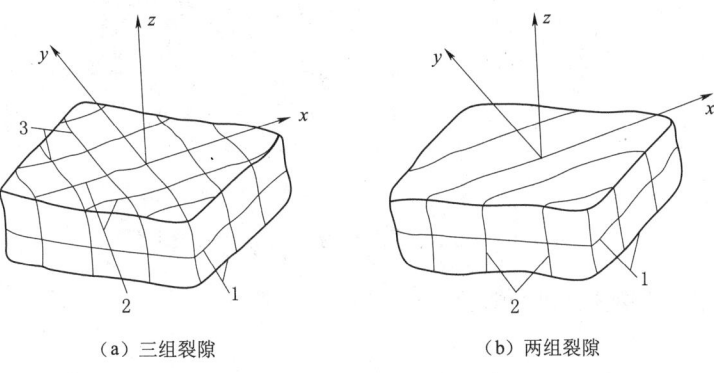

(a) 三组裂隙　　　　　　(b) 两组裂隙

图 4.1.5　正交的裂隙组示意图

若主轴方向及主渗透系数已知，且采用的直角坐标系 $oxyz$ 的 3 个轴与主轴方向一致，则渗透场内速度与水力坡度的关系可写成分量形式：

$$\left.\begin{aligned} v_x &= -K_x \frac{\partial H}{\partial x} \\ v_y &= -K_y \frac{\partial H}{\partial y} \\ v_z &= -K_z \frac{\partial H}{\partial z} \end{aligned}\right\} \quad (4.1.48)$$

式中：H 为渗流场中的水头函数。

式（4.1.48）说明，在主轴方向上的渗流速度与水力坡度的方向是一致的。若在其他方向上（与最大主轴之间的夹角为 θ），则渗流速度与水力坡度的方向不一致，设有一水力坡度 J，其相应的速度方向可通过下述方法求出。现以平面问题[图 4.1.6(a)]为例说明之。

水力坡度 $\vec{J}$ 在主轴上的分量分别为 $\vec{J}\cos\theta$、$\vec{J}\sin\theta$，因此，在主方向上产生的分速度分别为

$$v_x = K_x J \cos\theta$$

$$v_y = K_y J \sin\theta$$

在 $\vec{J}$ 方向上渗流速度分量为

$$v_J = v_x \cos\theta + v_y \sin\theta = (K_x \cos^2\theta + K_y \sin^2\theta)J$$

$$= \left(\frac{K_x+K_y}{2} + \frac{K_x-K_y}{2}\cos2\theta\right)J \quad (4.1.49)$$

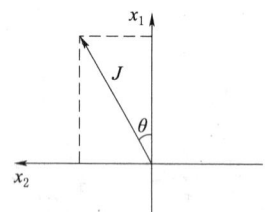 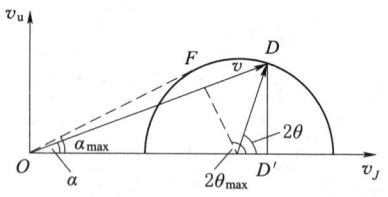

（a）水力坡度在主轴上的分量　　（b）渗流速度在水力坡度方向上的分解

图 4.1.6　各向异性渗流场中 $\vec{J}$ 与 $\vec{v}$ 的关系图

垂直于 $\vec{J}$ 方向的渗流速度分量为

$$v_u = K_x J \cos\theta\sin\theta - K_y J \sin\theta\cos\theta = \left(\frac{K_x-K_y}{2}\right)\sin2\theta J \quad (4.1.50)$$

根据式（4.1.49）及式（4.1.50）可作莫尔圆如图 4.1.6(b) 所示。图中的 $\overrightarrow{OD'}$ 即 $\overrightarrow{v_J}$，$\overrightarrow{D'D}$ 即 $\overrightarrow{v_u}$，$\overrightarrow{OD}$ 即为与所设水力坡度矢 $\vec{J}$ 相应的速度 $\vec{v}$。$\overrightarrow{OD}$ 与横坐标的夹角 α 即 $\vec{J}$ 与 $\vec{v}$ 的夹角，最大夹角为

$$\alpha_{\max} = \arcsin \frac{K_x - K_y}{K_x + K_y}$$

这时，$\vec{J}$ 与最大主方向夹角 $\theta = 45° + \dfrac{\alpha_{\max}}{2}$。显然，在 $\theta = 0$ 或 $\dfrac{\pi}{2}$ 时，$\alpha = 0$、$\vec{v} = K_x \vec{J}$ 或 $\vec{v} = K_y \vec{J}$。

以上说明，各向异性渗流场中，除主轴方向外，其他任意方向上的水力坡度与其相应的速度均不一致而有一夹角，夹角的大小取决于水力坡度的位置。当然，对于不同的主渗透系数来说，其夹角的大小也是不同的，v 值的大小应为

$$v = \frac{\left(\dfrac{K_x+K_y}{2} + \dfrac{K_x-K_y}{2}\cos 2\theta\right)J}{\cos\alpha} = \frac{\dfrac{K_x-K_y}{2}\sin 2\theta}{\sin\alpha} J = K_v J \quad (4.1.51)$$

式中：K_v 为 $\vec{v}$ 方向的渗透系数。

对于紊流状态的水流，Louis(1970,1974) 与 Wittke(1972) 等人经过大量的实验和计算研究后指出，"在裂隙中会遇到紊流，但实际上可以不考虑这种紊流状态而仍按层流问题处理。这样，使计算显著简化而带来的却只有一个可以忽略的误差""在裂隙介质中的紊流仅改变了流量值，对于压力分布没有明显的影响"。因而可以方便地按水流服从 Darcy 定律的情况，求出整个渗流场的压力分布。

4.2 裂隙地下水井流运动

4.2.1 轴向各向异性井流

假定在各向异性含水层中有一完整井，且满足 Theis 假定。若取水平坐标轴方向与主渗透系数方向一致，则岩体地下水运动方程为

$$\frac{\partial}{\partial x}\left(K_x M \frac{\partial s}{\partial x}\right) + \frac{\partial}{\partial y}\left(K_y M \frac{\partial s}{\partial y}\right) = \mu^* \frac{\partial s}{\partial t} \quad (t>0) \quad (4.2.1)$$

对式（4.2.1）作变换：

$$x' = \frac{x}{\sqrt{K_x}}, \quad y' = \frac{y}{\sqrt{K_y}} \quad (4.2.2)$$

则在 $x'-y'$ 坐标中，有

$$\frac{\partial^2 s}{\partial x'^2} + \frac{\partial^2 s}{\partial y'^2} = \frac{\mu^*}{M}\frac{\partial s}{\partial t} \quad (4.2.3)$$

因为井流问题在 $x'-y'$ 坐标中是轴对称的，用柱坐标表示地下水运动的数学模型为

$$\left.\begin{aligned}&\frac{\partial^2 s}{\partial r^2}+\frac{1}{r}\frac{\partial s}{\partial r}=\frac{\mu^*}{M}\frac{\partial s}{\partial t}\\&s(r,0)=0\quad(0<r<\infty)\\&s(\infty,t)=0\\&\frac{\partial s}{\partial r}\bigg|_{r\to\infty}=0\\&\lim_{r\to\infty}\left(r\frac{\partial s}{\partial r}\right)=-\frac{Q}{2\pi M\sqrt{K_x K_y}}\\&r=\sqrt{x'^2+y'^2}\end{aligned}\right\} \quad (4.2.4)$$

式中：s 为含水层任一点地下水的降深；K_x、K_y 为主渗透系数，与 x、y 轴方向一致；Q 为抽水井的流量；M 为含水层厚度；μ^* 为贮水系数；r 为以井轴为圆心的径向距离。

根据 Theis 解可得

$$\begin{aligned}s&=\frac{Q}{4\pi M\sqrt{K_x K_y}}\left[-0.577216-\ln u+u-\sum_{n=2}^{\infty}(-1)^n\frac{u^n}{n\cdot n!}\right]\\&\approx\frac{Q}{4\pi M\sqrt{K_x K_y}}\ln\frac{2.25Mt}{\left(\dfrac{x^2}{K_x}+\dfrac{y^2}{K_y}\right)\mu^*}\end{aligned} \quad (4.2.5)$$

4.2.2 非轴向各向异性井流

假定在各向异性含水层中，有一完整井，且满足 Theis 假定。在一般情况下，人们是无法预知渗透主方向的。当坐标系 xoy 顺时针旋转变换 θ 角，得与主渗透系数方向一致的新坐标系：

$$\left.\begin{aligned}x'&=x\cos\theta-y\sin\theta\\y'&=x\sin\theta+y\cos\theta\end{aligned}\right\} \quad (4.2.6)$$

这样，在新坐标系 $x'oy'$ 中有

$$\frac{\partial}{\partial x'}\left(K_x\frac{\partial s}{\partial x'}\right)+\frac{\partial}{\partial y'}\left(K_y\frac{\partial s}{\partial y'}\right)=\frac{\mu^*}{M}\frac{\partial s}{\partial t} \quad (4.2.7)$$

类似于式（4.2.2）作变换：

$$\left.\begin{aligned}x''&=\frac{x'}{\sqrt{K_x}}=\frac{x\cos\theta-y\sin\theta}{\sqrt{K_x}}\\y''&=\frac{y'}{\sqrt{K_y}}=\frac{x\sin\theta+y\cos\theta}{\sqrt{K_y}}\end{aligned}\right\} \quad (4.2.8)$$

则有

$$\frac{\partial^2 s}{\partial x''^2}+\frac{\partial^2 s}{\partial y''^2}=\frac{\mu^*}{M}\frac{\partial s}{\partial t} \quad (4.2.9)$$

在柱坐标下的数学模型为

$$\left.\begin{aligned}&\frac{\partial^2 s}{\partial r^2}+\frac{1}{r}\frac{\partial s}{\partial r}=\frac{\mu^*}{M}\frac{\partial s}{\partial t}\\&s(r,0)=0 \quad (0<r<\infty)\\&s(\infty,t)=0\\&\frac{\partial s}{\partial r}\bigg|_{r\to\infty}=0\\&\lim_{r\to\infty}\left(r\frac{\partial s}{\partial r}\right)=-\frac{Q}{2\pi M\sqrt{K_x K_y}}\\&r=\sqrt{x'^2+y'^2}=\sqrt{\frac{(x\cos\theta-y\sin\theta)^2}{K_x}+\frac{(x\sin\theta+y\cos\theta)^2}{K_y}}\end{aligned}\right\} \quad (4.2.10)$$

上述定解问题的近似解为

$$s=\frac{Q}{4\pi M\sqrt{K_x K_y}}\ln\frac{2.25Mt}{\left[\frac{(x\cos\theta-y\sin\theta)^2}{K_x}+\frac{(x\sin\theta+y\cos\theta)^2}{K_y}\right]\mu^*} \quad (4.2.11)$$

4.2.3 考虑越流的各向异性井流

Way(1982)提出了考虑越流的非完整井各向异性井流问题模型和通过现场抽水试验确定径向各向异性渗透系数主值（K_r、K_z 和 K_x、K_y）的计算方法。对于如图 4.2.1 所示的水文地质模型，含水层地下水运动方程为

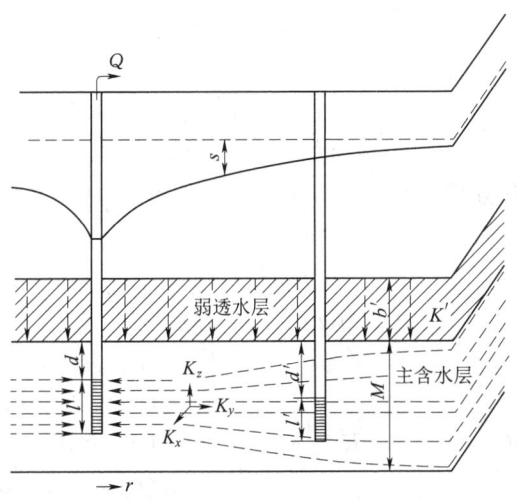

图 4.2.1 径向各向异性含水层

$$\mu_s\frac{\partial s}{\partial t}=K_{xx}\frac{\partial^2 s}{\partial X^2}+2K_{xy}\frac{\partial^2 s}{\partial X\partial Y}+K_{yy}\frac{\partial^2 s}{\partial Y^2}+K_{zz}\frac{\partial^2 s}{\partial Z^2}-\frac{K'}{b'}\frac{s}{M} \quad (4.2.12)$$

式中：K_{xx}、K_{yy}、K_{xy} 为主含水层渗透系数张量的 3 个独立分量；μ_s 为主含水层的贮水率；K' 为弱透水层的渗透系数；b' 为弱透水层的厚度。

这里假定主渗透系数 K_{zz} 与垂直坐标轴一致。式（4.2.12）可写成

$$\mu_s\frac{\partial s}{\partial t}=T_{xx}\frac{\partial^2 s}{\partial X^2}+2T_{xy}\frac{\partial^2 s}{\partial X\partial Y}+T_{yy}\frac{\partial^2 s}{\partial Y^2}+T_{zz}\frac{\partial^2 s}{\partial Z^2}-\frac{K'}{b'}s \quad (4.2.13)$$

在此

$$T_{zz}=K_{zz}M, \quad \mu^{*}=\mu_{s}M \tag{4.2.14}$$

令

$$r=\frac{1}{T_{r}^{1/2}}(T_{xx}Y^{2}+T_{yy}X^{2}-2T_{xy}XY)^{1/2} \tag{4.2.15}$$

$$T_{r}=(T_{xx}T_{yy}-T_{xy}^{2})^{1/2}=(T_{x}T_{y})^{1/2} \tag{4.2.16}$$

则有

$$\mu^{*}\frac{\partial s}{\partial t}=T_{r}\left(\frac{\partial^{2}s}{\partial r^{2}}+\frac{1}{r}\frac{\partial s}{\partial r}\right)+T_{zz}\frac{\partial^{2}s}{\partial Z^{2}}-\frac{K'}{b'}s \tag{4.2.17}$$

$$\frac{1}{v}\frac{\partial s}{\partial t}=\frac{\partial^{2}s}{\partial r^{2}}+\frac{1}{r}\frac{\partial s}{\partial r}+\frac{T_{zz}}{T_{r}}\frac{\partial^{2}s}{\partial Z^{2}}-\frac{K'}{b'}\frac{s}{T_{r}} \tag{4.2.18}$$

这里

$$v=T_{r}/\mu^{*} \tag{4.2.19}$$

考虑

$$B_{r}^{2}=T_{r}/(K'/b') \tag{4.2.20}$$

$$Z=Z'(T_{zz}/T_{r})^{1/2}=Z'(K_{zz}/K_{r})^{1/2}=Z'(k_{zz}/k_{r})^{1/2}=\alpha Z' \tag{4.2.21}$$

$$K_{r}=(K_{xx}K_{yy}-K_{xy}^{2})^{1/2}=(K_{x}K_{y})^{1/2} \tag{4.2.22}$$

$$K_{r}=(K_{x}K_{y})^{1/2} \tag{4.2.23}$$

$$\alpha=(K_{zz}/K_{r})^{1/2} \tag{4.2.24}$$

由式（4.2.18）得

$$\frac{1}{v}\frac{\partial s}{\partial t}=\frac{\partial^{2}s}{\partial r^{2}}+\frac{1}{r}\frac{\partial s}{\partial r}+\frac{\partial^{2}s}{\partial Z'^{2}}-\frac{s}{B_{r}^{2}} \tag{4.2.25}$$

结合图 4.2.1，对应控制方程（4.2.25）的定解条件为

$$s(r,Z,0)=0 \tag{4.2.26}$$

$$s(\infty,Z,t)=0 \tag{4.2.27}$$

$$\frac{\partial s(r,0,t)}{\partial Z}=\frac{\partial s(r,M,t)}{\partial Z}=0 \tag{4.2.28}$$

$$\lim_{r\to 0}\left\{(l-d)\times 2\pi rK_{r}\frac{\partial s}{\partial r}\right\}=\begin{cases}0 & (0<Z'<d/\alpha)\\ -Q & (d/\alpha<Z'<l/\alpha)\\ 0 & (l/\alpha<Z'<M/\alpha)\end{cases} \tag{4.2.29}$$

对于数学模型式（4.2.25）～式（4.2.29），Hantush(1964) 求得其解为

$$s=\frac{Q}{4\pi T_{r}}\left\{W(u_{xy},r/B_{r})+\frac{2M}{\pi(l-d)}\sum_{n=1}^{\infty}R_{n}W[u_{xy},\sqrt{(r/B_{r})^{2}+(n\pi\alpha r/M)^{2}}]\right\}$$

$$\tag{4.2.30}$$

在此：

$$R_{n}=\frac{1}{n}[\sin(n\pi l/M)-\sin(n\pi d/M)]\cos(n\pi Z/M) \tag{4.2.31}$$

由式（4.2.30）得观测井的平均降深为

$$s = \frac{Q}{4\pi T_r} P(u_{xy}, r/B_r) \tag{4.2.32}$$

其中

$$P(u_{xy}, r/B_r) = W(u_{xy}, r/B_r) + \frac{2M}{\pi(l-d)} \sum_{n=1}^{\infty} R'_n W\left[u_{xy}, \sqrt{(r/B_r)^2 + (n\pi\alpha r/M)^2}\right] \tag{4.2.33}$$

$$R'_n = \frac{M}{(l'-d')n^2\pi} [\sin(n\pi l/M) - \sin(n\pi d/M)][\sin(n\pi l'/M) - \sin(n\pi d'/M)] \tag{4.2.34}$$

4.3 渗透系数张量的确定

根据求解问题的对象不同,一般将求解问题式(4.2.4)、式(4.2.10)或式(4.2.30)分为两类:一类是已知含水层的参数,求地下水的水位或流量,称为正问题;另一类是已知水位或流量求参数,称为反问题。对于依据已知的水位、流量资料,确定裂隙介质渗透系数张量,属于典型的参数求解反问题。下面介绍依据定流量非稳定流抽水试验资料,基于式(4.2.5)或式(4.2.11)用图解结合优化的方法确定裂隙介质渗透系数张量。

4.3.1 轴向各向异性渗透系数张量的确定

当有两口观测井在不同时刻的降深资料时,将式(4.2.5)改写成

$$s = \frac{Q}{4\pi M \sqrt{K_x K_y}} \ln t + \frac{Q}{4\pi M \sqrt{K_x K_y}} \ln \frac{2.25M}{\left(\frac{x^2}{K_x} + \frac{y^2}{K_y}\right)\mu^*} \tag{4.3.1}$$

表明 s 和 $\ln t$ 呈线性关系。对任一观测井,由直线的斜率 i 可以得到

$$K = \sqrt{K_x K_y} = \frac{Q}{4\pi M i} \tag{4.3.2}$$

设1号观测井井位为 (x_1, y_1),且 $s - \ln t$ 直线在零降深上的截距为 $[t_1]$,则由式(4.2.5)得

$$\frac{2.25M[t_1]}{\left(\frac{x_1^2}{K_x} + \frac{y_1^2}{K_y}\right)\mu^*} = 1$$

即

$$2.25M[t_1] = \left(\frac{x_1^2}{K_x} + \frac{y_1^2}{K_y}\right)\mu^* \tag{4.3.3}$$

同样,对于2号井有

$$2.25M[t_2] = \left(\frac{x_2^2}{K_x} + \frac{y_2^2}{K_y}\right)\mu^* \tag{4.3.4}$$

以上两式相比,整理得

第 4 章 裂隙介质中的地下水运动

$$\frac{K_x}{K_y} = \frac{x_1^2[t_2] - x_2^2[t_1]}{y_2^2[t_1] - y_1^2[t_2]} \tag{4.3.5}$$

则

$$K_x = \sqrt{\alpha} K, \quad K_y = \frac{1}{\sqrt{\alpha}} K \tag{4.3.6}$$

4.3.2 非轴向各向异性渗透系数张量的确定

当有三口观测井在不同时刻的降深资料时，将式 (4.3.1) 改写成

$$s = \frac{Q}{4\pi M \sqrt{K_x K_y}} \ln t + \frac{Q}{4\pi M \sqrt{K_x K_y}} \ln \frac{2.25M}{\left[\frac{(x\cos\theta - y\sin\theta)^2}{K_x} + \frac{(x\sin\theta + y\cos\theta)^2}{K_y}\right]\mu^*} \tag{4.3.7}$$

则表明，s 和 $\ln t$ 呈线性关系。对任一观测井由直线的斜率 i，可以得

$$K = \sqrt{K_x K_y} = \frac{Q}{4\pi M i} \tag{4.3.8}$$

设第 $k(k=1,2,3)$ 个观测井的井位为 (x_k, y_k)，且对应 s-$\ln t$ 直线在零降深上的截距为 $[t_k]$，则由式 (4.3.1) 得

$$\left.\begin{array}{l}\left[\dfrac{(x_1\cos\theta - y_1\sin\theta)^2}{K_x} + \dfrac{(x_1\sin\theta + y_1\cos\theta)^2}{K_y}\right]\mu^* = 2.25M[t_1] \\[2mm] \left[\dfrac{(x_2\cos\theta - y_2\sin\theta)^2}{K_x} + \dfrac{(x_2\sin\theta + y_2\cos\theta)^2}{K_y}\right]\mu^* = 2.25M[t_2] \\[2mm] \left[\dfrac{(x_3\cos\theta - y_3\sin\theta)^2}{K_x} + \dfrac{(x_3\sin\theta + y_3\cos\theta)^2}{K_y}\right]\mu^* = 2.25M[t_3]\end{array}\right\} \tag{4.3.9}$$

上述三式相比，得

$$[K_y(x_1\cos\theta - y_1\sin\theta)^2 + K_x(x_1\sin\theta + y_1\cos\theta)^2][t_2]$$
$$= [K_y(x_2\cos\theta - y_2\sin\theta)^2 + K_x(x_2\sin\theta + y_2\cos\theta)^2][t_1]$$
$$[K_y(x_1\cos\theta - y_1\sin\theta)^2 + K_x(x_1\sin\theta + y_1\cos\theta)^2][t_3]$$
$$= [K_y(x_3\cos\theta - y_3\sin\theta)^2 + K_x(x_3\sin\theta + y_3\cos\theta)^2][t_1]$$

令

$$P_{yk} = (x_k\sin\theta + y_k\cos\theta)^2, \quad P_{xk} = (x_k\cos\theta - y_k\sin\theta)^2$$

代入上两式，经适当整理后得

$$\frac{[t_3]P_{y1} - [t_1]P_{y3}}{[t_2]P_{y1} - [t_1]P_{y2}} = \frac{[t_1]P_{x3} - [t_3]P_{x1}}{[t_1]P_{x2} - [t_2]P_{x1}}$$

即

$$[t_1]^2(P_{y2}P_{x3} - P_{y3}P_{x2}) + [t_1][t_2](P_{y3}P_{x1} - P_{y1}P_{x3})$$
$$+ [t_1][t_3](P_{y1}P_{x2} - P_{y2}P_{x1}) = 0 \tag{4.3.10}$$

设

$$f(\theta) = [t_1]^2(P_{y2}P_{x3} - P_{y3}P_{x2}) + [t_1][t_2](P_{y3}P_{x1} - P_{y1}P_{x3})$$
$$+ [t_1][t_3](P_{y1}P_{x2} - P_{y2}P_{x1}) \tag{4.3.11}$$

对于式（4.3.11），很难直接由显式求出 θ 角。为此可以用优化的方法，设
$$F(\theta)=[f(\theta)]^2\geqslant 0 \tag{4.3.12}$$
当 $\theta=\theta^*$（精确解）时，$F(\theta)$取得极小值（0）。即求目标函数
$$E(\theta)=\min F(\theta) \quad (A_0\leqslant\theta\leqslant B_0) \tag{4.3.13}$$
的最优解。A_0 和 B_0 为 θ 角变化的范围，在此不妨设为 0°和 90°。对于优化问题式（4.3.13）可以选用黄金分割法求解。当求出 θ 值后，所有其他参数 K_x、K_y、μ^* 都可据式（4.3.8）和式（4.3.9）求得。由此依据式（4.1.45）可以得到 K_{xx}、K_{xy}、K_{yx} 和 K_{yy} 值。

第5章 非饱和带水的运动理论

5.1 基本概念

水在非饱和带的运动一般为多相流。此时在多孔介质的空隙中不仅有液相的水的运动，而且有气相的空气的运动。因而比饱和带水分运动复杂。研究该非饱和带地下水运动问题有重要意义。例如，当进行水资源评价时，必须研究大气降水、地表水和地下水的相互转化，非饱和带的水分运动是上述转化中的一个重要环节。又如研究地下水污染问题时，要考虑污水入渗以及地表污染物（如固体废料堆、化肥、农药中的污染物等）随入渗的水进入地下，造成地下水污染的可能性，因此必须研究非饱和带水分运动，才能获得污染物在非饱和带中运移的规律。

5.1.1 几个参数

1. 含水率

含水率 θ 指单位体积含水介质中水分所占的体积：

$$\theta = \frac{V_w}{V} \tag{5.1.1}$$

式中：θ 为含水率；V 为含水介质的总体积；V_w 为含水介质中水分所占的体积。

介质中某一点的含水率则用典型单元体（representative elementary volume，REV）的含水率来定义，此时式（5.1.1）中的 V_w 代表 REV 中水所占的体积，V 为 REV 的体积。

含水率为体积比，和土工试验时用重量比表示的含水率 ω 不同。θ 和 ω 的关系为：$\theta = \omega \gamma_d$，γ_d 为土的干重度。含水率 θ 为一无量纲参数，其值大于0小于等于孔隙度 n。

2. 饱和度

饱和度 S_w 表示含水介质被水所充满的程度，定义为介质空隙空间中被水占据部分所占的比例：

$$S_w = \frac{V_w}{V_p} \tag{5.1.2}$$

式中：V_p 为含水介质中空隙所占的体积。

某一点的饱和度同样可用典型单元体的饱和度来定义。

饱和度是一个无量纲参数而且其值不能大于1。饱和度 S_w 和含水率 θ 之间存在如下关系：

$$\theta = \frac{V_w}{V} = \frac{V_w}{V_p}\frac{V_p}{V} = S_w n \tag{5.1.3}$$

3. 田间持水量

田间持水量 θ_{w0} 指在地下水埋深较大和排水良好条件下,在一次降雨或过量灌溉以后,允许水分充分下渗,并防止蒸发,当重力排水作用已经终止时,单位体积土体中所保持的水的体积。田间土壤有一个最大的持水能力,这个指标统称为田间持水量,其值为 25% 左右。

4. 非饱和带给水度

给水度 μ 的定义为:当地下水位降低一个单位时,从地面向下延伸到地下水面的单位面积土柱中所排出的水的体积。由于重力排水的迟后作用,地下水位下降后不是立即排净,而是逐渐地排出。不同时间排出的水的体积是不同的,所以给水度 μ 是排水时间 t 的函数。某一时刻的给水度称为瞬时给水度 μ_t。而排水结束时的给水度称为完全给水度或最终给水度 μ。作为岩层参数的给水度指的是完全给水度。

同样,给水度也是潜水面埋藏深度的函数。当潜水面距地表近时,毛管水带到达地表,潜水位下降一个单位后,水不能充分排出,得到的给水度偏小。潜水面越接近地表其给水度越小。对于均质土,当潜水面的埋深很大时,其给水度才接近一个固定值。

5. 自由空隙度

重力排水终止后保留在土中的水通常以薄膜水的形式和在土颗粒接触点附近以孤立的悬挂水形式存在。空隙度减去田间持水量,即为自由空隙度,或称排水时的有效空隙度。自由空隙度的数值一般和给水度是相等的。

5.1.2 土水势

非饱和带的水具有动能和势能,并且由能量高处向能量低处运移,最后达到平衡。由于水在非饱和带中的运动极其缓慢,动能可忽略不计,势能是能量的主要表现形式,总势能称为土水势。众所周知,势能都是相对于某一基准面而言的。国际土壤协会选定"温度与土-水系统的水温相同,压力为一个标准大气压 (1.03×10^5 Pa) 的纯洁的自由水面"作为基准面。土水势由以下几个部分组成。

(1) 重力势 ψ_g:将水从基准面移至某一高于基准面的位置时需要克服重力所做的功。非饱和带中单位重量的水的重力势为

$$\psi_g = z \tag{5.1.4}$$

(2) 压力势 ψ_p:将水从基准面移至压力场某一点时克服压强所做的功。其值为相对于基准面的压强差。在潜水面处,压力势等于 0。潜水面以下,承受上覆含水层的压力,单位重量水的压力势为

$$\psi_p = \frac{p}{\gamma} = \frac{\gamma h}{\gamma} = h \tag{5.1.5}$$

即单位重量水的压力势可用压力水头(即测管高度)h 来表示,其中,p 为水的压强。

在非饱和带中,因为孔隙中的气体和大气连通,也是一个大气压,和基准面相比没有压强差,故压力势为 0。

(3) 基质势 ψ_m:又称毛管势,是指在土壤基质(固体颗粒)的吸附作用下,土壤水较自由水降低的自由能(势值)。它是由水和土颗粒之间的毛管力和吸附力所引起的。它把水分束缚在固体颗粒附近,其吸附力大于重力,故水总是由饱和带向非饱和带渗透。水

分被土壤基质吸附后,其自由活动能降低,与处于同样高度和外压、同样温度和浓度的不受基质影响的自由水(势值为零)相比,基质势总为负值。

单位重量水的基质势也可用水柱高度表示:

$$\psi = -\frac{\psi_m}{\gamma} \tag{5.1.6}$$

ψ 称为负压水头。基质势 ψ_m 恒取负值,故负压水头 ψ 取正值。当仅考虑毛管水时,通常用毛管压力水头

$$h_c = \frac{p_c}{\gamma} \tag{5.1.7}$$

代替负压水头 ψ。h_c 取正值。p_c 称为毛管压强,也取正值。

一般情况下,总土水势 φ 应为其各组成部分之和,即

$$\varphi = \psi_g + \psi_p + \psi_m \tag{5.1.8}$$

当温度变化不大时,研究非饱和流动只要考虑重力势和基质势,即

$$\varphi = \psi_g + \psi_m \tag{5.1.9}$$

当以单位重量计时,式(5.1.9)可化为

$$\varphi = H_c = z - \psi = z - h_c \tag{5.1.10}$$

式中:H_c 为由某一基准面算起的水头,称为毛管水头。

对于饱和-非饱和流动,一般要同时考虑重力势、压力势和基质势,在非饱和带中,压力势 $\psi_p=0$;在饱和带中,基质势 $\psi_m=0$。式(5.1.8)可改写为统一的水头表达式:

$$\varphi = H = z + \frac{p_w}{\gamma} \tag{5.1.11}$$

式中,压强 p_w 在饱和带中取正值;在非饱和带中,$p_w = -p_c$,取负值。

5.1.3 土壤水分特征曲线

土壤水分特征曲线是表示非饱和带中水分的能量(土水势)和数量(含水率或饱和度)之间的关系的曲线,反映了非饱和带中水的基本特征。当土壤中水分处于饱和状态时,含水率为饱和含水率 θ_s,对应吸力或基质势为零。若对土壤施加吸力至某一临界值后,土壤开始排水,含水率相应减小。

不同土的水分特征曲线是不同的。在同样的条件下,黏性土要比砂保持更多的水分,具有更高的含水率。土壤水的基质势和含水率的关系目前尚不能根据土的基本性质从理论上分析得到,因此土壤水分特征曲线通常通过试验求得。

土壤水分特征曲线斜率的负倒数称为容水度,即单位基质势变化引起的含水量的变化,记作 C,即

$$C = \frac{d\theta}{dH} = -\frac{d\theta}{dh_c} \tag{5.1.12}$$

容水度是一个计算非饱和地下水运动的重要参数。容水度 C 不是常数,而是随含水率 θ 或负压水头 ψ 的不同而变化的,可记作 $C = C(\theta) = C(\psi)$。

同一土样在恒温条件下,土壤脱湿过程和吸湿过程测得的水分特征曲线是不同的,如图 5.1.1 所示。同一吸力,脱湿时的含水率要大于吸湿时的含水率,这种现象称为滞后现

象。土壤从饱和到干燥和从干燥到饱和的水分特征曲线称为主线。从排水曲线上任意一点开始发生的吸湿过程，或从吸湿曲线上任一点开始发生的排水过程，所得的水分特征曲线称为扫描曲线。土壤水的吸力和含水率的关系不是单值关系，随土壤的干、湿历史不同呈现出复杂的变化。

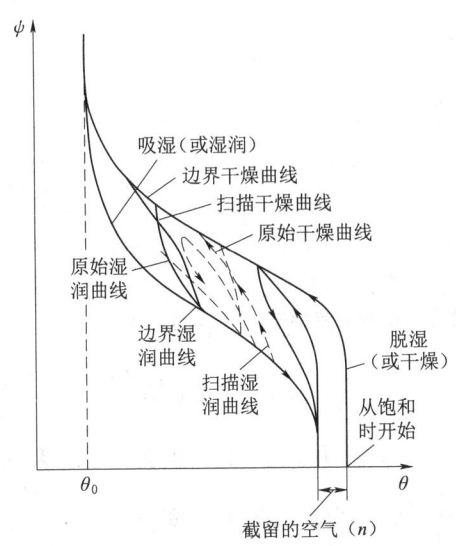

图 5.1.1　非饱和带的水分特征曲线（J.Bear，1979）

5.2　非饱和带水流基本方程

5.2.1　运动方程

处于非饱和状态下的土壤水与饱和水一样，遵循热力学第二定律，水分从水势高处自发地向水势低处运动，因此达西定律可推广应用于非饱和流动。但此时的渗透率 k 和渗透系数 K 不再是常数，而是含水率 θ（或饱和度 S_w）的函数。可记作 $k=k(\theta)$ 或 $K=K(\theta)$。当含水率减小时，一部分空气充填，导致过水断面减小，渗流途径的弯曲度增加，因而渗透率和渗透系数也相应地减小。

定义相对渗透率为非饱和渗透率和饱和渗透率之比，k_{rw} 为水的相对渗透率，k_{rnw} 为空气的相对渗透率，S_w 为水的饱和度，S_{nw} 为空气的饱和度。图 5.2.1 表示相对渗透率和饱和度的关系。图 5.2.1(b) 表示滞后现象对相对渗透率的影响，在同一饱和度时，排水情况下的相对渗透率小于吸湿情况下的相对渗透率。

因为水分特征曲线建立了负压水头 ψ 和含水率 θ 之间的关系，故也可记作

$$k=k(\psi), \quad K=K(\psi)$$

非饱和流动的达西定律可表示为

$$v=K(\theta)J(\theta) \tag{5.2.1}$$

用渗透率表示为

第 5 章 非饱和带水的运动理论

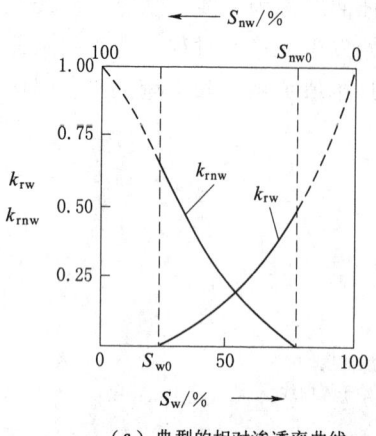
（a）典型的相对渗透率曲线

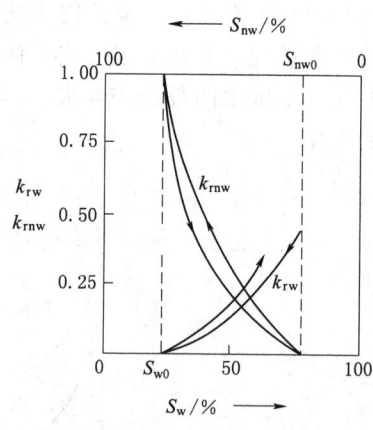
（b）滞后效应的影响

图 5.2.1 相对渗透率和饱和度的关系（J. Bear，1979）

$$v = -\frac{k(S_w)\gamma}{\mu}\nabla\left(\frac{p}{\gamma}+z\right) = -k\frac{k_{rw}(S_w)\gamma}{\mu}\nabla\left(\frac{p}{\gamma}+z\right) \tag{5.2.2}$$

式中：k 为饱和土的渗透率；$k(S_w)$ 为非饱和土的渗透率，为饱和度的函数；$k_{rw}(S_w)$ 为相对渗透率，$k_{rw}(S_w)=\dfrac{k(S_w)}{\mu}$；$\mu$ 为水的动力黏度。

5.2.2 连续性方程

根据质量守恒原理可以得到非饱和流动的连续性方程。它和饱和流的连续性方程具有类似的形式，只要将式中的孔隙度 n 换成含水率 θ 即可。表达式如下：

$$\frac{\partial(\rho\theta)}{\partial t} = -\left[\frac{\partial(\rho v_x)}{\partial x}+\frac{\partial(\rho v_y)}{\partial y}+\frac{\partial(\rho v_z)}{\partial z}\right] \tag{5.2.3}$$

当水的密度 ρ 不变时，式（5.2.3）变为

$$\frac{\partial\theta}{\partial t} = -\left(\frac{\partial v_x}{\partial x}+\frac{\partial v_y}{\partial y}+\frac{\partial v_z}{\partial z}\right) \tag{5.2.4}$$

将非饱和流的运动方程式（5.2.1）代入上式，当介质各向同性时可得

$$\frac{\partial\theta}{\partial t}=\frac{\partial}{\partial x}\left[K(\theta)\frac{\partial\varphi}{\partial x}\right]+\frac{\partial}{\partial y}\left[K(\theta)\frac{\partial\varphi}{\partial y}\right]+\frac{\partial}{\partial z}\left[K(\theta)\frac{\partial\varphi}{\partial z}\right] \tag{5.2.5}$$

将 $\varphi=z-\psi$ 代入上式，有

$$\frac{\partial\theta}{\partial t}=-\frac{\partial}{\partial x}\left[K(\theta)\frac{\partial\psi}{\partial x}\right]-\frac{\partial}{\partial y}\left[K(\theta)\frac{\partial\psi}{\partial y}\right]-\frac{\partial}{\partial z}\left[K(\theta)\frac{\partial\psi}{\partial z}\right]+\frac{\partial K(\theta)}{\partial z} \tag{5.2.6}$$

式（5.2.6）中的因变量有 2 个，即含水率 θ 和负压水头 ψ。为解决问题方便，要利用水分特征曲线上 θ 和 ψ 之间的关系。使方程中的因变量变为一个。非饱和流动的微分方程有 2 种表达形式。

1. 以含水率 θ 为因变量的表达式

将式（5.2.5）改写成

$$\frac{\partial\theta}{\partial t}+\mathrm{div}[K(\theta)\mathrm{grad}\psi]-\frac{\partial K(\theta)}{\partial z}=0 \tag{5.2.7}$$

因为
$$\operatorname{grad}\psi = -\frac{1}{C(\theta)}\operatorname{grad}\theta$$

故式 (5.2.6) 变为
$$\frac{\partial\theta}{\partial t} - \operatorname{div}\left[\frac{K(\theta)}{C(\theta)}\operatorname{grad}\theta\right] - \frac{\partial K(\theta)}{\partial z} = 0$$

令
$$\frac{K(\theta)}{C(\theta)} = D(\theta) \tag{5.2.8}$$

$D(\theta)$ 称为扩散系数，其量纲为 $[L^2 T^{-1}]$，是研究非饱和带水分运动的一个重要参数。引入 $D(\theta)$ 以后，有

$$\frac{\partial\theta}{\partial t} = \operatorname{div}[D(\theta)\operatorname{grad}\theta] + \frac{\mathrm{d}K(\theta)}{\mathrm{d}\theta}\frac{\partial\theta}{\partial z} \tag{5.2.9}$$

或

$$\frac{\partial\theta}{\partial t} = \frac{\partial}{\partial x}\left[D(\theta)\frac{\partial\theta}{\partial x}\right] + \frac{\partial}{\partial y}\left[D(\theta)\frac{\partial\theta}{\partial y}\right] + \frac{\partial}{\partial z}\left[D(\theta)\frac{\partial\theta}{\partial z}\right] + \frac{\partial K(\theta)}{\partial z} \tag{5.2.10}$$

式 (5.2.8) 或式 (5.2.9) 是一个二阶的非线性偏微分方程。对于干土有 $D(\theta)=0$，对于饱和土有 $\frac{\partial\theta}{\partial t}=0$。

对于水平的二维流动，该方程简化为
$$\frac{\partial\theta}{\partial t} = \frac{\partial}{\partial x}\left[D(\theta)\frac{\partial\theta}{\partial x}\right] + \frac{\partial}{\partial y}\left[D(\theta)\frac{\partial\theta}{\partial y}\right] \tag{5.2.11}$$

对于垂直方向上的一维流动，该方程简化为
$$\frac{\partial\theta}{\partial t} = \frac{\partial}{\partial z}\left[D(\theta)\frac{\partial\theta}{\partial z}\right] + \frac{\mathrm{d}K(\theta)}{\mathrm{d}\theta}\frac{\partial\theta}{\partial z} \tag{5.2.12}$$

如果 z 轴取向下为正，则有
$$\varphi = -z - \psi$$

式 (5.2.11) 变为
$$\frac{\partial\theta}{\partial t} = \frac{\partial}{\partial z}\left[D(\theta)\frac{\partial\theta}{\partial z}\right] - \frac{\mathrm{d}K(\theta)}{\mathrm{d}\theta}\frac{\partial\theta}{\partial z} \tag{5.2.13}$$

2. 以负压水头 ψ 为因变量的表达式

此时的渗透系数 K 可写作 $K=K(\psi)$，则
$$\nabla K(\psi) = \frac{\mathrm{d}K(\psi)}{\mathrm{d}\psi}\nabla\psi$$

$$\frac{\partial\theta}{\partial t} = \frac{\mathrm{d}\theta}{\mathrm{d}\varphi}\frac{\partial\varphi}{\partial t} = -C\frac{\partial\psi}{\partial t}$$

则由式 (5.2.5) 可得

$$C(\psi)\frac{\partial\psi}{\partial t} = \frac{\partial}{\partial x}\left[K(\psi)\frac{\partial\psi}{\partial x}\right] + \frac{\partial}{\partial y}\left[K(\psi)\frac{\partial\psi}{\partial y}\right] + \frac{\partial}{\partial z}\left[K(\psi)\frac{\partial\psi}{\partial z}\right] - \frac{\partial K(\psi)}{\partial z} \tag{5.2.14}$$

对于垂直方向上的一维运动，式 (5.2.14) 简化为

$$C(\psi)\frac{\partial \psi}{\partial t} = \frac{\partial}{\partial z}\left[K(\psi)\frac{\partial \psi}{\partial z} - K(\psi)\right] \tag{5.2.15}$$

也可写作毛管压力水头的表达式：

$$C(h_c)\frac{\partial h_c}{\partial t} = \frac{\partial}{\partial z}\left[K(h_c)\frac{\partial h_c}{\partial z} - K(h_c)\right] \tag{5.2.16}$$

5.2.3 饱和-非饱和流动方程

如果将饱和-非饱和流场看作一个完整的流场来考虑，此时常以压强 p 或水头 H 为因变量，并且有 $H = z + \dfrac{p}{\gamma}$。连续性方程式（5.2.3）可写为

$$\frac{\partial(\rho\theta)}{\partial t} + \mathrm{div}(\rho v) = 0 \tag{5.2.17}$$

将式（5.2.2）代入式（5.2.16），并有 $\gamma = \rho g$，$\theta = nS_w$，可得

$$\frac{\partial(\rho n S_w)}{\partial t} = \nabla\left[\frac{\rho k(S_w)}{\mu}(\nabla p + \rho g z)\right] \tag{5.2.18}$$

5.3 入 渗 问 题

5.3.1 入渗率和入渗过程

1. 入渗率和稳定入渗率

入渗率 q_i 是指实际入渗过程中单位时间内通过地表单位面积的水量。它具有速度的量纲，常以 cm/s 或 m/d 为单位。入渗率的概念和入渗补给量的概念是不同的。入渗补给量是指入渗后到达潜水面而补给地下水的水量。入渗率则是指通过地表面入渗的水量；这部分水量有些补给地下水，另一些则在包气带中分布而不到达潜水面。

大量试验资料和理论分析表明：当供水充分时，入渗初期入渗率相当大，以后随着时间的延长而减小，到一定时间以后趋于稳定，称为稳定入渗率 q_s。

2. 累积入渗量

累积入渗量指一定时间段内通过单位面积入渗的总水量，记为 Q_t，常用水深（m 或 mm）表示，有

$$Q_t = \int_0^t q_i \mathrm{d}t \tag{5.3.1}$$

则

$$q_i = \frac{\mathrm{d}Q_t}{\mathrm{d}t} \tag{5.3.2}$$

3. 供水强度

供水强度 R 指降水或灌溉时单位时间通过地表单位面积供给的水量，单位和入渗率相同。

4. 入渗过程

根据非饱和土的入渗性能和供水强度的关系，有 2 种不同类型的入渗过程。

（1）无积水入渗过程。该情况下供水强度始终小于土的入渗性能。水随供随渗完，全部降水或灌溉水都渗入地下，不产生地表径流。雨量不大的降水入渗就是这种情况。此时，决定入渗率的不是土的性能而是供水强度，有

$$q_s = R$$

（2）有压入渗过程。当供水强度 R 相当大时，所供的水不能全部渗入地下，多余的水在地表形成积水或产生地表径流。暴雨或淹灌时常为此种情况。此时的入渗率由土的入渗性能决定。但地表的表土在入渗过程中总是饱和的。此时有

$$\left.\begin{array}{l}\theta(0,t)=\theta_s \\ S_w(0,t)=1\end{array}\right\}$$

式中：θ_s 为饱和含水率。

5.3.2 垂直入渗的数学模型

1. 微分方程

垂直入渗时，因为降雨或灌溉都是大面积的，可简化为 z 轴方向的一维运动。如果 z 轴向下，坐标原点取在地面，如图 5.3.1 所示。则微分方程为式（5.2.12），即

$$\frac{\partial \theta}{\partial t} = \frac{\partial}{\partial z}\left[D(\theta)\frac{\partial \theta}{\partial z}\right] - \frac{\partial K(\theta)}{\partial z}$$

如果跟踪某一指定含水率 θ 的锋面在非饱和带中运动情况，在一维流中，因变量不用 $\theta=\theta(z,t)$，而以 $z=z(\theta,t)$ 作为因变量比较方便。根据多元函数隐函数求导数的规则，有

$$\frac{\partial \theta}{\partial t} = -\frac{\partial z}{\partial t}\bigg/\frac{\partial z}{\partial \theta} \quad (5.3.3)$$

$$\frac{\partial \theta}{\partial z} = 1\bigg/\frac{\partial z}{\partial \theta} \quad (5.3.4)$$

将以上结果代入式（5.2.12），得

$$-\frac{\partial z}{\partial t} = \frac{\partial}{\partial \theta}\left[D(\theta)\bigg/\frac{\partial z}{\partial \theta}\right] - \frac{\partial K(\theta)}{\partial \theta} \quad (5.3.5)$$

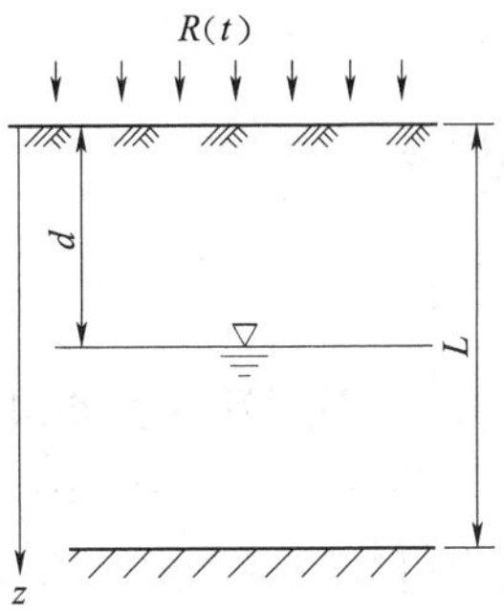

图 5.3.1 入渗示意图

式（5.3.5）就是以 z 为因变量的垂直入渗方程。

2. 定解条件

（1）初始条件。该条件就是 $t=0$ 时刻非饱和带中的含水率分布，即

$$\theta(z,0) = \theta_0(z) \quad (z \geqslant 0) \quad (5.3.6)$$

式中的 $\theta_0(z)$ 为初始时刻的含水率，是随深度而变化的，为了简化计算，有时近似地假定初始时刻含水率为常数，即

$$\theta(z,0) = \theta_0 \quad (5.3.7)$$

式中：θ_0 为残留含水率。

（2）地面边界条件。对于同的入渗过程，地面边界条件是不同的。有压入渗过程为

$$\theta(0,t) = \theta_s \quad (t \geqslant 0) \quad (5.3.8)$$

对于无积水入渗过程，有

$$q_i = -K(\psi)\frac{\partial \varphi}{\partial z} = -K(\psi)\frac{\partial}{\partial z}(-\psi-z) = K(\psi)\left(\frac{\partial \psi}{\partial z}+1\right) = R(t) \quad (z=0) \quad (5.3.9)$$

当以 θ 为因变量时，则为

$$-\frac{K(\theta)}{C(\theta)}\frac{\partial \theta}{\partial z}+K(\theta)=R(t) \quad (5.3.10)$$

或

$$D(\theta)\frac{\partial \theta}{\partial z}-K(\theta)=-R(t) \quad (z=0) \quad (5.3.11)$$

(3) 潜水面条件。设潜水面的埋藏深度为 d 而且固定不变，该面上水分饱和并且负压水头为 0，故有

$$\theta(d,t)=\theta_s \quad (5.3.12)$$
$$\psi(d,t)=0 \quad (5.3.13)$$

(4) 不透水边界条件。设非饱和带在深度 L 处存在不透水边界，则该处水流通量为 0，有

$$q = -K(\psi)\frac{\partial \varphi}{\partial z} = 0$$

因而

$$\frac{\partial \varphi}{\partial z}=0 \quad (5.3.14)$$

又因 $\varphi = -z - \psi$，则有

$$\frac{\partial \psi(L,t)}{\partial z}=-1 \quad (5.3.15)$$

5.3.3 入渗问题的 Philip 解

Philip 解是一种拟解析解。先考虑较简单的情况。因为入渗初期主要是扩散运动，重力作用可暂不考虑，而且此时入渗的水未到达潜水面，可近似认为潜水面在无限深处。则一维流的数学模型可简化为

$$\left.\begin{aligned}&\frac{\partial \theta}{\partial t}=\frac{\partial}{\partial z}\left[D(\theta)\frac{\partial \theta}{\partial z}\right]\\&\theta(0,t)=\theta_s\\&\theta(z,0)=\theta_0\\&\lim_{z\to\infty}\theta(z,t)=\theta_s\end{aligned}\right\} \quad (5.3.16)$$

如把式 (5.3.16) 变换成以 z 为因变量的数学模型，则有

$$\left.\begin{aligned}&-\frac{\partial z}{\partial t}=\frac{\partial}{\partial \theta}\left[D(\theta)\Big/\frac{\partial z}{\partial \theta}\right]\\&z(\theta_s,t)=0\\&z(\theta_0,t)\neq 0\end{aligned}\right\} \quad (5.3.17)$$

假设式 (5.3.17) 的解的形式为

$$z=\lambda(\theta)s(t) \quad (5.3.18)$$

代入式（5.3.17）的微分方程中，经整理后得

$$s(t)\frac{\mathrm{d}s(t)}{\mathrm{d}t}=-\frac{1}{\lambda(\theta)}\frac{\mathrm{d}}{\mathrm{d}\theta}\left[D(\theta)\bigg/\frac{\mathrm{d}\lambda(\theta)}{\mathrm{d}\theta}\right] \tag{5.3.19}$$

式（5.3.19）左端仅为 t 的函数，右端仅为 θ 的函数，要使等式成立，除非两者都等于常数，即

$$s(t)\frac{\mathrm{d}s(t)}{\mathrm{d}t}=a \tag{5.3.20}$$

$$-\frac{1}{\lambda(\theta)}\frac{\mathrm{d}}{\mathrm{d}\theta}\left[D(\theta)\bigg/\frac{\mathrm{d}\lambda(\theta)}{\mathrm{d}\theta}\right]=a \tag{5.3.21}$$

对式（5.3.20）进行积分，得

$$s=[2a(t+C_1)]^{\frac{1}{2}}$$

将上式代回式（5.3.18），由定解条件可知 $C_1=0$，并且令

$$(2a)^{\frac{1}{2}}\lambda(\theta)=\eta(\theta) \tag{5.3.22}$$

得到

$$z=\eta(\theta)t^{\frac{1}{2}} \tag{5.3.23}$$

或

$$\eta(\theta)=zt^{-\frac{1}{2}} \tag{5.3.24}$$

式（5.3.24）称为 Boltzmann 变换。

由式（5.3.22）可知

$$\mathrm{d}\lambda=\frac{\mathrm{d}\eta}{\sqrt{2a}}$$

代入式（5.3.21），得

$$\frac{\mathrm{d}}{\mathrm{d}\theta}\left[(2a)^{\frac{1}{2}}\frac{D(\theta)\mathrm{d}\theta}{\mathrm{d}\eta}\right]=-a\frac{\eta}{(2a)^{\frac{1}{2}}}$$

经整理后得

$$\left.\begin{array}{l}\dfrac{\mathrm{d}}{\mathrm{d}\theta}\left[D(\theta)\dfrac{\mathrm{d}\theta}{\mathrm{d}\eta}\right]=-\dfrac{\eta}{2}\\ \theta=\theta_s\quad(\eta=0)\\ \theta=\theta_0\quad(\eta\to\infty)\end{array}\right\} \tag{5.3.25}$$

对式（5.3.25）由 θ_0 至 θ 区间求积分，得

$$\int_{\theta_0}^{\theta}\eta\mathrm{d}\theta=-2D(\theta)\frac{\mathrm{d}\theta}{\mathrm{d}\eta} \tag{5.3.26}$$

式（5.3.26）可用迭代法求解，得到忽略重力项时的 Philip 解。

下面考虑更一般的情况，即既考虑扩散项，也考虑重力项，微分方程如式（5.3.5）所示。将该方程展开并整理后，得

$$D(\theta)\frac{\partial^2 z}{\partial \theta^2}-D'(\theta)\frac{\partial z}{\partial \theta}+\left[K'(\theta)-\frac{\partial z}{\partial t}\right]\left(\frac{\partial z}{\partial \theta}\right)^2=0 \tag{5.3.27}$$

定解条件同前。

假设解具有如下的级数形式：

$$z(\theta,t) = \eta_1(\theta)t^{\frac{1}{2}} + \eta_2(\theta)t + \eta_3(\theta)t^{\frac{3}{2}} + \eta_4(\theta)t^2 + \cdots$$

或写为

$$z(\theta,t) = \sum_{i=1}^{\infty} \eta_i(\theta) t^{\frac{i}{2}} \tag{5.3.28}$$

由初始条件和边界条件得到

$$\eta_i(\theta_s) = 0 \quad i = 1, 2, \cdots, \infty \tag{5.3.29}$$

$$\eta_1(\theta_0) \to \infty \tag{5.3.30}$$

将式（5.3.28）分别对 θ 和 t 求导数，可得

$$\frac{\partial z}{\partial \theta} = \sum_{i=1}^{\infty} \eta'_i(\theta) t^{\frac{i}{2}} \tag{5.3.31}$$

$$\frac{\partial^2 z}{\partial \theta^2} = \sum_{i=1}^{\infty} \eta''_i(\theta) t^{\frac{i}{2}} \tag{5.3.32}$$

$$\frac{\partial z}{\partial t} = \sum_{i=1}^{\infty} \frac{i}{2} \eta_i(\theta) t^{\frac{i}{2}-1} \tag{5.3.33}$$

$$\left(\frac{\partial z}{\partial \theta}\right)^2 = [\eta'_1(\theta)]^2 t + 2\eta'_1(\theta)\eta'_2(\theta) t^{\frac{3}{2}} + \{2\eta'_1(\theta)\eta'_3(\theta) + [\eta'_2(\theta)]^2\} t^2 + \cdots \tag{5.3.34}$$

将式（5.3.31）~式（5.3.34）代入式（5.3.27）中，按时间 t 的方次合并同类项，得到

$$Y_1 t^{\frac{1}{2}} + Y_2 t + Y_3 t^{\frac{3}{2}} + Y_4 t^2 + \cdots = 0$$

或写为

$$\sum_{i=1}^{\infty} Y_i t^{\frac{i}{2}} = 0 \tag{5.3.35}$$

其系数分别为

$$Y_1 = D(\theta)\eta''_1(\theta) - D'(\theta)\eta'_1(\theta) - \frac{1}{2}\eta_1(\theta)[\eta'_1(\theta)]^2$$

$$Y_2 = D(\theta)\eta''_2(\theta) - D'(\theta)\eta'_2(\theta) + K'(\theta)[\eta'_1(\theta)]^2$$

$$- \eta_2(\theta)[\eta'_1(\theta)]^2 + \eta_1(\theta)\eta'_1(\theta)\eta'_2(\theta)$$

$$Y_3 = D(\theta)\eta''_3(\theta) - D'(\theta)\eta'_3(\theta) + 2K'(\theta)\eta'_1(\theta)\eta'_2(\theta)$$

$$- \frac{3}{2}\eta_3(\theta)[\eta'_1(\theta)]^2 - 2\eta_2(\theta)\eta'_1(\theta)\eta'_3(\theta)$$

$$- \eta_1(\theta)\eta(\theta)'_1\eta'_3(\theta) - \frac{1}{2}\eta_1(\theta)[\eta'_2(\theta)]^2 \cdots$$

要使式（5.3.35）成立，除非 $Y_1, Y_2, Y_3, \cdots$ 均等于 0。由

$$Y_1 = D(\theta)\eta''_1(\theta) - D'(\theta)\eta'_1(\theta) - \frac{1}{2}\eta_1(\theta)[\eta'_1(\theta)]^2 = 0$$

可得

$$\frac{\mathrm{d}}{\mathrm{d}\theta}\left[D(\theta) \Big/ \frac{\mathrm{d}\eta_1(\theta)}{\mathrm{d}\theta}\right] = -\frac{1}{2}\eta_1(\theta)$$

就是不带重力项时的 Philip 解。

由 $Y_2=0$ 可得

$$D(\theta)\eta_2''(\theta)-D'(\theta)\eta_2'(\theta)+K'(\theta)[\eta_1'(\theta)]^2-\eta_2(\theta)[\eta_1'(\theta)]^2+\eta_1(\theta)\eta_1'(\theta)\eta_2'(\theta)=0$$
(5.3.36)

因为 $D(\theta)$ 和 $K(\theta)$ 为参数，$\eta_1(\theta)$ 和 $\eta_1'(\theta)$ 前面已经求出，故式（5.3.36）是一个关于 $\eta_2(\theta)$ 的二阶线性变系数的常微分方程，可用递推解法求出 $\eta_2(\theta)$。

同理，由 $Y_3=0$ 可解出 $\eta_3(\theta)$，由 $Y_4=0$ 可解出 $\eta_4(\theta)$。当 t 较小时，式（5.3.28）的级数是收敛的，而且收敛得较快，只要计算出前 3～4 项即可满足精度要求。

5.4 潜水蒸发问题

5.4.1 蒸发的概念

水由裸露的表土直接气化散失到空气中称为土面蒸发。水被植物根系吸收，由植物叶面散失到空气中称为散发（也称蒸腾）。两者合称蒸散发。潜水面以下的地下水，通过非饱和带向上运移，由蒸散发消散在空气中。

单位时间从单位面积土表面蒸发损失的水量称为土面蒸发率（或土面蒸发强度）E_s。常用 cm/d 或 mm/d 为单位。土面蒸发率的大小取决于两方面的因素：①外界的蒸发能力，即由辐射、气温、相对湿度、风速等外界的气象条件决定的潜在的蒸发能力；②非饱和带的向上输水能力，它是由非饱和带剖面上的负压水头的大小和分布、含水率状况和水分运动参数 $K(\theta)$ 和 $D(\theta)$ 等所决定的。实际的土面蒸发强度由上述两因素中的较小者所制约。一般用水面蒸发强度 E_0 表示潜在的蒸发能力。当输水能力小于 E_0 时，土面蒸发强度受输水能力限制。当输水能力大于 E_0 时，它则由水面蒸发强度 E_0 制约。蒸发可分为稳定蒸发和不稳定蒸发两种。当外界条件不变，从潜水面补给非饱和带的水量和蒸发量相平衡时，剖面含水率不随时间变化，称为稳定蒸发。在无补给或蒸发大于补给的情况下，非饱和带中水分不断消耗，含水率随时间变化，称为不稳定蒸发。

必须注意，土面蒸发强度和潜水蒸发强度的概念是不同的。在稳定蒸发阶段两者数值上相等，但在不稳定蒸发阶段两者是不同的。

5.4.2 稳定蒸发的数学模型及其解

蒸发问题也可看作是垂直方向上的一维运动，如图 5.4.1 所示。稳定蒸发时，垂直剖面上各点的负压水头不随时间变化，只要令式 (5.2.17) 中的 $\dfrac{\partial \psi}{\partial t}=0$，即可得到稳定蒸发的数学模型：

$$\frac{\partial}{\partial z}\left[K(\psi)\frac{\partial \psi}{\partial z}\right]-\frac{\partial}{\partial z}K(\psi)=0 \quad (5.4.1)$$

$$K(\psi)\left(\frac{\partial \psi}{\partial z}-1\right)=E_s \quad (z=0) \quad (5.4.2)$$

$$\psi=0 \quad (z=d) \quad (5.4.3)$$

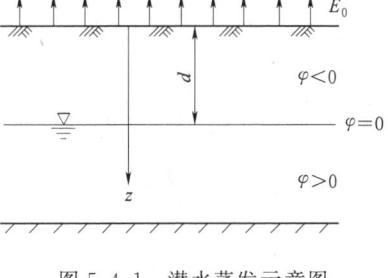

图 5.4.1 潜水蒸发示意图

将方程式（5.4.1）积分一次，可得

$$K(\psi)\left(\frac{\partial \psi}{\partial z}-1\right)=E_s \tag{5.4.4}$$

如果 $K(\psi)$ 取常用的经验公式，即

$$K(\psi)=\frac{a}{c\psi^2+1} \tag{5.4.5}$$

式中，a 和 c 为两个待定的参数，a 代表饱和时的渗透系数。显然，当 $S_w=1$ 时，$\psi=0$，则有 $K(\psi)=a$。将式（5.4.5）代入式（5.4.4），有

$$\frac{a}{c\psi^2+1}\left(\frac{\partial \psi}{\partial z}-1\right)=E_s$$

$$\frac{a}{c\psi^2+1}\frac{\partial \psi}{\partial z}=E_s+\frac{a}{c\psi^2+1}$$

$$\frac{\partial \psi}{\partial z}=\frac{E_s c}{a}\psi^2+\frac{E_s}{a}+1$$

$$\frac{\mathrm{d}\psi}{\psi^2+\frac{E_s+a}{cE_s}}=\frac{cE_s}{a}\mathrm{d}z \tag{5.4.6}$$

对式（5.4.6）进行积分后，得

$$-\tan^{-1}\left(\sqrt{\frac{cE_s}{E_s+a}}\psi\right)=\frac{\sqrt{cE_s(E_s+a)}}{a}(d-z) \tag{5.4.7}$$

如果由于蒸发在地表出现干土，此时有

$$z=0, \quad \theta=0, \quad \psi \to \infty$$

代入式（5.4.7）可得

$$\frac{\pi}{2}=\frac{\sqrt{cE_s(E_s+a)}}{a}d$$

$$E_s^2+aE_s=\frac{a^2\pi^2}{4cd^2} \tag{5.4.8}$$

近似有

$$E_s \approx \frac{a\pi^2}{4cd^2} \tag{5.4.9}$$

式（5.4.9）表明，土面蒸发强度 E_s 在稳定蒸发条件下近似地与饱和渗透系数 $K(=a)$ 成正比，与潜水面埋深 d 的平方成反比。

第6章　地下水中的溶质与热量运移

6.1　地下水溶质运移

6.1.1　水动力弥散

本节主要介绍地下水中溶质的迁移，这一过程称为溶质运移。随着人们对地下水污染问题的极大关注，地下水中溶质运移理论也成为水文地质学发展的一个重要分支。它不仅可以用来模拟地下水中污染物的运移过程，预测地下水污染的发展趋势，控制地下水污染，还可以用于防止海水入侵及土壤盐碱化等方面的研究。

首先通过两个实例说明弥散现象。

【例6.1】　若在一口井中瞬时注入某种浓度C的一种示踪剂，则在附近观测孔中观察到示踪剂不仅随地下水流一起位移，而且逐渐扩散开来，超出了仅按实际平均流速u所预期到达的范围，并有垂直于水流方向的横向扩散（图6.1.1），不存在突变的界面。

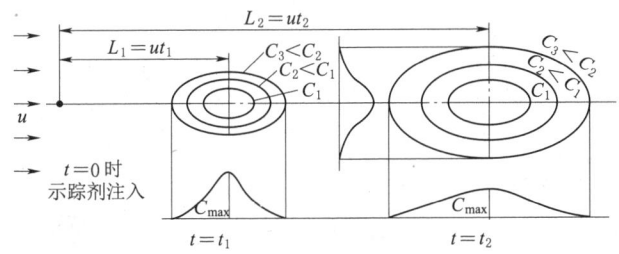

图6.1.1　示踪剂的纵向、横向扩展（J.Bear，1979）

【例6.2】　将装满均质砂的圆柱形管用水饱和，并让水流不断地均匀通过，在某一时刻（$t=0$），开始注入示踪剂浓度为C_0的水去替代原来不含示踪剂的水，在砂柱末端测量示踪剂浓度的变化$C(t)$。绘制示踪剂相对浓度对时间的曲线（图6.1.2）。曲线呈S形，而不是图中虚线所示的形状。

上述事实说明，存在一种特殊的现象。因为如果不存在这种现象，示踪剂应按水流的平均流速移动；含示踪剂和不含示踪剂的水的接触界面应该是突变的；示踪剂也不应在横向扩展开来；图6.1.2中，曲线应出现虚线所示形式，即有一个以实际平均流速移动的直立锋面。以上事实说明，在两种成分不同的可以混溶的液体之间存在着一个不断加宽的过渡带。这种现象称为水动力弥散。因此，所谓水动力弥散就是多孔介质中所观察到的两

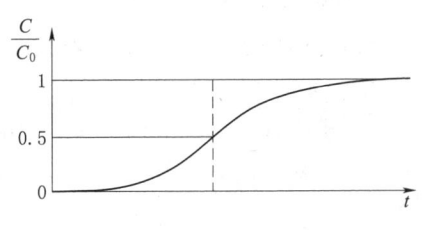

图6.1.2　砂柱中的一维流动

种成分不同的可混溶液体之间过渡带的形成和演化过程。这是一个不稳定不可逆转的过程。

混溶于地下水中的溶质在介质中的运移是以运动的地下水为载体、以介质的固体骨架为媒介的，而地下水的运动又是在几何结构非常复杂的裂隙空间中进行的，水动力弥散现象就是在这样一种特殊的条件下产生的。显然，水动力弥散是大量个别的溶质质点在通过空隙的实际运移时，发生在空隙系统中各种物理、化学变化的宏观反应，是一种宏观现象，但其根源却在于介质的复杂微观结构与流体的非均一的微观运动。事实上，水动力弥散主要是机械弥散和分子扩散这两种溶质运移过程同时作用的结果。

1. 机械弥散

在多孔介质中，无论液体运动速度的大小还是方向，都是很不均一的。这主要和下列情况有关：由于液体有黏滞性以及结合水对重力水的摩擦阻力，使得最靠近隙壁部分的水流速度趋近于零，向轴部流速逐渐增大，至轴部最大[图6.1.3(a)]；孔隙的大小不一，造成不同孔隙间轴部最大流速有差异[图6.1.3(b)]；孔隙本身弯弯曲曲，水流方向也随之不断改变，因此对水流平均方向而言，具体流线的位置在空间是摆动的[图6.1.3(c)]。这几种现象是同时发生的，由此造成开始时彼此靠近的示踪剂质点群在流动过程中不是一律按平均流速运动，而是不断向周围扩展，超出按平均流速所预期的扩展范围。沿平均流速方向和垂直它的方向上，都可以看到这种扩展现象。液体通过多孔介质流动时，由于速度不均一所造成的这种物质运移现象称为机械弥散，它导致溶质在水流的推进边缘被稀释。

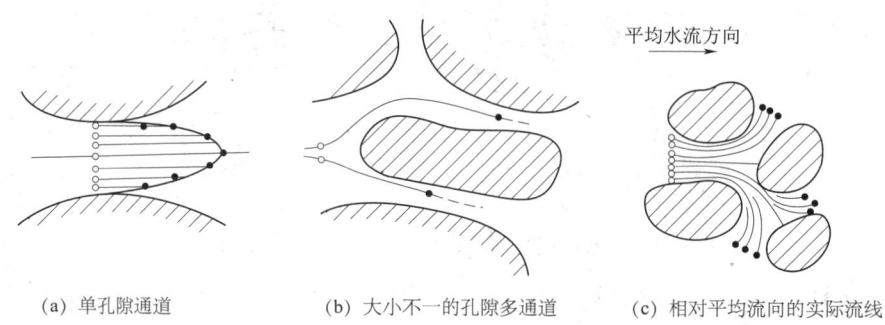

(a) 单孔隙通道　　　　(b) 大小不一的孔隙多通道　　　(c) 相对平均流向的实际流线

图 6.1.3　机械弥散引起的示踪剂扩展

○—t 时刻液体质点的位置；●—$t+\Delta t$ 时刻液体质点的位置

沿着流动路径方向发生的混合称为纵向弥散。由于在孔隙级别上，流线会发散，推进溶质锋面也趋于沿着垂直于流动方向的方向扩展，如图6.1.4所示，这样的结果是在垂直于流线方向的混合，称为横向弥散。

2. 分子扩散

分子扩散是由于液体中所含溶质的浓度不均一而引起的一种物质运移现象。浓度梯度使得物质从浓度高的地方向浓度低的地方运移，以求浓度趋向均一。因此，即使在静止液体中也会发生分子扩散，使示踪剂扩散到越来越大的范围。分子扩散使同一流束内的浓度趋于均一，而且相邻流束间在浓度梯度的作用下也有物质交换，导致横向浓度差的减小。

液体在多孔介质中流动时，机械弥散和分子扩散是同时出现的。这种划分带有某种人为的性质。事实上，"纯"的机械弥散不可能存在。因为当示踪剂质点沿着微小地流管运移时，分子扩散不仅使流管中的浓度趋于拉平，而且还使示踪剂的质点从一条流管移向相邻的另一条流管，导致横向浓度差的减小。但分子扩散，即使在没有水流运动的情况下也能单独存在。当流速较大时，机械弥散是主要的；当流速甚小时，分子扩散的作用就变得很明显。显然，机械弥散和分子扩散都会使溶质沿平均流动方向扩散又沿垂直它的方向扩散。

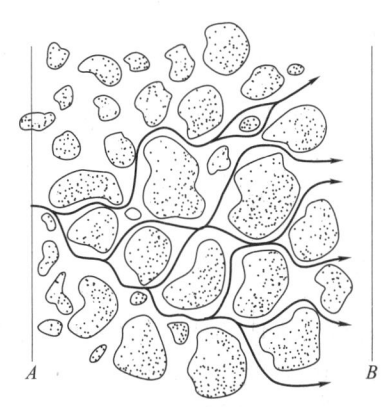

图 6.1.4 多孔介质中导致横向水动力弥散的流线

除了机械弥散和分子扩散外，某些其他现象也会影响多孔介质中溶质的浓度分布，如多孔介质中固体颗粒表面对溶质的吸附、沉淀、水对固体骨架的溶解及离子交换等。此外，液体内部的化学反应也可导致溶质浓度的变化。

一般来说，溶质浓度的变化会导致液体密度和黏度的变化。这些变化反过来会影响水流状态，即流速的变化。但在通常情况下，这类影响不大，可以忽略。

6.1.2 对流-弥散方程

地下水中溶质运移十分复杂，涉及多种因素，如温度、溶质的浓度、微生物的活动、植物的吸收等。因此在推导溶质运移方程时，只能从主要因素出发，着重阐明溶质的对流、扩散、机械弥散，以及土壤基质对溶质的吸附和解吸等在运移中的作用。

1. 溶质的对流

地下水在含水层中运动，携带着溶质，这种溶质随着地下水的运动称为溶质的对流。当地下水的流动为达西流时，随之携带的溶质对流通量密度 J_C 正比于溶质浓度 C：

$$J_C = qC \tag{6.1.1}$$

式中：q 为比流量，它表示单位时间通过单位面积（垂直流动方向）的水量；C 为单位体积内的溶液中所含溶质的质量。

根据达西定律：

$$q = -K \operatorname{grad} H \tag{6.1.2}$$

对于一维流动：

$$q = -K \frac{\mathrm{d}H}{\mathrm{d}x}$$

式中：K 为渗透系数；H 为水头。

于是式（6.1.1）转化为

$$J_C = -CK \frac{\mathrm{d}H}{\mathrm{d}x} \tag{6.1.3}$$

由于单位时间内通过单位面积（垂直于流向）的流量为 q，因而实际平均流速 u 应等于 q 除以有效孔隙率 n，即

$$u = q/n$$

或

$$q = nu \tag{6.1.4}$$

式中，u 的物理意义为单位时间内溶质通过横截面的直线长度，而不考虑溶质的真实路径。

于是有

$$J_C = unC \tag{6.1.5}$$

式（6.1.5）表示溶质由于地下水对流运动而产生溶质运移。事实上，溶质随地下水对流运动时，同时存在着扩散作用。

2. 溶质分子扩散

由于溶质在整个溶液中的不均匀分布，即使没有流动，溶质也会从浓度高的地方扩散到浓度低的地方，由 Fick 定律，扩散通量 J_d 正比于浓度梯度，即

$$J_d = -D_d \mathrm{grad} C \tag{6.1.6}$$

式中：D_d 为溶质在水中的扩散系数。

对于一维流动，有

$$J_d = -D_d \frac{\mathrm{d}C}{\mathrm{d}x}$$

但地下水不是充满整个空间，而仅仅是充满含水层的孔隙，故有

$$J_d = -nD_d \frac{\mathrm{d}C}{\mathrm{d}x} \tag{6.1.7}$$

然而，对于土体中溶质扩散而言，有效扩散系数 D'' 远比 D_d 小。这是由于实际扩散路径比直线路径长，由实验得知存在下列关系：

$$D'' = \tau D_d \tag{6.1.8}$$

τ 由经验确定，J. Bear 认为 τ 相当于粒状介质中孔隙的弯曲度，其值为 0.67。严格说来：

$$D'' = D''(\theta, C)$$

式中：θ 为介质的含水率。

于是式（6.1.6）和式（6.1.7）变为

$$J_d = -D''(\theta, C) \mathrm{grad} C \tag{6.1.9}$$

$$J_d = -nD''(\theta, C) \frac{\mathrm{d}C}{\mathrm{d}x} \tag{6.1.10}$$

3. 机械弥散

水在多孔介质中运动时，位于孔隙中心时运动速度最大，而在孔隙壁上，由于摩阻力影响，速度变小，同一孔隙的不同地点流速大小不同，而且孔隙是弯弯曲曲的，流动方向也不断变化，因而使流进的溶液与原先的溶液发生了混合，与分子扩散一样，不同浓度的溶液混合，同样使溶质的浓度平均化，因此称为机械弥散，它是由于流速的大小和方向不同引起的，当流速适当大时，机械弥散的作用大大超过分子扩散作用。但当流速很小时，分子扩散便是主要的。如果含水层任意两点 A、B 的浓度分别为 C_A 和 C_B，在水流作用下，C_A 和 C_B 进行混合，混合后产生弥散通量 J_h，显然与 $\dfrac{C_A - C_B}{AB}$ 和孔隙率 n 的大小成

正比，AB 表示 A、B 之距离。如果取 AB 为 x 方向，有

$$J_h = -nD' \frac{\partial C}{\partial x} \tag{6.1.11}$$

式中：D' 为机械弥散系数。

或用更一般的表达式：

$$J_h = -nD' \mathrm{grad} C \tag{6.1.12}$$

由于扩散与弥散从效果上来说是类似的，于是将两个作用叠加，合为一项，统称为水动力弥散系数，记为 D，即

$$D = D' + D'' \tag{6.1.13}$$

4. 介质对溶质的吸附和离子交换

地下水中的溶质与含水介质（含水层的固体骨架）发生相互作用，带负电胶体吸附阳离子，带正电的胶体吸附阴离子，在吸附过程中，胶体微粒上原来吸附的离子和溶液中离子进行交换作用，例如常州试验场中 NaCl 水作示踪剂，发现水中 Ca^{2+}、Mg^{2+} 增加，表明溶液中 Na^+ 被土层骨架中 Ca^{2+}、Mg^{2+} 代替，这说明基质对溶液有吸附作用，单位体积骨架表面的吸附量 F 可用 Freundlich 方程表示：

$$F = -K_d' C^N \tag{6.1.14}$$

式中：K_d'、N 为常数；C 为溶质浓度。

5. 对流-弥散方程

首先不考虑吸附，仅考虑对流、扩散、机械弥散的作用，把式（6.1.5）、式（6.1.10）和式（6.1.11）联立起来，总通量记为 J，在一维情况就可得

$$J = nuC - n\left(D' \frac{\mathrm{d}C}{\mathrm{d}x} + D'' \frac{\mathrm{d}C}{\mathrm{d}x}\right)$$

式中：J 为单位时间通过单位面积的总质量。

在一维情况，任取一个微元 AB，A、B 的坐标分别是 x、$x+\mathrm{d}x$。

通过 A 点的溶质通量（流入 AB 的质量）为

$$J_A = \left[nuC - nD \frac{\partial C}{\partial x}\right]_x$$

通过 B 点的溶质通量（流出 AB 的质量）为

$$J_B = \left[nuC - nD \frac{\partial C}{\partial x}\right]_{x+\mathrm{d}x}$$

在单位时间内，在 AB 中积余的溶质质量为

$$J_A - J_B = \left[nuC - nD \frac{\partial C}{\partial x}\right]_x - \left[nuC - nD \frac{\partial C}{\partial x}\right]_{x+\mathrm{d}x} = -\frac{\partial}{\partial x}\left[nuC - nD \frac{\partial C}{\partial x}\right]\mathrm{d}x$$

由于 AB 内部溶质质量积余，便引起 AB 内部溶质浓度变化，由质量守恒定律，可得

$$\frac{\partial (nC)}{\partial t}\mathrm{d}x = -\frac{\partial}{\partial x}\left(unC - nD \frac{\partial C}{\partial x}\right)\mathrm{d}x$$

即

$$\frac{\partial(nC)}{\partial t}=\frac{\partial}{\partial x}\left(nD\frac{\partial C}{\partial x}\right)-\frac{\partial}{\partial x}(nuC) \tag{6.1.15}$$

上述方程称为对流-弥散方程。当 n 为常数时，则有

$$\frac{\partial C}{\partial t}=\frac{\partial}{\partial x}\left(D\frac{\partial C}{\partial x}\right)-\frac{\partial}{\partial x}(uC) \tag{6.1.16}$$

这一结果推广到一般情况，对于均质、各向同性多孔介质中的溶质运移三维流，式 (6.1.16) 变为

$$\frac{\partial(nC)}{\partial t}=\frac{\partial}{\partial x}\left(D_{11}n\frac{\partial C}{\partial x}\right)+\frac{\partial}{\partial y}\left(D_{22}n\frac{\partial C}{\partial y}\right)+\frac{\partial}{\partial z}\left(D_{33}n\frac{\partial C}{\partial z}\right)$$

$$-\frac{\partial}{\partial x}(u_1nC)-\frac{\partial}{\partial y}(u_2nC)-\frac{\partial}{\partial z}(u_3nC) \tag{6.1.17}$$

式中：u_1、u_2、u_3 为 u 的 3 个分量。

如果 x 表示水流方向，y、z 表示垂直流方向，根据 J. Bear(1979) 的建议有

$$\left.\begin{array}{l}D_{11}=\alpha_L u+D''\\ D_{22}=D_{33}=\alpha_T u+D''\end{array}\right\} \tag{6.1.18}$$

式中：a_L、a_T 分别为纵向和横向的弥散度。

当 D'' 相当小时，有

$$D_L=a_L u,\quad D_T=a_T u \tag{6.1.19}$$

式中：D_L、D_T 分别为纵向（即沿水流方向）弥散系数和横向弥散系数。

对于各向异性系统内，溶质运移更加复杂，此时溶质运移方程写为更一般的形式：

$$\frac{\partial(nC)}{\partial t}=\sum_{i=1}^{3}\sum_{j=1}^{3}\frac{\partial}{\partial x_i}\left(nD_{ij}\frac{\partial C}{\partial x_i}\right)-\sum_{i=1}^{3}\frac{\partial}{\partial x_i}(u_i nC) \tag{6.1.20}$$

式中：D_{ij} 为与速度有关的弥散系数张量。

式 (6.1.20) 运用了 Einstein 求和约定。

在二维情况下溶质运移方程为

$$\frac{\partial C}{\partial t}=\frac{\partial}{\partial x}\left(D_{11}\frac{\partial C}{\partial x}\right)+\frac{\partial}{\partial x}\left(D_{12}\frac{\partial C}{\partial y}\right)+\frac{\partial}{\partial y}\left(D_{21}\frac{\partial C}{\partial x}\right)+\frac{\partial}{\partial y}\left(D_{22}\frac{\partial C}{\partial y}\right)-\frac{\partial}{\partial x}(u_1 C)-\frac{\partial}{\partial y}(u_2 C) \tag{6.1.21}$$

其中

$$\left.\begin{array}{l}D_{11}=\tau D_d+\alpha_L u_1^2/u+\alpha_T u_2^2/u\\ D_{12}=D_{21}=(\alpha_L-\alpha_T)u_1 u_2/u\\ D_{22}=\tau D_d+\alpha_L u_2^2/u+\alpha_T u_1^2/u\\ u=\sqrt{u_1^2+u_2^2}\end{array}\right\}$$

式中：τ 为弯曲度。

如果考虑溶质与含水层固体骨架的相互作用，而引起溶质的动态贮存，例如以吸附形式或与含水层骨架的离子交换形式的存贮。设 F 是骨架所含的溶质质量，即微元 σ 在 dt 时间内均衡吸附情况为

$$(1-n)\frac{\partial F}{\partial t}=nI_A$$

而吸附量 F 由式（6.1.14）表示。取 $N=1$，由上式可得

$$I_A = \frac{1-n}{n} K'_d \frac{\partial C}{\partial t} \tag{6.1.22}$$

如考虑吸附影响，在式（6.1.15）中增加一项 I_A，表示溶质由于吸附的生成率，此时式（6.1.15）变为

$$\left(1 + \frac{1-n}{n} K'_d\right)\frac{\partial C}{\partial t} = \frac{\partial}{\partial x}\left(D\frac{\partial C}{\partial x}\right) - \frac{\partial}{\partial x}(uC) \tag{6.1.23}$$

令

$$R_d = 1 + \frac{1-n}{n} K'_d \tag{6.1.24}$$

式中：R_d 为阻滞因子。

把式（6.1.23）改写为

$$\frac{\partial C}{\partial t} = \frac{1}{R_d}\frac{\partial}{\partial x}\left(D\frac{\partial C}{\partial x}\right) - \frac{1}{R_d}\frac{\partial}{\partial x}(uC)$$

若 R_d 为常数，上式可以写为

$$\frac{\partial C}{\partial t} = \frac{\partial}{\partial x}\left(\frac{D}{R_d}\frac{\partial C}{\partial x}\right) - \frac{\partial}{\partial x}\left(\frac{u}{R_d}C\right) \tag{6.1.25}$$

记 $u_e = u/R_d$，u_e 表示溶质运移速度，u 为实际平均速度，由于 $R_d > 1$，表示污染质运移速度比水流速度小得多。

若取 x 轴方向为地下水流方向，则 $u_1 = u$，$u_2 = 0$，并考虑吸附作用，则二维溶质运移方程（在饱和的情况下）可写为

$$R_d \frac{\partial C}{\partial t} = \frac{\partial}{\partial x}\left(D_{11}\frac{\partial C}{\partial x}\right) + \frac{\partial}{\partial y}\left(D_{22}\frac{\partial C}{\partial y}\right) - \frac{\partial}{\partial x}(uC) \tag{6.1.26}$$

如果还要考虑放射性衰变，通常在方程式（6.1.16）中增加一个源项表示示踪剂的衰变反应。此时衰变量 W 的多少与原来溶质（示踪剂）的浓度 C 成正比，即

$$W = -\lambda C R_d$$

式中：λ 为放射性衰变系数，$\lambda = \ln 2/$ 半衰期。

此时式（6.1.26）变为

$$R_d \frac{\partial C}{\partial t} = \frac{\partial}{\partial x}\left(D_{11}\frac{\partial C}{\partial x}\right) + \frac{\partial}{\partial y}\left(D_{22}\frac{\partial C}{\partial y}\right) - \frac{\partial}{\partial x}(uC) - \lambda C R_d \tag{6.1.27}$$

式（6.1.27）是最常见的方程。

6.1.3 地下水溶质运移问题的解

求解溶质运移方程非常困难，一般采用数值方法，但在一些特殊情况下，可求出它的解析解或近似解析解。利用这些解析解可验证数值方法的正确性，还可以在实验的人为条件下，利用实验数据，拟合一些标准曲线，来确定弥散系数，在某些简单情况下，对溶质运移做预测。下面介绍几种简单情况下的解析解。

1. 无对流情况下的溶质运移

假定无对流项的点源一维溶质运移问题，在数学上可以用下面方程来描述：

第 6 章 地下水中的溶质与热量运移

$$\left.\begin{aligned}&\frac{\partial C}{\partial t}-a^2\frac{\partial^2 C}{\partial x^2}=0\\&C(x,0)=\delta(x)\\&-\infty<x<+\infty\end{aligned}\right\} \quad (6.1.28)$$

式中，a^2 等于 D_{11} 或 D_{11}/R_d；$\delta(x)$ 为 δ-函数。

用 Fourier 变换（简称 F 变换）求解方程式 (6.1.28)，可得

$$C(x,t)=\frac{1}{2a\sqrt{\pi t}}e^{-\frac{x^2}{4a^2 t}} \quad (6.1.29)$$

因此式 (6.1.28) 的解可用式 (6.1.29) 表示。它表示在 $x=0$ 有一个点状溶质源时对其他点的影响。

如果在 $x=\xi$ 点放一个溶质点源，它的数学模型为

$$\left.\begin{aligned}&\frac{\partial C}{\partial t}=a^2\frac{\partial^2 C}{\partial x^2}\\&C(x,0)=\delta(x-\xi)\end{aligned}\right\} \quad (6.1.30)$$

令 $x_1=x-\xi$，式 (6.1.30) 变为

$$\left.\begin{aligned}&\frac{\partial C}{\partial t}=a^2\frac{\partial^2 C}{\partial x^2}\\&C(x,0)=\delta(x_1)\end{aligned}\right\} \quad (6.1.31)$$

而式 (6.1.31) 的解为

$$C(x,t)=\frac{1}{2a\sqrt{\pi t}}e^{-\frac{x_1^2}{4a^2 t}} \quad (6.1.32)$$

因而原问题式 (6.1.30) 的解如下：

$$C(x,t)=\frac{1}{2a\sqrt{\pi t}}e^{-\frac{(x-\xi)^2}{4a^2 t}} \quad (6.1.33)$$

式 (6.1.33) 表示在点 $x=\xi$ 放一个溶质点源时对其他点的浓度的影响。

与一维情况一样，先考虑无对流项点源溶质运移问题，在 $-h<x<h$，$-h<y<h$ 区域内瞬时注入质量为 M 的溶质点源，浓度仍记为 C，于是

$$C(x,y,0)=\begin{cases}\dfrac{M}{(2h)(2h)}n & (|x|<h,|y|<h)\\ 0 & (|x|>h,|y|>h)\end{cases}$$

则当 $h\to 0$ 时，有

$$C(x,y,0)=\frac{M}{n}\delta(x)\delta(y) \quad (6.1.34)$$

考虑下面定解问题：

$$\left.\begin{aligned}&\frac{\partial C}{\partial t}=D_L\frac{\partial^2 C}{\partial x^2}+D_T\frac{\partial^2 C}{\partial y^2}\\&C(x,y,0)=\frac{M}{n}\delta(x)\delta(y)\end{aligned}\right\} \quad (6.1.35)$$

采用二维 Fourier 变换方法得到其解：

$$C(x,y,t)=\frac{M}{n}\frac{1}{4\pi t\sqrt{D_L D_T}}\exp\left(-\frac{x^2}{4D_L t}-\frac{y^2}{4D_T t}\right) \tag{6.1.36}$$

式（6.1.36）表示在原点瞬时注入质量为 M 的溶质点源，在无对流情况下溶质浓度分布。

如果在 $x=\xi$，$y=\eta$ 点瞬时注入质量为 M 的溶质点源，在无对流的情况下溶质浓度分布可用下式表示：

$$C(x,y,t)=\frac{M}{n}\frac{1}{4\pi t\sqrt{D_L D_T}}\exp\left[-\frac{(x-\xi)^2}{4D_L t}-\frac{(y-\eta)^2}{4D_T t}\right]$$

如果在点 ξ、η 处，向矩形 $[\xi,\xi+\mathrm{d}\xi]\times[\eta,\eta+\mathrm{d}\eta]$ 注入质量为 $\mathrm{d}M=C_0 n\mathrm{d}\xi\mathrm{d}\eta$ 的溶质点源，C_0 为初始浓度，于是产生的浓度分布为

$$\mathrm{d}C(x,y,t)=\frac{C_0 n\mathrm{d}\xi\mathrm{d}\eta}{n\times 4\pi t\sqrt{D_L D_T}}\exp\left[-\frac{(x-\xi)^2}{4D_L t}-\frac{(y-\eta)^2}{4D_T t}\right]$$

于是矩形 $[-A,A]\times[-B,B]$ 污染源在无对流的情况下溶质浓度分布为

$$C(x,y,t)=\int_{-A}^{A}\int_{-B}^{B}C_0(\xi,\eta)\frac{1}{4\pi t\sqrt{D_L D_T}}\exp\left[-\frac{(x-\xi)^2}{4D_L t}-\frac{(y-\eta)^2}{4D_T t}\right]\mathrm{d}\xi\mathrm{d}\eta$$

2. 有对流情况下的溶质运移

设溶质点位于原点附近（$|x|<h$），瞬时注入质量为 M 的溶质，当地下水运动速度 u 为常数时，其溶质运动方程为

$$\frac{\partial C}{\partial t}=D_L\frac{\partial^2 C}{\partial x^2}-u\frac{\partial C}{\partial x}\quad(-\infty<x<\infty) \tag{6.1.37}$$

初始条件，可用下式表达：

$$2hC(x,0)n=M\quad(-h<x<h)$$
$$C(x,0)=0\quad(|x|>h)$$

式中：n 为孔隙度。

令 $h\to 0$，便得

$$C(x,0)=\frac{M}{n}\delta(x)$$

于是质量为 M 的溶质在原点的一维运移可由下面定解问题支配：

$$\left.\begin{aligned}&\frac{\partial C}{\partial t}=D_L\frac{\partial^2 C}{\partial x^2}-u\frac{\partial C}{\partial x}\\ &C(x,0)=\frac{M}{n}\delta(x)\\ &-\infty<x<\infty\end{aligned}\right\} \tag{6.1.38}$$

利用 Lagrange 运动坐标系：

$$\left.\begin{aligned}x^*&=x-ut\\ t^*&=t\end{aligned}\right\} \tag{6.1.39}$$

$$\overline{C}(x^*,t^*)=C[x(t),t]$$

$$\frac{\mathrm{D}\overline{C}}{\mathrm{D}t^*}=\frac{\partial C}{\partial t}+\frac{\partial C}{\partial x}\frac{\mathrm{d}x}{\mathrm{d}t}=\frac{\partial C}{\partial t}+u\frac{\partial C}{\partial x} \tag{6.1.40}$$

$$\frac{\partial^2 \overline{C}}{\partial x^{*2}}=\frac{\partial^2 C}{\partial x^2} \tag{6.1.41}$$

于是式 (6.1.38) 化为

$$\left.\begin{array}{l}\dfrac{\mathrm{D}\overline{C}}{\mathrm{D}t^*}=D_\mathrm{L}\dfrac{\partial^2 \overline{C}}{\partial x^{*2}}\\[2mm] C(x^*,0)=\dfrac{M}{n}\delta(x^*)\end{array}\right\} \tag{6.1.42}$$

而式 (6.1.42) 的解可表示为

$$\overline{C}(x^*,t^*)=\frac{M}{n\times 2\sqrt{D_\mathrm{L}\pi t^*}}\exp\left(-\frac{x^{*2}}{4D_\mathrm{L}t^*}\right) \tag{6.1.43}$$

于是

$$C(x,t)=\frac{M}{n\times 2\sqrt{D_\mathrm{L}\pi t}}\exp\left[-\frac{(x-ut)^2}{4D_\mathrm{L}t}\right] \tag{6.1.44}$$

它表示原点附近瞬时注入质量为 M 的溶质后的溶质运移规律，在实际应用上意义很大。

如果不在原点瞬时注入，而在 $x=\xi$ 处瞬时注入质量为 M 的溶质，则

$$C(x,t)=\frac{M}{n\times 2\sqrt{D_\mathrm{L}\pi t}}\exp\left[-\frac{(x-ut-\xi)^2}{4D_\mathrm{L}t}\right] \tag{6.1.45}$$

可以描述溶质运移变化。

在有对流情况下，如果水流速度 u 为常数，x 为 u 的方向，此时溶质点源的运移过程可由下述定解问题来描述

$$\left.\begin{array}{l}\dfrac{\partial C}{\partial t}=D_\mathrm{L}\dfrac{\partial^2 C}{\partial x^2}+D_\mathrm{T}\dfrac{\partial^2 C}{\partial y^2}-u\dfrac{\partial C}{\partial x}\\[2mm] C(x,y,0)=\dfrac{M}{n}\delta(x)\delta(y)\end{array}\right\} \tag{6.1.46}$$

与一维情况一样，作代换：

$$\left.\begin{array}{l}x^*=x-ut\\ y^*=y\\ t^*=t\end{array}\right\}$$

式 (6.1.46) 可化为

$$\left.\begin{array}{l}\dfrac{\partial C}{\partial t^*}=D_\mathrm{L}\dfrac{\partial^2 C}{\partial x^{*2}}+D_\mathrm{T}\dfrac{\partial^2 C}{\partial y^{*2}}\\[2mm] C(x^*,y^*,0)=\dfrac{M}{n}\delta(x^*)\delta(y^*)\end{array}\right\} \tag{6.1.47}$$

经变换可得

$$C(x,y,t)=\frac{M}{n}\frac{1}{4\pi t\sqrt{D_\mathrm{L}D_\mathrm{T}}}\exp\left[-\frac{(x-ut)^2}{4D_\mathrm{L}t}-\frac{y^2}{4D_\mathrm{T}t}\right] \tag{6.1.48}$$

式（6.1.48）表示 $t=0$ 时在原点瞬时注入质量为 M 的溶质源，在有对流情况下的浓度分布。

设从 $t=0$ 开始在原点处以速率为 Q 连续注入溶质，浓度为 C_0，因为是连续注入，它可以看作一系列瞬时注入的叠加。

设在原点处，于 $t=\tau$ 时刻，经过 $d\tau$，注入的质量为 $dM=C_0nQd\tau$，t 时刻在点(x,y)产生的浓度为

$$dC(x,y,t)=\frac{C_0Qd\tau}{4\pi(t-\tau)\sqrt{D_LD_T}}\exp\left\{-\frac{[x-u(t-\tau)]^2}{4D_L(t-\tau)}-\frac{y^2}{4D_T(t-\tau)}\right\}$$

那么从 $\tau=0$ 到 $\tau=t$ 时，对 t 进行积分，便得

$$C(x,y,t)=\frac{C_0Q}{4\pi\sqrt{D_LD_T}}\int_0^t\frac{1}{t-\tau}\exp\left\{-\frac{[x-u(t-\tau)]^2}{4D_L(t-\tau)}-\frac{y^2}{4D_T(t-\tau)}\right\}d\tau$$

3. 径向流情况下的溶质运移

设浓度为 C_0 的溶质通过一个完整井连续注入含水层时，求溶质在含水层中运移的规律。平面径向流的对流弥散方程可以直接从对流、机械弥散、分子扩散、吸附等 4 个作用导出。

如图 6.1.5 所示，设 u 表示 r 轴方向的地下水流速，C 为含水层的溶质（或污染质）的浓度，则由对流作用进入微元 σ 的溶质质量可由下面方法推导：

经过 $ABCD$ 断面在 dt 时间内流入 σ 的质量为 $C(x,t)h(r,t)rd\theta u(r,t)dt$。

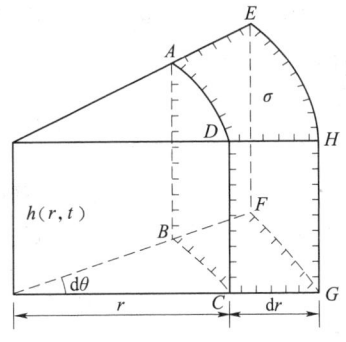

图 6.1.5 径向流的溶质运移

经过 $EFGH$ 断面流出 σ 的质量为 $C(r+dr,t)h(r+dr,t)(r+dr)d\theta u(r+dr,t)dt$。

所以在 dt 时间内净流进 σ 的质量为

$$[(Cuhr)_{ABCD}-(Cuhr)_{EFGH}]d\theta dt=-\frac{\partial}{\partial r}(Cuhr)drd\theta dt \qquad (6.1.49)$$

由于流体的溶质与原来的溶液发生混合，其弥散通量密度 J 显然与浓度梯度 $\frac{\partial C}{\partial r}$ 成正比，即 $J=-D'_h\frac{\partial C}{\partial r}$，$D'_h$ 为机械弥散系数，由此在 dt 时间内进入 σ 的质量为 $\frac{\partial}{\partial r}\left(D'_h hr\frac{\partial C}{\partial r}\right)drd\theta dt$。

由于溶质各处浓度不一样，在浓度梯度的作用下，在 dt 时间内，进入 σ 的质量为 $\frac{\partial}{\partial r}\left(D''_h r\frac{\partial C}{\partial r}\right)drd\theta dt$。

因此不考虑吸附影响，由于溶质（污染质）进入 σ 中浓度发生变化，单位时间内浓度变化率记为 $\frac{\partial C}{\partial t}$。因此在 dt 时间内由 $C(r,t)$ 变到 $C(r,t+\Delta t)$ 所需溶质质量为 $\frac{\partial C}{\partial t}hrdrd\theta dt$。

利用质量守恒定律,可得

$$\frac{\partial C}{\partial t}=\frac{1}{hr}\frac{\partial}{\partial r}\left(Dhr\frac{\partial C}{\partial r}\right)-\frac{1}{hr}\frac{\partial}{\partial r}(Cuhr) \tag{6.1.50}$$

式中,$D=D_h'+D_h''$,为水动力弥散系数。

如果考虑吸附作用,式(6.1.50)可改写为

$$\left(1+\frac{1-n}{n}\right)\frac{\partial C}{\partial t}=\frac{1}{hr}\frac{\partial}{\partial r}\left(Dhr\frac{\partial c}{\partial R}\right)-\frac{1}{hr}\frac{\partial}{\partial r}(Cuhr) \tag{6.1.51}$$

式(6.1.51)为在潜水情况下污染质(溶质)径向流的运移方程。

对于承压含水层,$h=b=$常数,式(6.1.50)化为

$$\frac{\partial C}{\partial t}=\frac{1}{r}\frac{\partial}{\partial r}\left(Dr\frac{\partial C}{\partial r}\right)-\frac{1}{r}\frac{\partial}{\partial r}(Cur) \tag{6.1.52}$$

在一个完整井内,注入流量为 Q 浓度为 C_0 的污染质,试求污染运移规律。此时可化为如下定解问题:

$$\left.\begin{array}{l}\dfrac{\partial C}{\partial t}=\dfrac{1}{r}\dfrac{\partial}{\partial r}\left(Dr\dfrac{\partial C}{\partial r}\right)-\dfrac{1}{r}\dfrac{\partial}{\partial r}(Cur)\\ C(r,0)=0\quad(r\geqslant r_0)\\ C(r_0,t)=C_0\quad(t>0)\\ C(\infty,t)=0\quad(t>0)\end{array}\right\} \tag{6.1.53}$$

其中

$$u=\frac{Q}{2\pi rnb}$$

式中:b 为含水层厚度;r_0 为水井半径。

记 $A=Q/(2\pi bn)$,则 $u=\dfrac{A}{r}$。并忽略分子扩散的影响,设

$$D=a_L|u|$$

于是

$$Dr=a_L|u|\frac{A}{r}r=a_LA=\text{常数} \tag{6.1.54}$$

此时式(6.1.52)化为

$$\frac{\partial C}{\partial t}=\frac{Aa_L}{r}\frac{\partial^2 C}{\partial r^2}-\frac{A}{r}\frac{\partial C}{\partial r} \tag{6.1.55}$$

式(6.1.55)在定解条件式(6.1.51)~式(6.1.53)下可用 Laplace 变换求出解析解,但式(6.1.55)是变系数的,所以求解相当复杂,有兴趣可参阅 *Hydraulics of Groundwater*(J. Bear,1979)。

Ramondi 等(1959)在对流项比弥散项大得多的条件下,获得式(6.1.55)的近似解为

$$\frac{C}{C_0} = \frac{1}{2}\text{erfc}\left(\frac{\frac{r^2}{2} - At}{\sqrt{\frac{4}{3}a_L r^3}}\right) \quad (6.1.56)$$

其中

$$\text{erfc}(x) = \frac{2}{\sqrt{\pi}} \int_x^\infty e^{-t^2} dt$$

为误差函数。

式（6.1.56）经过运算，近似写成

$$\frac{C(r,t)}{C_0} = 1 - N\left(\frac{\frac{r^2}{2} - At}{\sqrt{\frac{4}{3}a_L r^3}}\right) \quad (6.1.57)$$

其中，$N(x) = \frac{1}{\sqrt{2\pi}} \int_{-\infty}^{x} e^{-t^2/2} dt$，为标准正态分布函数。

用式（6.1.56）所预报的污染质运移要比用有限差分预报的结果要远些。换句话说，式（6.1.56）的解是保守的。

6.1.4 水动力弥散系数及其确定

1. 水动力弥散系数

水动力弥散系数 D 是描述水动力弥散作用大小的基本参数。机械弥散系数 D_h' 与孔介质中的分子扩散系数 D_h'' 之和叫作水动力弥散系数，即 $D = D_h' + D_h''$。由于多孔介质几何结构的复杂性，从微观水平上研究一个点的运动规律实际上是不可能的；同样，从微观水平来研究弥散也是困难的。因此，与第1章定义渗流速度等物理量一样，也从宏观上来描述弥散现象，所涉及的物理量，都是定义在典型单元体上的平均值。D 是一个二秩张量，即使在各向同性介质中，沿流向的纵向弥散与垂直于流向的横向弥散也是不同的。

为了研究弥散系数与速度分布和分子扩散之间的关系，人们曾做过大量实验。通过大量的实验，得到了如图 6.1.6 所示的曲线。图 6.1.6 中，纵坐标是实验室得到的纵向弥散系数 D_L 和溶质在所研究液相中的分子扩散系数 D_d 的比值 D_L/D_d，横坐标是一个无量纲量：

$$P_e = \frac{ud}{D_d} \quad (6.1.58)$$

式中：P_e 为 Peclet 数，该无量纲量表示实际流速和分子扩散系数相比的相对大小，P_e 越大，表示流速相对越大；u 为实际平均流速；d 为多孔介质的某种特征长度，如多孔介质的平均粒径等。

根据曲线的变化情况，大致上可以将其分为 5 个区。

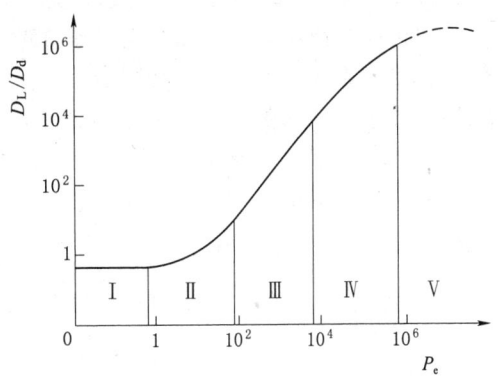

图 6.1.6 分子扩散和水动力弥散之间的关系（J. Bear, 1979）

(1) 第Ⅰ区：实际流速很小，以分子扩散为主，对应曲线上 D_L/D_d 接近为常数的一段。

(2) 第Ⅱ区：对应 P_e 在 0.4～5 之间，曲线开始向上弯曲。此时，机械弥散与分子扩散达到相同的数量级，因此应研究两者之和。

(3) 第Ⅲ区：溶质运移主要是由机械弥散与横向分子扩散相结合而成。因这两个作用相互干扰，横向分子扩散在一定程度上减弱了纵向上的溶质运移。

(4) 第Ⅳ区：主要是机械弥散，分子扩散作用可以忽略不计，但流速尚未达到偏离 Darcy 定律的程度。

(5) 第Ⅴ区：以机械弥散为主，分子扩散作用可以忽略不计。与第Ⅳ区的区别在于水流速度已达到超出 Darcy 定律适用的范围。惯性力和紊动的影响引起纵向的溶质运移减少，使得该段曲线斜率小于 1。

横向弥散试验得到了和纵向弥散相类似的结果。

如图 6.1.6 所示的曲线表明，弥散系数和水流速度、分子扩散有关，可表达为

$$\left. \begin{array}{l} D'_{ij} = \sum_{k=1}^{3} \sum_{m=1}^{3} \alpha_{ijkm} \dfrac{u_k u_m}{u} f(P_e, \delta) \\ f(P_e, \delta) = \dfrac{P_e}{2 + P_e + 4\delta^2} \end{array} \right\} \quad (6.1.59)$$

式中：D'_{ij} 为机械弥散系数，为二秩对称张量的一个分量；α_{ijkm} 为多孔介质的弥散度，为一四秩张量，在饱和流动中反映多孔介质固体骨架的几何性质；u 为实际平均流速；u_k、u_m 分别为坐标轴 x_k、x_m 上的分量；δ 为表示水流通道形状特征的系数；$f(P_e, \delta)$ 为微观水平上考虑相邻流线之间由分子扩散所引起的对物质运移影响的函数，这个影响和机械弥散是不可分的。

P_e 较大时，由 $f(P_e, \delta)$ 的表达式可以看出，$f(P_e, \delta) \approx 1$。也就是说，分子扩散对机械弥散系数的影响就变得微不足道了。这时机械弥散系数和实际平均流速之间呈线性关系。对于大多数实际问题来说，都属于这种情形，总是假定 $f(P_e, \delta) = 1$。

如果在某一点上选择坐标轴，使得其中一个坐标轴和该点处的平均流速方向一致（即弥散主轴），并忽略分子扩散，$f(P_e, \delta) = 1$，则

$$D'_{xx} = \alpha_L u, \quad D'_{yy} = D'_{zz} = \alpha_T u, \quad D'_{xy} = D'_{xz} = D'_{yz} = L = 0 \quad (6.1.60)$$

式中：α_L、α_T 分别为纵向弥散度和横向弥散度。

纵向机械弥散系数 D'_{xx} 和横向机械弥散系数 D'_{yy}、D'_{zz} 称为弥散系数主值。由于弥散主轴依赖于水流方向，所以除了均匀流（$u_x =$ 常数，$u_y = u_z = 0$）以外，一般说来即使在各向同性介质中各点的弥散系数也各不相同，随空间位置而变化。

2. 一维水动力弥散系数的确定

先考虑一维情况，在 $x=0$ 点，连续注入浓度为 C_0 的溶液，水流方向为 x 轴，则溶质运移模型为

$$\left. \begin{array}{l} \dfrac{\partial C}{\partial t} = D_L \dfrac{\partial^2 C}{\partial x^2} - u \dfrac{\partial c}{\partial x} \\ C(x, 0) = 0 \quad (0 < x < \infty) \\ C(0, t) = C_0 \quad (0 < t < \infty) \\ C(\infty, t) = 0 \quad (0 < t < \infty) \end{array} \right\}$$

其解为
$$\frac{C(x,t)}{C_0}=\frac{1}{2}\left\{\text{erfc}\left[\frac{x-ut}{2(D_L t)^{1/2}}\right]+\exp\left(\frac{ux}{D_L}\right)\text{erfc}\left[\frac{x+ut}{2(D_L t)^{1/2}}\right]\right\} \quad (6.1.61)$$

由于第二项比较小，可忽略，故有

$$\frac{C(x,t)}{C_0}=\frac{1}{2}\text{erfc}\left[\frac{x-ut}{2(D_L t)^{1/2}}\right]=\frac{1}{\sqrt{\pi}}\int_{\frac{x-ut}{2(D_L t)^{1/2}}}^{\infty}\exp(-\eta^2)d\eta$$

$$=1-\frac{1}{\sqrt{2\pi}}\int_{-\infty}^{\frac{x-ut}{2(D_L t)^{1/2}}}\exp(-\eta^2)d\eta \quad (6.1.62)$$

对于给定时刻 t，把 x 作为变数，把式 (6.1.62) 作为正态分布函数 $1-N\left(\frac{x-ut}{\sqrt{2D_L t}}\right)$，根据正态分布的一个典型性质：

$$N(1)=0.84$$
$$N(-1)=0.16$$
$$N(0)=0.5$$

便可以求出 D_L，方法如下。

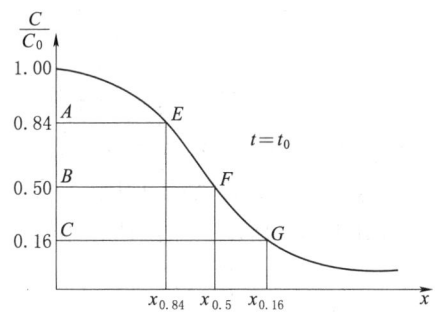

图 6.1.7 满足正态分布时的 C/C_0 与 x 关系曲线

根据实验资料，在 $t=t_0$ 时，不同观测孔的浓度资料绘制 C/C_0 随 x 的变化曲线，见图 6.1.7。

当 $\frac{x-ut_0}{\sqrt{2D_L t_0}}=1$ 时，$\frac{C}{C_0}=1-N\left(\frac{x-ut_0}{\sqrt{2D_L t_0}}\right)=1-N(1)$，满足 $(x-ut_0)/\sqrt{2D_L t_0}=1$ 的点 G 的横坐标记为 $x_{0.16}$，即

$$\frac{x_{0.16}-ut_0}{\sqrt{2D_L t_0}}=1$$

当 $\frac{x-ut_0}{\sqrt{2D_L t_0}}=-1$ 时，$\frac{C}{C_0}=1-N\left(\frac{x-ut_0}{\sqrt{2D_L t_0}}\right)=1-N\times(-1)=1-0.16=0.84$，满足 $\frac{x-ut_0}{\sqrt{2D_L t_0}}=-1$ 的点 E 的横坐标记为 $x_{0.84}$，即

$$\frac{x_{0.84}-ut_0}{\sqrt{2D_L t_0}}=-1$$

于是

$$\frac{x_{0.16}-ut_0}{\sqrt{2D_L t_0}}-\frac{x_{0.84}-ut_0}{\sqrt{2D_L t_0}}=2$$

亦即

$$D_L=\frac{1}{8t_0}(x_{0.16}-x_{0.84})^2 \quad (6.1.63)$$

因此求 D_L 的问题化为求 $x_{0.16}$ 和 $x_{0.84}$ 的问题，而 $x_{0.16}$ 和 $x_{0.84}$ 可用下法求得。

在曲线上先找坐标为 $(0,0.84)$、$(0,0.5)$、$(0,0.16)$ 的三点 A、B、C，然后作平行于 x 轴的三条直线 AE、BF、CG，分别与曲线交于 E、F、G 三点（图 6.1.7）。然后作 x 轴垂直线与 x 轴相交于三点，则三点的 x 轴坐标分别为 $x_{0.84}$、$x_{0.5}$、$x_{0.16}$，由式 (6.1.63) 可以求出 D_L。

如果观察孔只有一个，亦即式 (6.1.63) 中 x 是固定数，式 (6.1.62) 把 t 作为变数，仍为正态分布，根据实验资料，在 $x = x_0$ 时，绘制 C/C_0 随 t 变化曲线。于是进行与上面相同的处理，并将 C/C_0 达到 0.16 时刻记为 $t_{0.84}$。于是

$$\frac{x_0 - ut_{0.16}}{\sqrt{2D_L t_{0.16}}} - \frac{x_0 - ut_{0.84}}{\sqrt{2D_L t_{0.84}}} = 2$$

则

$$D_L = \frac{1}{8}\left[(x_0 - ut_{0.16})/\sqrt{t_{0.16}} - (x_0 - ut_{0.84})/\sqrt{t_{0.84}}\right]^2 \tag{6.1.64}$$

3. 径向水动力弥散系数的确定

在承压含水层的完整井中连续注入浓度为 C_0 的溶液，并假定多孔介质具有吸附作用，如图 6.1.8 所示。则溶质在多孔介质中运移方程为

$$\left(1 + \frac{1-n}{n}K_d'\right)\frac{\partial C}{\partial t} = \frac{\alpha A}{r}\frac{\partial^2 C}{\partial r^2} - \frac{A}{r}\frac{\partial C}{\partial r} = \frac{\alpha B'}{br}\frac{\partial^2 C}{\partial r^2} - \frac{B'}{r}\frac{\partial C}{\partial r} \tag{6.1.65}$$

其中，$B' = ubr$，弥散系数 $D \approx \alpha |u|$。

因为

$$u = v/n = -\frac{K}{n}\frac{\partial H}{\partial r} = -\frac{K}{n}\frac{\partial}{\partial r}\left(H_w - \frac{H_w - H_0}{\ln\frac{R}{r_w}}\ln\frac{r}{r_w}\right) = \frac{K}{nr}\frac{H_w - H_0}{\ln\frac{R}{r_w}}$$

式中：H 为任一点水头；K 为渗透系数；H_w 为底板算起注水孔中水位高度；r_w 为注水孔的半径；H_0 为初始水位；R 为影响半径；n 为有效孔隙度。

而 $B' = ubr$，其中，b 为含水层厚度，故

$$B' = \frac{Kb(H_w - H_0)}{\ln\frac{R}{r_w}}$$

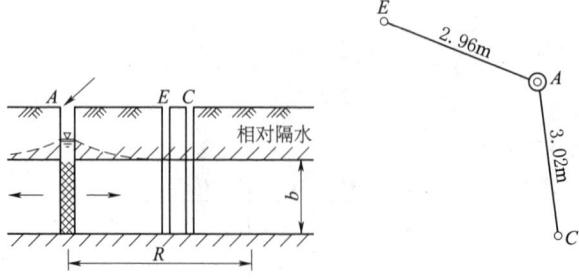

图 6.1.8 用钻孔注入法测定径向求参数的布置示意图

令

$$R_d = 1 + \frac{1-n}{n} K'_d, \quad B = \frac{B'}{R_d} \tag{6.1.66}$$

则式（6.1.65）变为

$$\frac{\partial C}{\partial t} = \frac{\alpha B}{br} \frac{\partial^2 C}{\partial r^2} - \frac{B}{br} \frac{\partial C}{\partial r} \tag{6.1.67}$$

于是径向溶质运移问题可化为下列定解问题：

$$\left.\begin{array}{l} \dfrac{\partial C}{\partial t} = \dfrac{\alpha B}{br} \dfrac{\partial^2 C}{\partial r^2} - \dfrac{B}{br} \dfrac{\partial c}{\partial r} \\ C(r,0) = 0 \\ C(r_w, t) = C_0 \\ C(\infty, t) = 0 \end{array}\right\} \tag{6.1.68}$$

在承压含水层中，式（6.1.68）中 b 为常数，其近似解为

$$\frac{C(r,t)}{C_0} = \frac{1}{2} \mathrm{erfc} \left(\frac{\dfrac{r^2}{2} - At}{\sqrt{\dfrac{4}{3} - \alpha r^3}} \right) \tag{6.1.69}$$

其中：

$$A = \frac{K(H_w - H_0)}{n \ln \dfrac{R}{r_w} R_d}$$

式（6.1.68）也可改写为

$$\frac{C(r,t)}{C_0} = 1 - N \left(\frac{\dfrac{r^2}{2} - At}{\sqrt{\dfrac{4}{3} - \alpha r^3}} \right) \tag{6.1.70}$$

观察孔 $\dfrac{C}{C_0}$ 达到 0.84 时所需时间记为 t_0，观察孔达到 0.16 所需时间记为 $t_{0.16}$，与式（6.1.64）一样可得

$$\frac{\dfrac{r_0^2}{2} - At_{0.16}}{\sqrt{\dfrac{4}{3} - \alpha r_0^3}} - \frac{\dfrac{r_0^2}{2} - At_{0.84}}{\sqrt{\dfrac{4}{3} - \alpha r_0^3}} = 2 \tag{6.1.71}$$

$$\frac{\dfrac{r_0^2}{2} - At_{0.16}}{\sqrt{\dfrac{4}{3} - \alpha r_0^3}} - \frac{\dfrac{r_0^2}{2} - At_{0.5}}{\sqrt{\dfrac{4}{3} - \alpha r_0^3}} = 1 \tag{6.1.72}$$

式中：r_0 为观察孔离井中心的距离。

式（6.1.71）、式（6.1.72）中含有两个未知数，一个是弥散度 α，一个是 R_d，于是联合求解可以求得弥散度 α 和阻滞系数 R_d。

式 (6.1.71) 亦可以用式 (6.1.72) 代替。

由于 $\dfrac{\dfrac{r_0^2}{2}-At_{0.5}}{\sqrt{\dfrac{4}{3}-\alpha r_0^3}}=0$ 时，$\dfrac{C}{C_0}=0.5$，必须有

$$\frac{r_0^2}{2}-At_{0.5}=0$$

即

$$t_{0.5}=\frac{r_0^2}{2A}=r_0^2 n/2K(H_w-H_0)\ln\frac{R}{r_w}R_d \qquad (6.1.73)$$

由式 (6.1.73) 解出 R_d，然后代入式 (6.1.71) 便可以求 α，由式 (6.1.73) 看出阻滞系数 R_d 与 α 动力弥散度无关。

6.2　海岸带含水层中的咸淡水界面

在天然条件下，海岸带含水层中的淡水和咸水维持着一种平衡，它们之间有一个界面。界面以上的淡水流向海洋（图6.2.1）。抽取淡水后，会引起潜水位的下降。如果淡水抽水量超过了它的补给量，使得海洋附近的潜水位下降到淡水体水头低于附近海水楔形体的水头时，界面就要向陆地推进，直至形成新的平衡。这种现象称为海水入侵。因此，海岸带含水层中咸淡水界面的研究对沿海地区人民生活和工农业生产有很重要的意义。

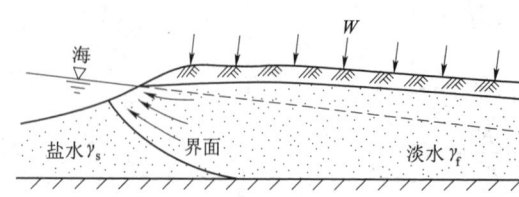

图 6.2.1　海岸带无压含水层中咸淡水界面示意图

淡水和咸水很容易混合，它们之间的接触带由于水动力弥散常形成一个由淡水、低矿化水逐渐变为高矿化水、咸水的过渡带。如果这个过渡带较宽，就需要作为水动力弥散问题加以研究。然而在不少情况下，这个带的宽度相对来说（和含水层厚度相比）较窄，可以近似地把它看成是不相混溶的两种液体之间的突变界面来研究。

6.2.1　作突变界面处理——静止界面的近似解

19 世纪末 20 世纪初，Ghyben 和 Herzberg 曾假设淡水和海水处于一种平衡状态（图6.2.2），对相对静止的海水来说，淡水区的压强可认为是按静水压强分布的。故在深度 h_s 的界面上，有

$$\gamma_f(h_s+h_f)=\gamma_s h_s$$

式中：γ_f、γ_s 分别为淡水和海水的容重；h_f、h_s 为离海岸某一距离处，淡水高出海面的高度和界面位于海面以下的深度。

故

$$h_s=\frac{\gamma_f}{\gamma_s-\gamma_f}h_f=\delta h_f,\quad \delta=\frac{\gamma_f}{\gamma_s-\gamma_f} \qquad (6.2.1)$$

6.2 海岸带含水层中的咸淡水界面

如海水的密度为 1.025g/cm^3，淡水的密度为 1.000g/cm^3，则 $\gamma_s = 10045\text{N/m}^3$，$\gamma_f = 9800\text{N/m}^3$，$\delta = 40$，$h_s = 40h_f$，即在离海岸任一距离上，稳定界面在海面以下的深度为该处淡水高出海面的 40 倍。

这种假设有缺陷。因为靠近海，水流垂直方向的速度较大，不应加以忽略。其次，图 6.2.2 中左边没有淡水流向海洋的出口。事实上，不仅有出口（图 6.2.3），而且潜水流在海面上还有渗出面。界面的实际深度（图 6.2.3 中的 A 点）大于按式（6.2.1）算出的值。但这种方法对于确定厚度固定的承压含水层中界面坡角的深度［图 6.2.4(a) 中的点 G］，效果还是比较好的，误差小于 5%。

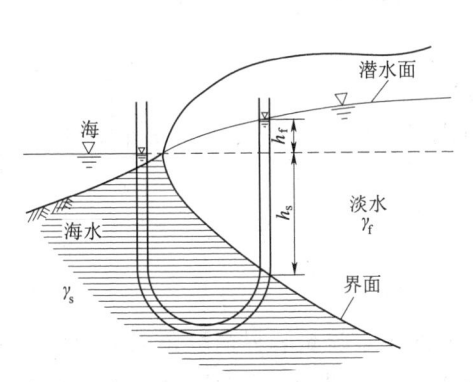

图 6.2.2 Ghyben-Herzbarg 的咸淡水界面模型

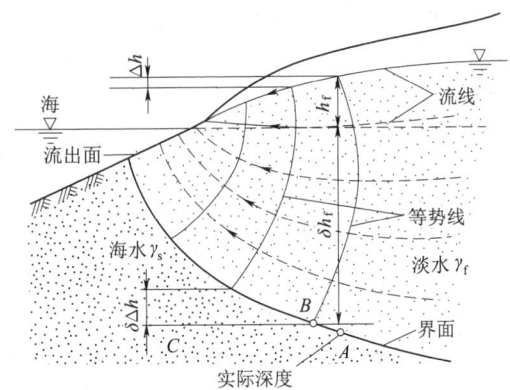

图 6.2.3 海岸附近的实际水流模型（J. Bear, 1979）

为了确定界面的形状即海水入侵范围与淡水流向的关系，一种比较简易的近似方法是把 Dupuit 假设应用于上述模型。

首先研究厚度固定的水平承压含水层中的界面问题（图 6.2.4）。水流是稳定流，设原点位于坡角（点 G），该点流向海的淡水流的单宽流量为 q_0，应用 Dupuit 假设，并令

$$\left.\begin{aligned} q_0 &= -K_f h(x) \frac{\mathrm{d}H}{\mathrm{d}x} = 常数 \\ K &= K_f = \frac{k\gamma_f}{\mu_f} \\ H &= H_f \end{aligned}\right\} \tag{6.2.2}$$

式中：k 为含水层渗透率；K_f 为该含水层对淡水的渗透系数；μ_f 为该淡水的动力黏度；$h(x)$ 为界面在隔水顶板以下的深度。

由式（6.2.1）得

$$h_s = d + h(x) = \delta(H), \quad d + M = \delta H_0$$

式中：d 为隔水顶板到海平面（平均值）的垂直距离；H_0 为 $x=0$ 断面上的水头值。

把它们代入式（6.2.2）得

$$q_0 = -\frac{Kh}{\delta}\frac{\mathrm{d}h(x)}{\mathrm{d}x} \tag{6.2.3}$$

考虑边界条件，当 $x=0$ 时，$H=H_0$（或 $h=M$）。对式（6.2.3）积分得

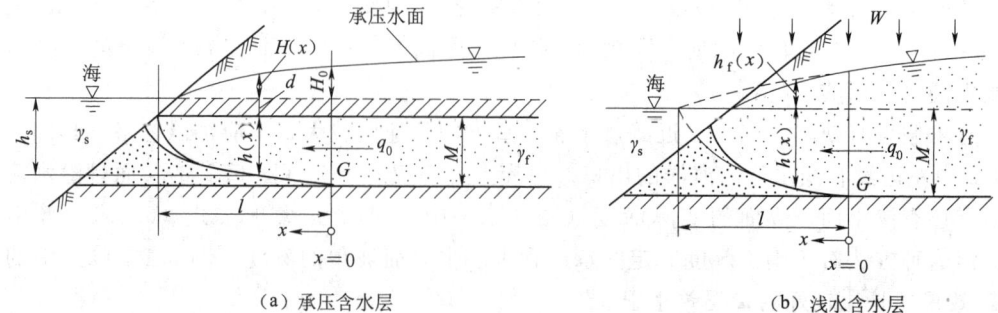

(a) 承压含水层　　　　　　　　　(b) 浅水含水层

图 6.2.4　Dupuit - Ghyben - Herzbarg 法所确定的咸淡水界面形状（J. Bear，1979）

$$q_0 x = -\frac{K(M^2-h^2)}{2\delta} \tag{6.2.4}$$

表明界面的形状是一抛物线。当 q_0 已知时，利用式（6.2.4）可计算不同 x 值时的 h 值，确定界面的位置。

在 $x=l$ 处，取 $h=0$，$d+h=d=\delta H$，因 $d+M=\delta H_0$，于是有

$$q_0 l = \frac{KH_0}{2}(\delta H_0 - 2d) + \frac{Kd^2}{2\delta} = \frac{K}{2\delta}M^2 \tag{6.2.5}$$

式（6.2.5）清楚地表示出海水入侵深度 l 与流向海的淡水流量和界面坡角以上测压水头 H_0 之间的关系。当 q_0 增大时，l 减小。这说明可以通过调节 q_0 或者通过调节补给或开采量来控制海水入侵的范围。

其次，研究潜水含水层中的界面问题 [图 6.2.4(b)]。含水层上部有均匀入渗补给。假设含水层中的水流是稳定流，而且基本上是水平流动，$h(x)=\delta h_f(x)$，其中，$h(x)$ 为界面在平均海平面以下的深度，故有

$$q_0 + Wx = -K(h+h_f)\frac{\partial h_f}{\partial x} = -K(1+\delta)h_f\frac{\partial h_f}{\partial x} \tag{6.2.6}$$

式中：W 为单位时间、单位面积上的入渗补给量。

分离变量，积分，并考虑 $x=0$ 时，$h_f=H_0$，$h=M$，得

$$H_0^2 - h_f^2 = \frac{2q_0 x + Wx^2}{K(1+\delta)} \tag{6.2.7}$$

在 $x=l$ 时，因 $h_f=0$，故有

$$H_0^2 = \frac{2q_0 l + Wl^2}{K(1+\delta)} \tag{6.2.8}$$

从式（6.2.7）可以看出，界面的形状是一抛物线。图 6.2.4(b) 虚线描述的就是按 Dupuit 假设得到的曲线。式（6.2.8）表示出 q_0 和 l 的关系。通过控制 q_0（用人工补给）可以控制海水入侵的影响。如在距海岸 x_0 处有抽水量 Q，当 Q 不太大时，海岸带附近水流状态如图 6.2.5 所示。抽水井截取了流向海洋的部分稳定淡水流。在界面坡角 G 处，潜水面的标高 $H_0 = \frac{M}{\delta}$。S 为驻点，分水线通过该点，该点流速为零。S 点右侧的水流向井，左侧的流向海洋。在平面图上，G 点和 S 点的投影中间相隔某一距离。随着抽水流

量的增加,界面逐渐向陆地推进,两点在平面上的投影逐渐彼此靠近,最终重合在一起,即出现水头 $H_0=\dfrac{M}{\delta}$ 的驻点。界面也将向陆地推进到此点。这是一种不稳定的临界状态。以后,即使稍微增加一点开采量 Q,都会造成潜水面的进一步下降,导致界面向陆地急速推进(图 6.2.6),至到达新的平衡。这种情况对不完整井会引起升锥。在某些条件下,在升锥界面到达抽水井以前可以形成新的平衡;在另一些条件下,上升的界面最后将到达抽水井中,井内出现咸水。如系前者,井内就不会出现咸水。对完整井来说,临界状态的破坏,必然会造成界面向陆地推进,到达抽水井,导致井内出现咸水。因此,一种安全和稳定的情况,就是在抽水井和海岸带之间保持一个潜水面高于 $\dfrac{M}{\delta}$ 的有某种宽度的带,如图 6.2.5 所示,起到防止海水进一步入侵的屏障作用。为了维持这一屏障,除了控制抽水量外,进行人工补给是个好办法。

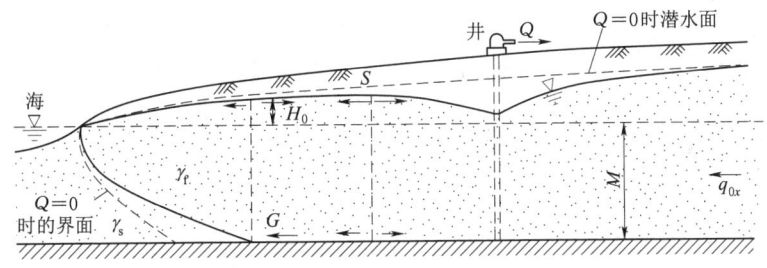

图 6.2.5 海岸带单井抽水时的界面位置 (J.Bear, 1979)

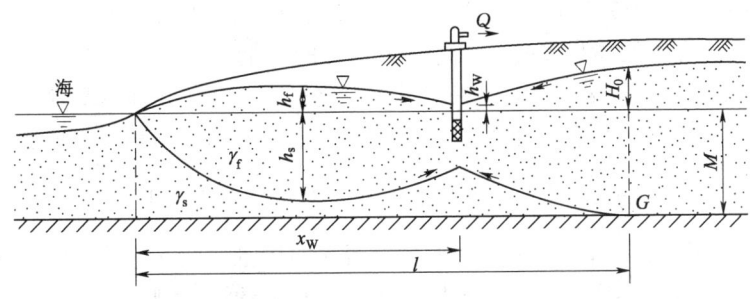

图 6.2.6 海岸带含水层中在界面上抽水的井 (J.Bear, 1979)

Strack 计算了界面坡脚 G 和驻点 S 在平面上一致时,即不稳定的临界状态出现的临界抽水流量 Q 应满足

$$\lambda = 2\left(1-\dfrac{\mu}{\pi}\right)^{\frac{1}{2}} + \dfrac{\mu}{\pi}\ln\dfrac{1-\left(1-\dfrac{\mu}{\pi}\right)^{\frac{1}{2}}}{1+\left(1-\dfrac{\mu}{\pi}\right)^{\frac{1}{2}}} \tag{6.2.9}$$

式中:λ、μ 为无量纲常数。

$$\lambda = \dfrac{KM^2}{q_{0x}x_w}\dfrac{1+\delta}{\delta^2}, \quad \mu = \dfrac{Q}{q_{0x}x_w} \tag{6.2.10}$$

因为 q_0、Q、x_w 都是正的,又必须满足式(6.2.10),所以必然有 $0 \leqslant \mu \leqslant \pi$。

6.2.2 考虑过滤带的解法

当过滤带比较宽时（如山东渤海沿岸盐淡水界面宽达 1.5～6.0km），海水入侵问题必须作为水动力弥散问题来研究，未知变量是地下水中溶解盐分（如 Cl^-）的浓度。确定了盐分浓度的分布，过渡带的位置和界面特征及其移动规律也就迎刃而解了。

严格说来，考虑过渡带的海水入侵问题，必须用两个方程来描述。第一个方程用来描述溶液浓度不断变化，导致密度不断改变，从而影响水头变化的液体（淡水和海水的混合物）的流动。第二个方程用来描述地下水中盐分的运移。

事实上，过渡带中随着地下水密度 ρ 的不断改变，在任一压强 p 下的实际水头值 H 会有不同的值，这给以 H 为基础的描述地下水运动的方程（水流方程）带来很大困难。因此，改用以等效淡水水头（参考水头）为基础来建立水流方程：

$$h = \frac{p}{\rho_0 g} + z \tag{6.2.11}$$

式中：ρ_0 为淡水的密度。

此时，方程有下列形式（坐标轴与各向异性介质一致）：

$$\frac{\partial}{\partial x}\left(K_{xx}\frac{\partial h}{\partial x}\right) + \frac{\partial}{\partial y}\left(K_{yy}\frac{\partial h}{\partial y}\right) + \frac{\partial}{\partial z}\left[K_{zz}\left(\frac{\partial h}{\partial z} + \eta C\right)\right] = \mu_s \frac{\partial h}{\partial t} + n\eta\frac{\partial C}{\partial t} - \frac{\rho}{\rho_0}q \tag{6.2.12}$$

$$\eta = \frac{\varepsilon}{C_s}$$

$$\varepsilon = \frac{\rho_s - \rho_0}{\rho_0}$$

式中：n 为孔隙度；η 为密度耦合系数；ε 为密度差率；C_s 为与最大密度 ρ_s 对应的浓度；C 为溶液浓度；q 为单位体积多孔介质源（或汇）的流量。

式（6.2.12）是在假设液体动力黏滞系数变化很小，并等于淡水黏滞系数，忽略液体压强对密度影响并假设密度随浓度线性变化的基础上导出的。与第 1 章所述水流方程不同之处是，它多了 ηC 和 $n\eta\frac{\partial C}{\partial t}$ 两项。前者表示垂向上由于各点密度不同，在重力作用下所引起的自然对流。后者表示浓度随时间变化所引起的质量变化。由式（6.2.12）配以相应的定解条件，即构成描述海水入侵含水层中水头分布的数学模型。

描述盐分的运移，采用下列对流-弥散方程（当 x 轴与平均流速方向一致时）：

$$\frac{\partial}{\partial x}\left(D_{xx}\frac{\partial C}{\partial x}\right) + \frac{\partial}{\partial y}\left(D_{yy}\frac{\partial C}{\partial y}\right) + \frac{\partial}{\partial z}\left(D_{zz}\frac{\partial C}{\partial z}\right) - \frac{\partial}{\partial x}(u_x C)$$
$$- \frac{\partial}{\partial y}(u_y C) - \frac{\partial}{\partial z}(u_z C) = \frac{\partial C}{\partial t} + \frac{q}{n}(C - C^*) \tag{6.2.13}$$

式中：C^* 为注入水（或抽出水）中盐分的浓度。

式（6.2.13）与式（6.2.12）是一致的。求解时，还要给出相应的定解条件，如：

$$C(x, y, z, 0) = C_0(x, y, z) \tag{6.2.14}$$

$$C(x, y, z, t)|_{\Gamma_1} = \overline{C}(x, y, z, t) \tag{6.2.15}$$

$$D_{xx}\frac{\partial C}{\partial x}n_x + D_{yy}\frac{\partial C}{\partial y}n_y D_{zz}\frac{\partial C}{\partial z}n_z \bigg|_{\Gamma_2} = 0 \tag{6.2.16}$$

式中：Γ_1、Γ_2 分别为浓度给定的第一类边界和隔水边界；C_0 为浓度初值；$\overline{C}$ 为 Γ_1 上的给定的浓度；n_x、n_y、n_z 为隔水边界 Γ_2 上外法向单位矢量在各坐标轴上的投影。

式（6.2.15）和式（6.2.16）通过运动方程（坐标轴与主方向一致）耦合起来：

$$u_x = -\frac{K_{xx}^0}{\varphi}\frac{\partial h}{\partial x}, \quad u_y = -\frac{K_{yy}^0}{\varphi}\frac{\partial h}{\partial y}, \quad u_z = -\frac{K_{zz}^0}{\varphi}\left(\frac{\partial h}{\partial x} + \eta C\right) \quad (6.2.17)$$

式中：K^0 为淡水条件下的渗透系数。

式（6.2.14）～式（6.2.16）为相应的初始条件、边界条件，与式（6.2.17）构成描述海水入侵的完整的数学模型。式（6.2.13）中含有浓度 C，式（6.2.14）的求解又离不开通过水头 H 来求得的实际流速 u。因此式（6.2.13）与式（6.2.17）不能分开求解，必须合在一起用迭代法才能解出不同时刻的浓度分布。

6.3 地下水热量运移

6.3.1 地下水中热量运移

自然界中的热量运移主要有 3 种形式，即传导、对流和辐射。热传导的规律是法国数学物理学家 Fourier 于 1822 年提出的，称为 Fourier 导热定律。它表明通过一定的面积上的热流量 Q_h 和面积以及温度差成正比，而与热流的路径上成反比。如写成微分形式，则有

$$Q_h = -\lambda_e A \frac{\partial T}{\partial n} \quad (6.3.1)$$

式中：λ_e 为比例常数，为导热材料的物性参数，称为热传导系数或导热系数；n 为面积 A 的外法线方向，负号表示热流总是从温度高的方向向低的方向流动。

Fourier 定律也是实验数据的总结。它和达西定律有着相同的形式。热传导系数 λ 取决于物质的性质。无论多孔介质中的液体是否流动，也无论是多孔介质中的液体或固体骨架，都能发生热传导。如果含水层中的地下水静止不动，不能产生水量的运移，但能产生热量的运移。热流量的量纲为 $[ML^2T^{-3}]$，单位为 W。因而导热系数的量纲为 $[MLT^{-3}\tau^{-1}]$，单位为 W/(m·K)。几种典型岩石和水的导热系数见表 6.3.1。

表 6.3.1　　几种典型岩石和水的导热系数和比热容

材料	黏土(20℃)	花岗岩	砂岩	水(0℃)	水(20℃)
导热系数/[W/(m·K)]	1.279	1.7～4.0	1.63～2.1	0.552	0.597
比热容/[J/(kg·K)]	0.88×10³		0.71×10³	4.22×10³	4.18×10³

对流是热量随着流体质点运动引起的热量运移。例如房间里的暖气片，因其周围的空气受热，使之因密度降低而上升，较冷的空气填补空位，这个过程不断地重复进行，就是对流的一个例子。又如向井中注热水，热量随水质点一起在含水层中运动，是又一个例子。

另一种热的运移方式是辐射。表面辐射换热不需要通过任何介质。热辐射是 0.1μ～100μ（$1\mu = 10^{-6}$m）之间的波带内发射的电磁辐射。在地下含水介质中的热量运移中，辐

射换热是很小的，常忽略不计。

热量的增加将引起物体温度的升高，反之则温度降低。设某一系统和其周围环境之间传递微小的热量 dQ_h，由此而发生的微小的温度变化为 dT，则 dQ_h 和 dT 与质量 M 的乘积成正比，即

$$dQ_h = c_d M dT \tag{6.3.2}$$

或

$$c_d = \frac{dQ_h}{M dT} \tag{6.3.3}$$

比例系数 c_d 称为比热容，简称比热，其量纲为 $[L^2 T^{-2} \tau^{-1}]$，单位 J/(kg·K)。即以使 1kg 质量的物体温度升高 1℃时所需热量的焦耳数作为比热容的单位。比热容的大小反映物质的储热性能，比热容 c_d 越大，同样的热量使某一质量的物质温度升高越小。

也可用摩尔热容 c_m 表示物质的储热性能，其表达式为

$$c_m = \frac{dQ_h}{m dT} \tag{6.3.4}$$

式中：m 为摩尔数。

c_m 的单位为 J/(mol·K)。某些岩石和水的比热容值列于表 6.3.1 中。

因为固体和液体常有一定的密度，故也可用热容量 c 表示储热性能。热容量是使单位体积物体温度升高 1℃时所需的热量，它和比热的关系是

$$c = \rho c_d \tag{6.3.5}$$

单位常用 J/(m³·K)。

6.3.2 地下水热量运移数学模型

首先需要研究热动力学方程。选用笛卡尔坐标系，在多孔介质的热运动区域内取一无限小平行六面体，在此六面体内介质是均质各向同性的，边长分别为 dx、dy、dz，且与坐标轴平行，作为平衡单元体（图 6.3.1），在 dt 时间内引起单元体内温度变化的作用主要有：热量随水质点一道运移的对流作用，通过液相介质和固相介质输送的热传导作用，热输运过程中的机械弥散等。

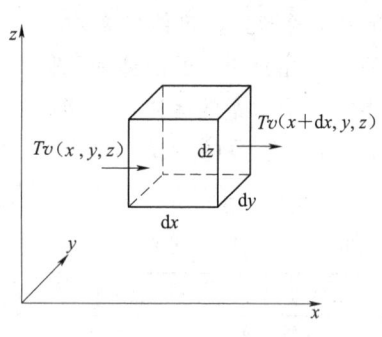

图 6.3.1 热量运移的单元体示意图

1. 通过对流作用输运的热量

设地下水渗流速度为 v，v_x、v_y、v_z 为地下水渗流速度 v 的 3 个分量。水的热容量为 c_w 多孔介质中任一点 (x,y,z) 的温度为 $T(x,y,z)$，则在 dt 时间内 x、y、z 3 个方向，由于对流作用沿 x 轴流入和流出该单元体热量差为

$$dt\, dy\, dz [c_w T v_x(x,y,z) - c_w T v_x(x+\Delta x, y, z)] = -\frac{\partial}{\partial x}(c_w T v_x) dx\, dy\, dz\, dt$$

同理，沿 y 轴和 z 轴方向由于对流作用流入和流出单元体的热量差分别为 $-\frac{\partial}{\partial y}$

$(c_wTv_y)\mathrm{d}x\mathrm{d}y\mathrm{d}z\mathrm{d}t$ 和 $-\dfrac{\partial}{\partial z}(c_wTv_z)\mathrm{d}x\mathrm{d}y\mathrm{d}z\mathrm{d}t$。所以在 $\mathrm{d}t$ 时间内，由于对流作用流入流出这个单元的总热量差为 $-\mathrm{div}(c_wTv)\mathrm{d}x\mathrm{d}y\mathrm{d}z\mathrm{d}t$。

2. 通过热传导作用由液相和固相输运的热量

设 I_p 为单位时间内由传导作用通过单位面积的热通量，则由 Fourier 定律有

$$I_p = -\lambda_p \mathrm{grad}\,T \tag{6.3.6}$$

式中：λ_p 为多孔介质的热传导系数。

3. 类似于溶质运移过程中的机械弥散引起的热量运移

由于多孔介质中各点的局部流速分布不均一，引起热量的平均化。和溶质运移的机械弥散类似，其热通量 I_v 为

$$I_v = -\lambda_v \mathrm{grad}\,T \tag{6.3.7}$$

式中：λ_v 为热机械弥散系数。

把式 (6.3.6)、式 (6.3.7) 两项合起来，得单位时间内通过单位面积相应的热通量 I 为

$$I = I_p + I_v = -(\lambda_p + \lambda_v)\mathrm{grad}\,T = -\lambda\,\mathrm{grad}\,T \tag{6.3.8}$$
$$\lambda = \lambda_p + \lambda_v$$

式中：λ 为热动力弥散系数。

在 $\mathrm{d}t$ 时间内沿 x 轴方向由热传导和机械弥散所引起的流入与流出单元体的热量差为

$$[I_x(x,y,z) - I_x(x+\Delta x,y,z)]\mathrm{d}y\mathrm{d}z\mathrm{d}t = -\dfrac{\partial I_x}{\partial x}\mathrm{d}x\mathrm{d}y\mathrm{d}z\mathrm{d}t$$

式中：I_x、I_y、I_z 为 I 的 3 个分量。

同理，沿 y 轴和 z 轴的热量差为 $-\dfrac{\partial I_y}{\partial y}\mathrm{d}x\mathrm{d}y\mathrm{d}z\mathrm{d}t$ 和 $-\dfrac{\partial I_z}{\partial z}\mathrm{d}x\mathrm{d}y\mathrm{d}z\mathrm{d}t$。所以在 $\mathrm{d}t$ 时间内由于传导和弥散作用流入和流出这个单元体内的总热量差为 $-\mathrm{div}\,I\,\mathrm{d}x\mathrm{d}y\mathrm{d}z\mathrm{d}t$。

另一方面，在 $\mathrm{d}t$ 时间内在单元体内温度的变化所增加的热量为 $-c\dfrac{\partial T}{\partial t}\mathrm{d}x\mathrm{d}y\mathrm{d}z\mathrm{d}t$，其中，$c$ 为多孔介质的热容量。

单元体内热量变化（即热量的增量）是流入与流出这个单元体内的热量差造成的，根据能量守恒定律，两者应该相等，有

$$c\dfrac{\partial T}{\partial t} = \mathrm{div}(\lambda\,\mathrm{grad}\,T) - \mathrm{div}(c_wTv) \tag{6.3.9}$$

如果考虑承压含水层中水流为稳定流，则水头应满足：

$$\mathrm{div}(K\,\mathrm{grad}\,H) + W = 0 \tag{6.3.10}$$

式中：W 为源汇项；K 为渗透系数；H 为地下水水头。

在无源汇地点有

$$\mathrm{div}(K\,\mathrm{grad}\,H) = 0 \tag{6.3.11}$$

又因

$$v = v_x i + v_y j + v_z k$$

$$v_x = -K\frac{\partial H}{\partial x}, \quad v_y = -K\frac{\partial H}{\partial y}, \quad v_z = -K\frac{\partial H}{\partial z}$$

式（6.3.10）可以写为

$$\mathrm{div}\, v = 0$$

因此，在稳定渗流情况下，在无源汇点处，式（6.3.9）可改写为

$$c\frac{\partial T}{\partial t} = \mathrm{div}(\lambda\, \mathrm{grad}\, T) - c_\mathrm{w} v\, \mathrm{grad}\, T \tag{6.3.12}$$

或

$$\frac{\partial T}{\partial t} = \frac{1}{c}\mathrm{div}(\lambda\, \mathrm{grad}\, T) - \frac{c_\mathrm{w}}{c} v\, \mathrm{grad}\, T \tag{6.3.13}$$

如令：

$$\frac{\mathrm{d} r}{\mathrm{d} t} = \frac{c_\mathrm{w}}{c} v$$

式中 $r = xi + yj + zk$，则式（6.3.13）可写为

$$\frac{\partial T}{\partial t} = \frac{1}{c}\mathrm{div}(\lambda\, \mathrm{grad}\, T) - \frac{\mathrm{d} r}{\mathrm{d} t}\, \mathrm{grad}\, T \tag{6.3.14}$$

采用 Lagrange 坐标系，即运动坐标系，速度为 $\dfrac{\mathrm{d} r}{\mathrm{d} t}$，则有

$$\frac{\mathrm{D} T}{\mathrm{D} t} = \frac{\partial T}{\partial t} + \frac{\mathrm{d} r}{\mathrm{d} t}\, \mathrm{grad}\, T$$

或

$$\frac{\mathrm{D} T}{\mathrm{D} t} = \frac{\partial T}{\partial t} + \frac{\partial T}{\partial x}\frac{\mathrm{d} x}{\mathrm{d} t} + \frac{\partial T}{\partial y}\frac{\mathrm{d} y}{\mathrm{d} t} + \frac{\partial T}{\partial z}\frac{\mathrm{d} z}{\mathrm{d} t}$$

则式（6.3.14）变为

$$\frac{\mathrm{D} T}{\mathrm{D} t} = \frac{\partial T}{\partial t} + \frac{1}{c}\mathrm{div}(\lambda\, \mathrm{grad}\, T) \tag{6.3.15}$$

式（6.3.15）为运动坐标系下稳定流的热量运移方程。在一般情况下，多孔介质的热量运移方程应为

$$\frac{\mathrm{D} T}{\mathrm{D} t} = \frac{\partial T}{\partial t} + \frac{1}{c}\mathrm{div}(\lambda\, \mathrm{grad}\, T) - \frac{1}{c} c_\mathrm{w} T\, \mathrm{div}\, v \tag{6.3.16}$$

边界条件通常取为第一类边界条件：

$$T(x, y, b_1, t) = \varphi_1(x, y, t) \quad [(x, y) \in D] \tag{6.3.17}$$

$$T(x, y, b_2, t) = \varphi_2(x, y, t) \quad [(x, y) \in D]$$

$$T(x, y, z, t)|_\Gamma = \varphi_3(x, y, z, t) \quad [b_1 \leqslant z \leqslant b_2, (x, y) \in \Gamma] \tag{6.3.18}$$

$$T(x, y, z, t)|_{s_i} = \phi(z, t) \quad [b_1 \leqslant z \leqslant b_2] \tag{6.3.19}$$

式中：s_i 为井壁；D 为计算区域；Γ 为计算区域的外边界；φ_1、φ_2、φ_3 为已知温度；ϕ 为井壁温度。

初始条件为

$$T(x, y, z, 0) = T_0(x, y, z) \quad [(x, y) \in D, \; b_1 \leqslant z \leqslant b_2] \tag{6.3.20}$$

$z=b_1$ 和 $z=b_2$ 为位于计算区域上、下边界的两个水平面,把 $z=b_1$、$z=b_2$ 取在适当位置,使在 $z=b_1$、$z=b_2$ 平面上的地温视为常数。这样 φ_1、φ_2 便容易求出。

建立上述模型时,假设水和含水层骨架的热动平衡是瞬时发生的,即含水层骨架和周围流动的水具有相同的温度,其次忽略了由于温度差引起水的密度不一样而引起的上、下自然对流。

定解问题式(6.3.14)~式(6.3.19)通常是一个空间问题,因为热的传导,不仅可在含水层中进行,在非含水层中也能进行。通常采用数值方法进行计算。

6.3.3 考虑含水层骨架和水热量交换时的数学模型

上节建立了含水层储能时地下水温度场的数学模型,是在假定含水层中骨架的温度与地下水的温度相同,热量的交换是瞬时完成的。实际上含水层骨架的温度和地下水的温度并不相同而存在热量的交换,因而在这一假设条件下含水层某些点数值计算出来的温度与实测的温度有较大的误差。

在本节中把含水层中的水温和骨架温度作为两个未知函数,分别建立它们的热动平衡方程,利用该数学模型进行预报更为合理。仍然采用图 6.3.1 的坐标系和六面单元体。和 6.3.2 节的推导类似,在 dt 时间内引起温度变化的作用有以下几种。

1. 对流作用

由对流引起的流入流出单元体的热量差为 $-\mathrm{div}(c_w T_w v)\mathrm{d}x\mathrm{d}y\mathrm{d}z\mathrm{d}t$;其中,$T_w$ 为含水层中地下水的水温;c_w 为水的热容量;v 为地下水的渗流速度矢量。

2. 热传导和热机械弥散

由于上述两种作用引起的流入流出单元体的热量差为
$$-\mathrm{div}(I)n\mathrm{d}x\mathrm{d}y\mathrm{d}z\mathrm{d}t = -\mathrm{div}(-n\lambda_w \mathrm{grad} T_w)\mathrm{d}x\mathrm{d}y\mathrm{d}z\mathrm{d}t$$
式中:I 为由于热传导和机械弥散引起的热通量;λ_w 为热动力弥散系数;n 为孔隙度。

3. 含水层骨架与水之间的热量交换

设骨架的温度为 T_s,显然含水层骨架与水之间的热交换量与 $T_s - T_w$ 成正比,并且与两者之间的接触面积成正比。因而 dt 时间内由于固体和液体之间的热量交换进入单元体内的地下水中的热量为 $K_e M_s (T_s - T_w)\mathrm{d}x\mathrm{d}y\mathrm{d}z\mathrm{d}t$。其中:$M_s$ 为比面;K_e 为比例系数。

如果令
$$K_T = K_e M_s \tag{6.3.21}$$
则热交换量为 $K_T(T_s - T_w)\mathrm{d}x\mathrm{d}y\mathrm{d}z\mathrm{d}t$。其中:$K_T$ 为热交换系数,和含水层的性质有关。因为当 $T_s > T_w$ 时,热量进入水中;$T_s < T_w$ 时,热量由水进入固体骨架,故 K_T 取正值。

由于上述原因的温度变化,在单元体内的地下水中引起的热量增量为 $c_w \dfrac{\partial T_w}{\partial t}\mathrm{d}x\mathrm{d}y\mathrm{d}z\mathrm{d}t$。

根据能量守恒定律,可以得到
$$c_w \frac{\partial T_w}{\partial t} = \mathrm{div}(n\lambda_w \mathrm{grad} T_w - c_w T_w v) + K_T(T_s - T_w) \tag{6.3.22}$$

式 (6.3.22) 就是含水层中地下水的热动平衡方程。

利用同样方法，可以推得含水层骨架的热动平衡方程：

$$c_s \frac{\partial T_s}{\partial t} = \text{div}[(1-n)\lambda_s \text{grad} T_s] - K_T(T_s - T_w) \tag{6.3.23}$$

式中：λ_s 为含水层骨架的热传导系数；c_s 为骨架的热容量。

下面结合如图 6.3.2 所示的具体情况讨论定解条件。

假定初始时刻含水层中地下水的温度和骨架相同，且其温度分布已知为 φ_1，则初始条件为

$$T_s(x,y,z,0) = T_w(x,y,z,0) = \phi_1(x,y,z,0) \tag{6.3.24}$$

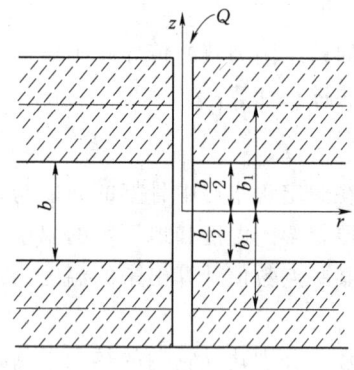

图 6.3.2 注水贮能示意图

在离地面适当的深度处，地温是恒温，如果含水层的厚度不太大，还可以忽略地热增温的影响。在离含水层顶底板一定距离处，如 $z=\pm b_1$ 处，井中注水引起的热运动影响较小，可以忽略不计，则骨架温度和水的温度都等于已知值 T_0。该处的边界条件为

$$T_s(x,y,b_1,t) = T_s(x,y,-b_1,t) = T_w(x,y,b_1,t) = T_w(x,y,-b_1,t) = T_0 \tag{6.3.25}$$

在 x,y 平面上的边界条件为

$$T_s|_\Gamma = T_w|_\Gamma = \phi_2(x,y,z,t) \tag{6.3.26}$$

$$T_s|_{r_0} = T_w|_{r_0} = T_1 \tag{6.3.27}$$

式中：Γ 为平面区域的边界；ϕ_2 为边界的温度；r_0 为水井的半径；T_1 为注入井中的水温。

当单井注水时，渗流速度 v 的数值可近似表达为

$$v = \frac{Q}{2\pi rb} \tag{6.3.28}$$

式中：r 为离注水井的径向距离；b 为含水层的厚度。

对于主含水层上下的不透水层，则 $v=0$。

第7章 水工建筑物的地下水运动

水工建筑物地区,由于修建水坝、隧洞等构筑物,改变了天然状态的地下水流场。在进行建筑物设计时,必须对地下水渗透力、流量等进行定量计算,以满足工程安全需求。

通常需要计算确定的有:坝基渗流量、绕坝渗流量、地下水头、水力坡度等,隧洞及廊道渗水量,基坑及地下厂房排水量等。通过计算获得上述物理量的定量值,可以为水工建筑物地基稳定性、防渗排水设计提供必要的支撑。

7.1 坝基及绕坝渗流

7.1.1 坝基渗流计算

水库蓄水后由于坝上下游有一定的水头差,使库水在一定的水头压力下通过坝基沿岩土体向下游渗透。当坝基岩土体存在渗漏通道时产生坝基渗漏,不仅影响水库工程效益,还会对坝基稳定性产生影响。

对于均质岩层坝基的情况,当坝基轮廓为平面时,透水层厚度不超过坝基宽度时,即 $M \leqslant 2b$,可采用卡明斯基近似公式计算。坝基下渗流过水断面为 M,渗流途径平均长度取透水层厚度一半处的流线长度(图7.1.1),即 $L=M/2+2b+M/2=2b+M$,根据达西定律有

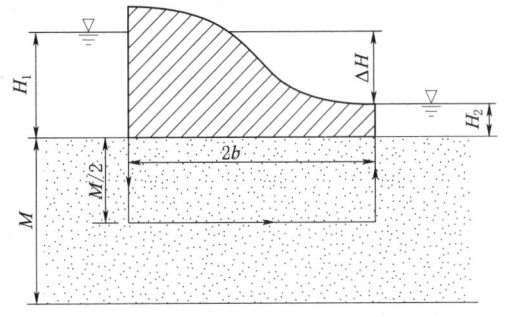

图 7.1.1 隔水底板为有限深时的坝基渗流

$$q = KM \frac{\Delta H}{2b+M} \tag{7.1.1}$$

式中:q 为通过坝基的单宽流量;ΔH 为上下游水头差;K 为坝基透水层渗透系数;M 为透水层厚度;$2b$ 为坝基宽度。

当坝基长度为 B 时,通过坝基的渗流量为

$$Q = BKM \frac{\Delta H}{2b+M}$$

式中:B 为坝基长度。

将式(7.1.1)右端分子和分母同时除以 b,有

$$q = K\Delta H \frac{\tau}{2+\tau} \tag{7.1.2}$$

式中：$\tau = \dfrac{M}{b}$。

式（7.1.2）可以说明，在上下游水头差一定的条件下，坝基流量取决于含水层厚度和坝基宽度的比值。当 τ 的数值不超过 2，即含水层厚度不超过坝基宽度时，上述近似公式所得的结果相对精确。当 τ 的数值等于 5 时，采用式（7.1.1）计算所得的结果比实际值偏小约 12%。

当坝基为非均质岩层时，假设坝基底部轮廓为平面形状。坝基岩层由双层水平的透水层组成：上层厚度较下层小，上、下层渗透系数的比值小于 1∶10。在两层分界面上流线发生折射，在这种情况下，可认为流线在上层是近于竖直方向，而在透水性较强的下层则近似于水平的方向（图 7.1.2），卡明斯基假定水流在上层中只有竖直的运动，而把较小的水平方向的运动忽略，得到坝基渗流量计算公式。

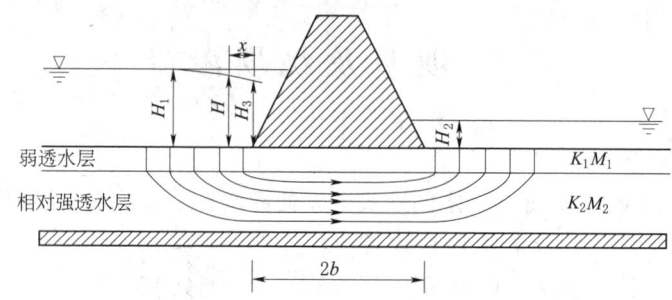

图 7.1.2 透水层为双层结构的坝基渗流

通过下伏强透水层的流量

$$q = K_2 M_2 \dfrac{\mathrm{d}H}{\mathrm{d}x} \tag{7.1.3}$$

式中：q 为下层含水层中单宽流量；K_2 为下层含水层渗透系数；M_2 为下层含水层厚度。

这一流量 q 是变化的值，取决于上层的渗流量。根据达西定律，上层含水层中单位长度内流量可表示为

$$-\mathrm{d}q = K_1 M_2 \dfrac{H_1 - H}{M_1} \mathrm{d}x \tag{7.1.4}$$

式中：K_1 为上层含水层渗透系数；M_1 为上层含水层厚度；H_1 为上游水位；H 为 x 处上层含水层底部的水头。

根据流量连续性原理，最后可得到（详细推导可参考卡明斯基的《地下水动力学原理》）

$$q = \dfrac{\Delta H}{\dfrac{2b}{M_2 K_2} + 2\sqrt{\dfrac{M_1}{K_1 K_2 M_2}}} \tag{7.1.5}$$

在坝下游上层含水层平均水力坡度，可用下式计算：

7.1 坝基及绕坝渗流

$$J = \frac{\Delta H}{2M_1 + 2b\sqrt{\dfrac{K_1 M_1}{K_2 M_2}}} \tag{7.1.6}$$

式（7.1.6）表明，平均水力坡度是随着上层的透水性减小（与下层对比）和上层的厚度减少而增大的。当平均水力坡度增大到大于临界水力坡度时，坝下游由于渗透阻力的作用就可能会发生渗透变形。

坝基下轮廓是平面形状，其下埋藏有水平、厚度相当薄且透水性不同的岩层时（图7.1.3），根据1.2节可先确定水流垂直层面流动时的平均渗透系数 K_v 和平行层面流动时的平均渗透系数 K_p，然后计算平均渗透系数 K_{cp}。

$$K_{cp} = \sqrt{K_p K_v}$$

坝基底板宽度作如下变换：

$$2b' = \frac{2b}{a}$$

$$a = \sqrt{\frac{K_v}{K_p}}$$

式中：$2b'$ 为变换后的坝底宽度；a 为变化系数。

把上式所求得的平均渗透系数 K_{cp}、$2b'$ 代入式（7.1.1）中可以计算出坝基渗流量。

坝基轮廓为平面的形状，其下埋藏有倾斜的透水性不同的岩层时（图7.1.4），同样可以确定平均渗透系数 K_{cp} 值，坝基底宽 $2b$ 也需要经过如下的变换：

$$2b' = \sqrt{\left(\frac{2b\cos\alpha}{a}\right)^2 + (ab\sin\alpha)^2}$$

式中：α 为岩层的倾角。

把所求的 K_{cp} 和 $2b'$ 代入式（7.1.1）可以计算出坝基渗流量。

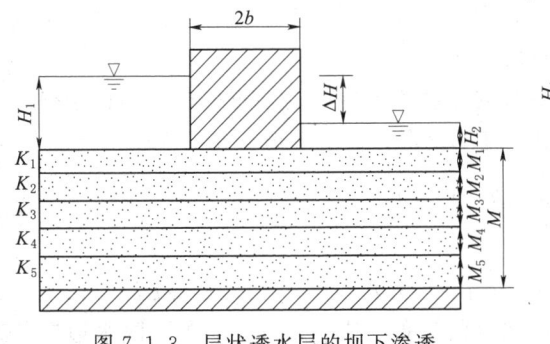

图7.1.3 层状透水层的坝下渗透

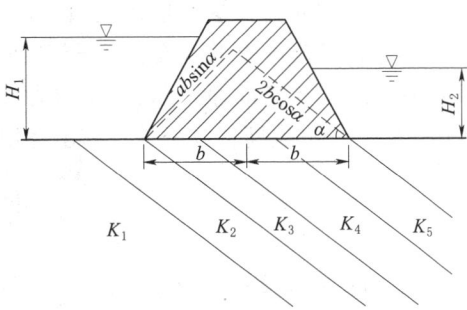

图7.1.4 透水层倾斜成层的坝基渗流

当坝基含水层厚度较大，可视为无限深度时，可采用流网法计算通过坝基的流量（图7.1.5）。对于均质岩层坝基的情况，巴甫洛夫斯基推导（卡明斯基的《地下水动力学原理》）了上下游水头差为1、渗透系数为1时的单宽流量计算公式：

第7章 水工建筑物的地下水运动

$$q_r = \frac{1}{\pi}\text{arcsinh}\frac{y}{b} \tag{7.1.7}$$

式中：q_r 为引用流量，即当渗透系数为 1 个单位、上下游水头差为 1 个单位时的单宽流量；y 为计算渗流量的含水层深度（图 7.1.5）；b 为坝基宽度的一半。

坝基轮廓为平面时，上下游水头差为 ΔH，通过坝基的单宽流量为

$$q = K\Delta H q_r \tag{7.1.8}$$

式中：ΔH 为坝的上下游水头差；K 为渗透系数。

引用流量 q_r 值取决于坝基轮廓的形状和透水层的厚度。在大多数情况下，q_r 是很难确定的。q_r 值和 y/b 的比例有关，见表 7.1.1。坝基透水层厚度有限时，引用流量 q_r 按图解法来确定（图 7.1.6）。该值和 b/M 的比例值有关。

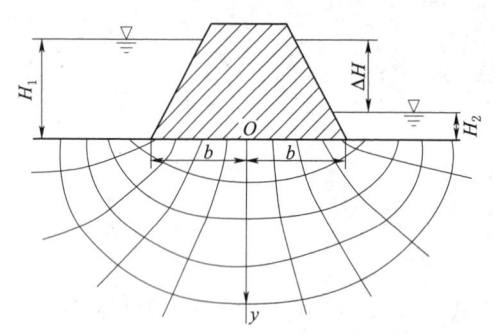

图 7.1.5 隔水底板为无限深时的坝下渗流图　　图 7.1.6 透水层厚度有限时坝基引用流量图解

表 7.1.1　　　　　　坝基引用流量计算深度与坝基宽度比值

y/b	0.1	0.2	0.5	1.0	2.0	5.0	10.0	20.0
q_r	0.032	0.063	0.156	0.283	0.462	0.704	0.964	1.174

7.1.2　绕坝渗流计算

水工建筑物的绕坝渗流是在大坝蓄水后发生在大坝两侧坝肩岩体透水层的地段（图 7.1.7），这种渗流可能承压流、无压流或承压-无压流。

在确定绕坝渗流量时，为了确定绕坝渗流的宽度和方向，需要根据监测资料绘制流网（图 7.1.8），根据流网可以分带计算出绕坝渗流量及水力坡度等值。每一流带的流量为

$$q = \Delta s K \frac{h_1 + h_2}{2} \frac{H_1 - H_2}{l} \tag{7.1.9}$$

式中：Δs 为流带宽度；h_1、h_2 为含水层厚度；H_1、H_2 为水位；l 为渗径长度。

水流向河岸深处扩展的范围可以根据透水岩层分布的边界来确定。如果隔水边界分布很远，侧向渗流的范围取决于水库蓄水后回水与天然地下水面的衔接处。当潜水位较低而且分水岭地块较为宽阔时，绕坝渗流的范围会很大，在实际计算时可仅计算有效带，由于绕坝渗流各流带的流量随着远离坝肩而减小。

当分水岭宽度有限，潜水天然水位不高的情况下，潜水形成自水库向分水岭的运动，

7.1 坝基及绕坝渗流

这时可把长度不超过分水岭宽度的流线当作侧部渗流的边界。

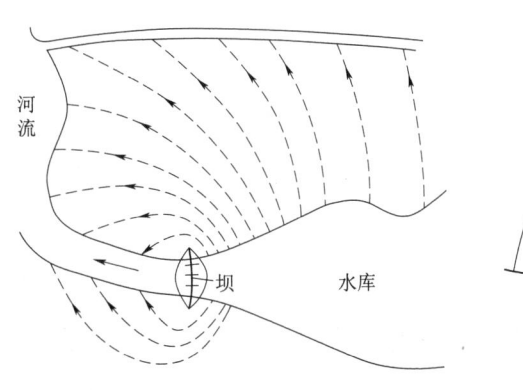

图 7.1.7 绕坝渗流平面示意图

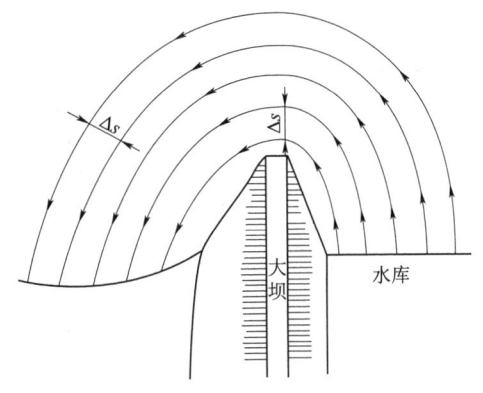

图 7.1.8 绕坝渗流流网示意图

如果水库和下游的边岸线是直线，而隔水底板水平，岩体渗透性均质各向同性，且为有压流（图 7.1.9），此时，绕坝渗流模型可概化为如图 7.1.10 所示。

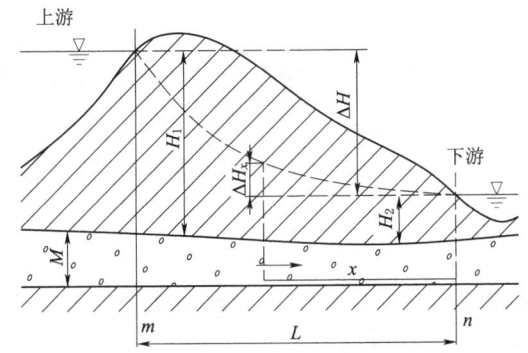

图 7.1.9 绕坝渗流有压流剖面示意图

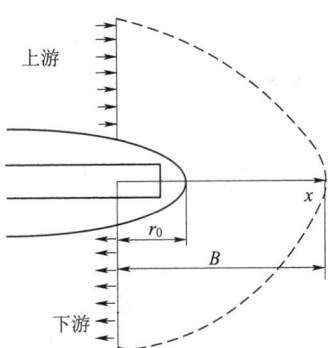

图 7.1.10 绕坝渗流有压流平面示意图

建立从坝轴线向外的一维坐标系，绕坝渗流的范围为 $r_0 \rightarrow B$，在此范围内任意一点的水力坡度为

$$J = \frac{\Delta H}{\pi x}$$

则单位宽度的绕渗量为 $\frac{\Delta H}{\pi} KM \mathrm{d}x$。

将单宽绕渗量在 $r_0 \rightarrow B$ 上积分，即得累计绕渗量为

$$\begin{aligned} Q &= \int_{r_0}^{B} \frac{\Delta H}{\pi x} KM \mathrm{d}x \\ &= \frac{KM \Delta H}{\pi} \int_{r_0}^{B} \frac{1}{x} \mathrm{d}x \\ &= \frac{KM \Delta H}{\pi} (\ln B - \ln r_0) \end{aligned}$$

$$= \frac{KM\Delta H}{\pi}\ln\frac{B}{r_0}$$

$$= \frac{\ln 10}{\pi}KM\Delta H\log_{10}\frac{B}{r_0}$$

$$= 0.732KM\Delta H\lg\frac{B}{r_0} \tag{7.1.10}$$

若是无压流（图 7.1.11），可近似采用式（7.1.10）进行计算。潜水含水层厚度近似取 $\frac{H_1+H_2}{2}$，有

$$Q = 0.366K(H_1+H_2)\Delta H\lg\frac{B}{r_0} \tag{7.1.11}$$

式中：ΔH 为上下游水头差；M 为承压含水层厚度；h_1 为下游边岸处含水层厚度；H_1 为上游边岸处含水层厚度；r_0 为半圆的半径，半圆的长度等于绕坝的接头轮廓的周长；B 为坝轴线至水库边岸最远的一点的距离，在此距离内有绕坝渗流。

B 由维里金公式求得：

$$B = \frac{L}{\pi}$$

式中：L 为自水库边岸至某点的距离，这一点的水头高程在壅水前等于水库设计水位高程。

在有压流情况下，如果 L 未知，则可以根据三角形相似方法由下式求得：

$$L = \frac{\Delta H}{\Delta H_x}x$$

式中：ΔH_x 为距河流 x 处钻孔中承压水头的高程和回水前河水位高程之差值。

在无压条件下，可适用于通过断面流量相等条件而得到。

$$L = \frac{H_1^2 - H_2^2}{y^2 - H_2^2}x$$

式中：y 为距河流 x 处钻孔含水层厚度（图 7.1.11）。

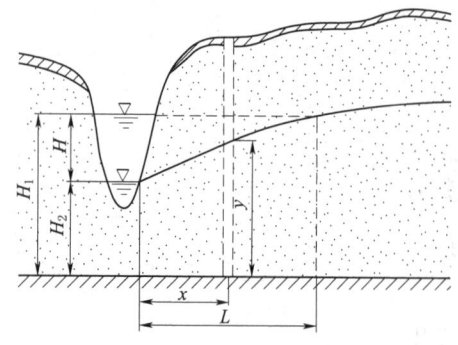

图 7.1.11 绕坝渗流无压流剖面示意图

如果缺乏观测资料，绕坝渗流量可根据近似公式计算。

对于有压流：

$$Q = 2K\Delta HM \tag{7.1.12}$$

对于无压流：

$$Q = K\Delta H(H_1+H_2) \tag{7.1.13}$$

如果地下水补给河水，含水层均质且埋藏倾斜，坝岸外形复杂的情况下，就需要用近似的方法绘制半椭圆的流线，把水流分为若干个水网带（图 7.1.12）。

计算每一水流网带的渗流量，然后把这些流量总和起来即为某一岸的绕坝渗流量。其

中某一流网带渗流量 ΔQ 根据卡明斯基公式进行计算：

$$\Delta Q = K \Delta b \frac{H_1 + H_2}{2} \frac{\Delta H}{l} \quad (7.1.14)$$

式中：Δb 为某一流网带的宽度；l 为某一流网带的长度。

对于有压流，有

$$\Delta Q = K \Delta b M \frac{\Delta H}{l} \quad (7.1.15)$$

而该岸的绕坝渗流量为

$$Q = \sum_{i=1}^{n} \Delta Q_i$$

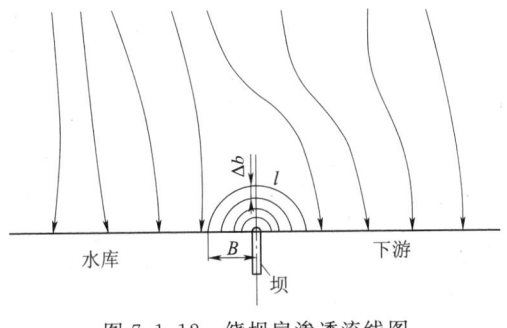

图 7.1.12 绕坝肩渗透流线图

7.2 隧洞排水量计算

7.2.1 长期稳定排水量计算

隧洞是一种特殊的水平集水建筑物。潜水含水层中，当隧洞揭露含水层到达其隔水底板时（图 7.2.1），认为含水层水平无限延伸，建立以隧洞底面作为基准面的坐标系，此时，从一侧流向隧洞的单位长度洞段流量

$$q = -Ky \frac{dy}{dx}$$

式中：q 为从一侧流向隧洞的单宽流量；y 为潜水水位。

隧洞排水在隧洞壁水位为 H_0，影响半径远处的水位为 H，通过分离变量并积分，可得到

$$q = K \frac{H^2 - H_0^2}{2R}$$

两侧进水，则有

$$q = K \frac{H^2 - H_0^2}{R} \quad (7.2.1)$$

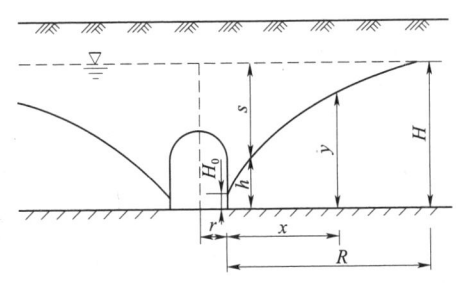

图 7.2.1 隧洞揭露到潜水
含水层底板示意图
r—隧洞的半径

式中：q 为流向单位长度隧洞的流量；H_1 为以隧洞中心平面为基准的初始潜水位；K 为渗透系数；R 为隧洞排水影响带的宽度。

当含水层的厚度为"无限"大时，如图 7.2.2 所示，考虑单位长度洞段，以洞中心平面作为基准面，根据裴布衣方程可得到隧洞单侧的排水量：

$$q = -KA \frac{dy}{dx}$$

式中：A 为距离排水洞轴线为 x 处的水流过水断面面积；y 为 x 处的潜水水位。

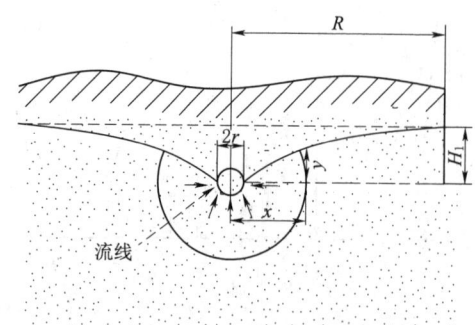

图 7.2.2 隔水层埋藏很深时隧洞排水示意图

在这种情况下,通常取近似于圆柱侧面(半径为 x)的等水头面作为水流的过水断面,有

$$A = \alpha x$$

式中:α 为等水头线的圆弧值;αx 为该弧的长度。

$$q = -K\alpha x \frac{dy}{dx}$$

分离变量并积分,假定 $x=r$ 处 $y=0$,$x=R$ 处 $y=H_1$,有

$$q = \frac{\alpha K H_1}{\ln \frac{R}{r}}$$

两侧进水,隧洞排水量可表达为

$$q = \frac{2\alpha K H_1}{\ln \frac{R}{r}} \tag{7.2.2}$$

式(7.2.2)称为柯斯嘉科夫公式。

过水断面在数值上接近于圆的 1/4 或更大些,近似表示为

$$A = \alpha x = \frac{\pi}{2} x + y$$

取 $x=R$,$y=H_1$,可得到

$$\alpha = \frac{\pi}{2} + \frac{H_1}{R}$$

此时,潜水位降落曲线的按下式计算:

$$H = \frac{q}{\alpha K} \ln \frac{x}{r} \tag{7.2.3}$$

当含水层厚度有限时,潜水从一侧流入隧洞(图 7.2.3),以隧洞底面作为基准面建立坐标系,可以把隧洞底部作为分界线,分界线以上看作潜水,分界线以下看作承压水进行计算。

单位长度隧洞流量

$$\left. \begin{array}{l} q = K \dfrac{H_1^2 - h_0^2}{2R} + K H_0 q_r \\ H_0 = H_1 - h_0 \end{array} \right\} \tag{7.2.4}$$

$$\left. \begin{array}{l} \alpha = \dfrac{R}{R+r} \\ \beta = \dfrac{R}{T} \end{array} \right\} \tag{7.2.5}$$

式中:H_1 为以隧洞底面为基准面的初始潜水位;h_0 为以隧洞底面为基准面的隧洞壁处水

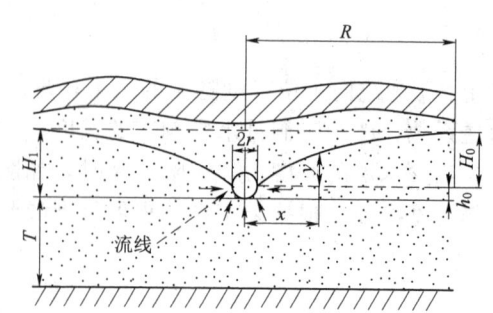

图 7.2.3 未达到隔水层的隧洞排水图

位；q_r 为引用流量，可按丘加耶夫图解（图 7.2.4）求得，它取决于 α 和 β；T 为从隧洞底部至隔水层的距离；其余符号意义同前。

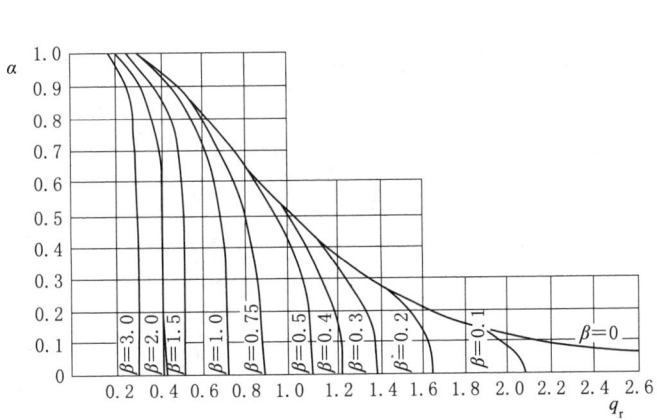

(a) q_r-α-β 关系图　　(b) q_r-α-β 关系局部图

图 7.2.4　求 q_r 值之图解

式（7.2.4）称为丘加耶夫公式。

当 $\beta>3$ 时，q_r 值按下式确定：

$$q_r = \frac{q_r'}{(\beta-3)q_r'+1} \tag{7.2.6}$$

式中，q_r' 值可按图 7.2.5 中的 $q_r'=f(\alpha_0)$ 图解确定，而且有

$$\alpha_0 = \frac{T}{T+\frac{1}{3}r} \tag{7.2.7}$$

当水从两侧流入隧洞时，按式（7.2.4）求得的流量 Q 应再乘以 2。

假设隔水层位于隧洞底部的标高上，水位降落曲线的可按式（7.2.8）计算，此时水位 H 值高于实际值。

$$H = \sqrt{h_0^2 + \frac{x}{R}(H_1^2 - h_0^2)} \tag{7.2.8}$$

阿布拉莫夫研究证明，丘加耶夫公式计算得到的隧洞排水量值小于实际的观测值，而科斯嘉科夫公式计算得到的流量值则大于实际的观测值。

7.2.2　初期最大排水量计算

对于隧洞开挖初期，Harr(1963) 利用镜像法给出适用于隧洞涌水量解析公式。如图 7.2.6 所

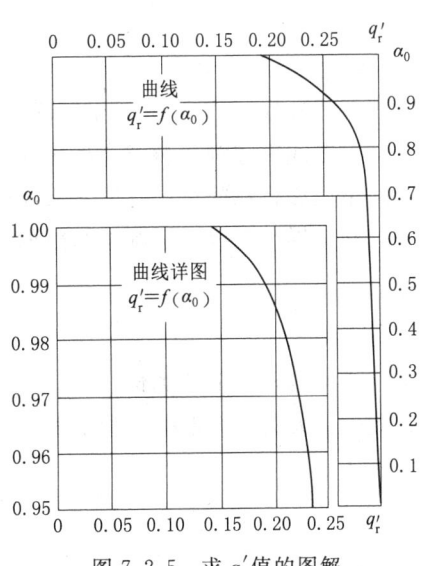

图 7.2.5　求 q_r' 值的图解

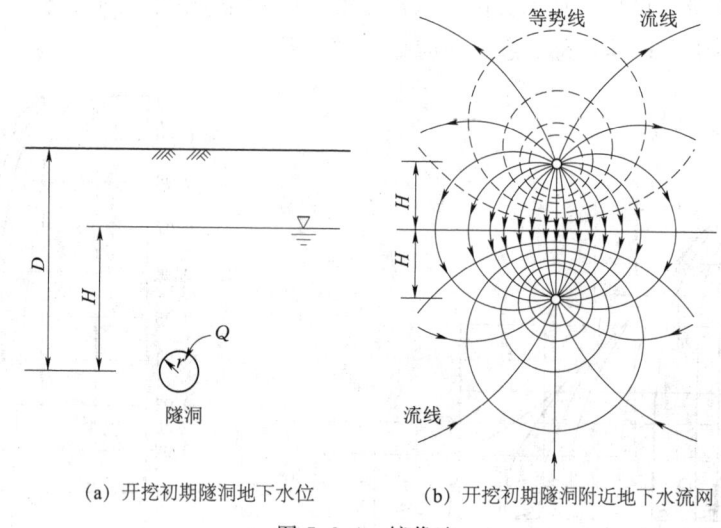

(a) 开挖初期隧洞地下水位   (b) 开挖初期隧洞附近地下水流网

图 7.2.6 镜像法

示，假定初始地下水位水平且不变，地下水处于稳定状态且满足径向流，介质均质各向同性，隧洞中心在地下水潜水面以下 H，当 $2H<R$ 时，将潜水面看作隔水边界，利用第 3 章镜像法原理可得到流入隧洞的流量表达式为

$$Q = \frac{2\pi KH}{\ln \frac{\sqrt{r^2+4H^2}}{r}} \tag{7.2.9}$$

式中：Q 为隧洞单位长度涌水量；H 为地下水位至隧洞中心线高度；r 为隧洞半径；K 为渗透系数。

即当深埋隧洞 $H \gg r$，式 (7.2.9) 可简化为

$$Q = \frac{2\pi KH}{\ln(2H/r)} \tag{7.2.10}$$

式 (7.2.10) 称为 Goodman 公式。它适用于径流条件下高水头或深埋隧洞的涌水量计算，对于浅埋隧洞或裂隙介质中隧洞涌水量的计算结果则往往偏大。

对于埋深较浅的隧洞，Raymer(2001) 修正了 Goodman 公式，并引入 Heuer 折减系数 (1/8)，提出了浅埋隧洞涌水量的解析公式：

$$Q = \frac{2\pi HK}{\ln(2D/r)} \times \frac{1}{8} \tag{7.2.11}$$

式中：D 为隧洞中心距离地面的距离。

此外，大岛洋志根据经验也对 Goodman 公式进行了修正：

$$Q = \frac{2\pi mKH}{\ln(2H/r)} \tag{7.2.12}$$

式中：m 为转换系数，一般取 0.86。

7.3 基坑和地下厂房涌水量计算

在基坑工程中，为了满足基坑开挖的需要，首先要将地下水位降低到开挖面高程以下，为此经常采用群井抽水来降低地下水位。对于特定的布井形状，可采用第3章干扰井群计算方法进行流量和降深计算，对于布置形状复杂的井群，可采用大井法进行基坑总出水量和单井出水量计算。在水利水电工程中，地下厂在施工期和运行期需要进行排水防渗设计，需要对厂房排水量进行估算，在水文地质资料相抵有限的条件下，也可把厂房看成一个"大井"，采用大井法计算排水量。

根据基坑或厂房揭穿含水层的条件，可采用第3章中单井计算公式。

对于潜水完整井，有

$$Q = 1.366K \frac{(2h - s_k)s_k}{\lg \frac{R_0}{r_0}} \tag{7.3.1}$$

$$R_0 = R + r_0$$

式中：Q 为总排水量；K 为渗透系数；h 为潜水含水层厚度；s_k 为降深；R_0 为引用影响半径；r_0 为引用半径；R 为影响半径。

对于承压水完整井，有

$$Q = 2.73K \frac{Ms_k}{\lg \frac{R_0}{r_0}} \tag{7.3.2}$$

式中：M 为承压含水层厚度。

引用半径与井群布置轮廓（或厂房的形状）有关。当井群呈圆形轮廓布置时（厂房形状为圆形），则为圆的半径；当井群（厂房）形状布置不规则时，有

$$r_0 = \sqrt{\frac{F}{\pi}} = 0.565\sqrt{F} \tag{7.3.3}$$

式中：F 为井群（厂房）轮廓范围面积。

如轮廓呈长条状，$r_0 = 0.25F$；如果呈矩形布置时，有

$$r_0 = \eta \frac{a+b}{4} \tag{7.3.4}$$

式中：a、b 为矩形的长和宽；η 为系数，由表7.3.1确定。

表7.3.1　　　　　　　　　系　数　η　的　值

a/b	0.05	0.1	0.2	0.3	0.4	0.5	0.6~1.0
η	1.05	1.08	1.12	1.14	1.16	1.17	1.18

对于非稳定流问题，当抽水井群呈圆形均匀布置（厂房形状呈圆形）时，可采用Theis公式的近似表达式计算。

承压水完整井：

$$Q = 4\pi T \frac{s_k}{\ln \frac{2.25\alpha t}{r_0^2}} \qquad (7.3.5)$$

式中：α 为压力传导系数。

潜水完整井：

$$Q = 2\pi K \frac{(2H - s_k)s_k}{\ln \frac{2.25\alpha t}{r_0^2}} \qquad (7.3.6)$$

参 考 文 献

布郎 E T，1991. 工程岩石力学中的解析与数值计算方法［M］. 北京：科学出版社.
陈尤雯，莫海鸿，1997. 裂隙岩体中的对流扩散研究［J］. 岩土力学，18（3）：47-52.
陈雨孙，1993. 我国水文地质专业的发展趋向问题-由"拟合"问题讨论引发的思索［J］. 水文地质工程
　　地质，20（2）：12-14.
金曲生，马凤山，1998. 岩体结构面水力学模型及应用［J］. 水文地质工程地质，25（2）：28-31.
金忠青，周志芳，1997. 工程水力学反问题［M］. 南京：河海大学出版社.
卡明斯基，1955. 地下水动力学原理［M］. 北京：地质出版社.
李铁汉，潘别桐，1990. 岩体力学［M］. 北京：地质出版社.
陆兆溱，1986. 工程地质学原理［M］. 北京：水利电力出版社.
潘乃礼，1995. 地下水水质现状和预测评价的理论和方法［M］. 北京：原子能出版社.
田开铭，陈明佑，王海林，1989. 裂隙水偏流［M］. 北京：学苑出版社.
王大纯，张人权，等，1995. 水文地质学基础［M］. 北京：中国地质出版社.
王建，王锦国，姜海霞，2001. 一种基于遗传算法的模式识别方法及其应用［J］. 长江科学院院报，18
　　（2）：27-29.
王锦国，周志芳，2002. 裂隙岩体地下水溶质运移的尺度问题［J］. 水科学进展，13（2）：239-245.
吴吉春，薛禹群，2009. 地下水动力学［M］. 北京：中国水利水电出版社.
仵彦卿，1998. 岩体水力学基础［M］. 水文地质工程地质，26（2）：44-50.
谢春红，赵文良，等，1996. 地下水不稳定渗流达西速度计算新方法［J］. 岩土工程学报，18（1）：
　　68-74.
薛禹群，等，1997. 地下水动力学［M］. 北京：地质出版社.
薛禹群，谢春红，吴吉春，1992. 海水入侵研究［J］. 水文地质工程地质，19（6）：29-33.
叶其孝，沈永欢，2006. 实用数学手册［M］. 北京：科学出版社.
张永祥，陈鸿汉，2000. 多孔介质溶质运移动力学［M］. 北京：地震出版社.
周创兵，熊文林，1996. 岩石节理的渗流广义立方定律［J］. 岩土力学，17（4）：1-7.
周汾，浦琬华，1982. 裂隙岩体各向异性渗透特性及其野外测定方法［C］//水利水电科学研究院科学
　　研究论文集第8集. 北京：水利电力出版社.
周志芳，李艳，1996. 清江隔河岩水利工程河间地块渗漏估算［J］. 河海大学学报，24（5）：103-106.
周志芳，杨建，杨建宏，1999. 确定缓倾结构面渗透性参数的现场试验法［J］. 工程地质学报，7（4）：
　　375-379.
周志芳，朱学愚，李艳，1997. 岩体渗透系数张量的半解析计算［J］. 水利学报，（9）：7-12.
周志芳，1999. 任意各向异性岩体渗透系数张量的半解析计算［J］. 水利学报，（10）：66-71.
周志芳，窦智，等，2015. 实验水文地质学［M］. 北京：科学出版社.
周志芳，王锦国，黄勇，2019. 裂隙介质水动力学原理［M］. 2版. 北京：中国地质出版社.
朱学愚，谢春红，1997. 地下水运移模型［M］. 北京：中国建筑工业出版社.
Tsang Chin-Fu，2000. 非均质介质中地下水流动与溶质运移模拟：问题与挑战［J］. 地球科学，25
　　（5）：443-450.
Bear J，1972. Dynamics of fluids in porous media［M］. New York：American Elsevier Publishing Company.
Bear J，1979. Hydraulics of groundwater［M］. Dover ed. New York：Dover Publications.
Bear J，Tsang Chin-Fu，Ghislain de Marsily，1993. Flow and contaminant transport in fractured rock

参 考 文 献

[M]. California: Academic Press.

Boulton N S, 1973. The influence of delayed drainage on data from pumping tests in unconfined aquifers [J]. Journal of Hydrology, 19 (2): 157-169.

Chen Xunhong, Ayers J F, 1997. Utilization of the Hantush solution for the Simultaneous determination of aquifer parameters [J]. Ground Water, 35 (5): 751-756.

Clement T P, Truex M J, Hooker B S, 1997. Two-well test method for determining hydraulic properties of aquifers [J]. Ground Water, 35 (4): 698-703.

Hantush M S, 1966. A method for analyzing a drawdown test in anisotropic aquifers [J]. Water Resources Research, 2 (2): 281-285.

Hantush M S, 1964. Hydraulics of wells. In: Advances in Hydroscience [M]. New York: Academic Press.

Herbert A W, Hackjon C P, Lever D A, 1988. Coupled groundwater flow and solution transport with fluid density strongly dependent upon concentration [J]. Water Resources Research, 24 (10): 1781-1795.

Jacob C E, 1950. Flow of groundwater [M] //Engineering hydraulics. New York: John Wiley.

Kentner S, Novakowski, Gordon V Evans, et al., 1985. A field example of measuring hydrodynamic dispersion in a single fracture [J]. Water Resources Research, 21 (8): 1165-1174.

Neuman S P, 1984. Adaptive Eulerian-Lagrangian finite element method for advection-dispersion [J]. Numerical Method in Engineering, 20 (3): 321-337.

Neuman S P, 1975. Analysis of pumping rest data from anisotropic unconfined aquifers considering delayed gravity response [J]. Water Resources Research, 11 (2): 329-342.

Novakowski K S, Lapcevic P A, 1994. Field measurement of radial solute transport in fractured rock [J]. Water Resources Research, 30 (1): 37-44.

Numan S P, Zhang Y K, 1990. A quasi-linear theory of non-fickian and Fickian subsurface dispersion. 1. Theoretical analysis with application to isotropic media [J]. Water Resources Research, 26 (5): 887-902.

Papadopulos I S, 1965. Nonsteady flow to a well in an infinite anisotropic aquifer [C] //Symposium of Dubrovnik.

Schwartz F W, Leslie Smith, 1988. A continuum approach for mass transport in fractured media [J]. Water Resources Research, 24 (8): 1360-1372.

Schwartz F W, Smith L, Crowe A S, 1983. A stochastic analysis of macroscopic dispersion in fracture media [J]. Water Resources Research, 19 (5): 1253-1265.

Theis C V, 1935. The relation between the lowering of the piezometric surface and the rate and duration of discharging of a well using ground water storage [J]. Transactions, American Geophysical Union, 16: 54-62.

Tsang C F, Gelhar L, DeMarsily G, et al., 1994. Solute transport in heterogeneous media: a discussion of technical issues coupling site characterization and predictive assessment [J]. Water Resources Research, 30 (4): 259-264.

Tsang C F, Neretnieks I, 1998. Flow channeling in heterogeneous fractured Rocks [J]. Reviews of Geophysics, 36 (2): 275-298.

Way S C, Chester McKee R, 1982. In-situ determination of three-dimensional aquifer Permeabilities [J]. Ground Water, 20 (5): 594-603.

Way S C, Mckee C R, 1981. Restoration of in-situ coal gasification sites from naturally occurring flow and dispersion [J]. In Situ, 5 (2): 70-101.